国之重器出版工程
网络强国建设

5G丛书

5G 非正交多址技术

Non-Orthogonal Multiple Access（NOMA）for 5G NR

袁弋非 袁志锋 著

人民邮电出版社

北 京

图书在版编目（CIP）数据

5G 非正交多址技术 / 袁弋非，袁志锋著. -- 北京：人民邮电出版社，2019.12（2022.8重印）
（5G丛书）
国之重器出版工程
ISBN 978-7-115-52461-4

Ⅰ．①5… Ⅱ．①袁… ②袁… Ⅲ．①无线电通信－移动通信－通信技术 Ⅳ．①TN929.5

中国版本图书馆CIP数据核字(2019)第239957号

内 容 提 要

本书以 5G 主要应用场景和性能指标为切入点，分别对下行非正交传输和上行非正交接入进行了详细的描述。下行非正交传输的介绍以 3GPP 正在标准化的方案为主，兼带其他潜在技术。下行非正交传输除单播传输，还包括广播/多播的场景。上行非正交接入以海量物联网场景为主，突出免调度接入来降低信令开销、终端功耗和接入时延。本书重点介绍了几种主要的上行方案的原理、性能仿真和接收机复杂度。

本书适合从事无线通信的科技人员，高等院校的师生阅读，同时也可作为工程技术及科研教学的参考书。

◆ 著　　　袁弋非　袁志锋
　　责任编辑　李　强
　　责任印制　彭志环
◆ 人民邮电出版社出版发行　　北京市丰台区成寿寺路 11 号
　　邮编　100164　电子邮件　315@ptpress.com.cn
　　网址　http://www.ptpress.com.cn
　　北京捷迅佳彩印刷有限公司印刷
◆ 开本：800×1000　1/16
　　印张：21　　　　　　　　　2019 年 12 月第 1 版
　　字数：388 千字　　　　　　2022 年 8 月北京第 2 次印刷

定价：149.00 元

读者服务热线：(010)81055493　印装质量热线：(010)81055316
反盗版热线：(010)81055315
广告经营许可证：京东市监广登字 20170147 号

《国之重器出版工程》
编 辑 委 员 会

专家委员会委员（按姓氏笔画排列）：

于　全　中国工程院院士

王少萍　"长江学者奖励计划"特聘教授

王建民　清华大学软件学院院长

王哲荣　中国工程院院士

王　越　中国科学院院士、中国工程院院士

尤肖虎　"长江学者奖励计划"特聘教授

邓宗全　中国工程院院士

甘晓华　中国工程院院士

叶培建　中国科学院院士

朱英富　中国工程院院士

朵英贤　中国工程院院士

邬贺铨　中国工程院院士

刘大响　中国工程院院士

刘怡昕　中国工程院院士

刘韵洁　中国工程院院士

孙逢春　中国工程院院士

苏彦庆　"长江学者奖励计划"特聘教授

苏哲子　中国工程院院士

李伯虎　中国工程院院士

李应红　中国科学院院士

李新亚　国家制造强国建设战略咨询委员会委员、
　　　　中国机械工业联合会副会长

杨德森　中国工程院院士

张宏科　北京交通大学下一代互联网互联设备国家
　　　　工程实验室主任

陆建勋　中国工程院院士

陆燕荪　国家制造强国建设战略咨询委员会委员、原
　　　　机械工业部副部长

陈一坚　中国工程院院士

陈懋章　中国工程院院士

金东寒　中国工程院院士

周立伟　中国工程院院士

郑纬民　中国计算机学会原理事长

郑建华　中国科学院院士

屈贤明　国家制造强国建设战略咨询委员会委员、工业和
　　　　信息化部智能制造专家咨询委员会副主任

项昌乐　"长江学者奖励计划"特聘教授，中国科协
　　　　书记处书记，北京理工大学党委副书记、副校长

柳百成　中国工程院院士

闻雪友　中国工程院院士

徐德民　中国工程院院士

唐长红　中国工程院院士

黄卫东　"长江学者奖励计划"特聘教授

黄先祥　中国工程院院士

黄　维　中国科学院院士、西北工业大学常务副校长

董景辰　工业和信息化部智能制造专家咨询委员会委员

焦宗夏　"长江学者奖励计划"特聘教授

序　言

　　5G 移动通信不仅作为战略性高技术产业的热点受到各国的高度关注，还因其增强移动宽带、高可靠低时延和大连接的应用场景激发社会的期待，对于通信行业而言，更感兴趣于 5G 通过集成先进无线与网络技术实现了网络的创新升级。在蜂窝移动通信中，一个蜂窝可同时支持的用户数和流量是衡量通信效率的重要指标，支持多用户复用的技术称为多址复用技术。前几代移动通信技术的演进以多址技术的发展作为重要表征，1G 是频分多址（FDMA）、2G 主要是时分多址（TDMA）、3G 是码分多址（CDMA）、4G 是正交频分多址（OFDMA）。多址复用技术也是 5G 的关键支撑技术，但 5G 并不是单一的多址技术，对于增强移动宽带业务，5G 下行物理层将采用带循环前缀的 OFDM（CP-OFDM），但上行物理层将采用离散傅里叶变换的扩谱正交频分复用（DFT-s-OFDM）。对于低速率的大连接业务，OFDMA 方式开销大和效率低，非正交多址（NOMA）技术应运而生，多个非正交用户同频同时复用在同一信道，在接收端用干扰消除技术分离出用户所需的有用信号。目前已经出现多种NOMA 技术提案，包括多用户共享接入（MUSA）、稀疏码分多址接入（SCMA）、资源扩展多址接入（RSMA）和图样分割多址接入（PDMA）等，各有特点，目前标准化还在进行中。

　　本书并不局限于上述多种非正交多址技术，而是从非正交多址的底层技术入手，分析在下行单播与多播/广播两大类场景下的应用特点，比较直接符号叠加、镜像变换叠加、比特分割这几种多址复用方式。对于上行非正交接入，本书重点介绍免调度方式，包括非竞争与竞争两类方案的设计与算法。

　　现在有不少书介绍 5G 无线与网络技术，但还没有专门讨论非正交多址技

术的书，本书专注于研究非正交多址的基础技术，从原理出发，有数据分析、基本算法、仿真方法和评估方式等。本书条理清晰，语言通俗，资料翔实，既是一本信息技术科普著作，也可作为通信专业教学参考书，相信本书将有助于吸引更多的通信界专业人员从事新型多址技术的研究，这不仅对完善 5G 的标准化有重要意义，也将是未来下一代移动通信值得关注的技术方向。

中国工程院院士

郎姿镇

前　言

非正交多址（NOMA）是 5G 物理层重要的基础技术之一。通过多用户在相同时/频域上的叠加传输，系统容量和负载的用户数能够得到显著的提升。与 4G 蜂窝通信系统类似，5G 的多址方式仍然以正交的 OFDM 为主，但是非正交多址技术作为正交多址技术的一个互补，既适用于基于调度的传输，也适用于免调度/竞争式的传输。其应用场景包括海量物联网（mMTC）、增强的宽带移动（eMBB）的小包业务以及高可靠低时延通信（URLLC），因此无论在工业界还是学术界都得到广泛的关注。国际标准组织 3GPP 在 2015—2016 年（Release 14），对下行非正交技术进行了研究和标准化工作。基于 5G 新空口，3GPP 于 2017 年正式立项研究 NOMA，重点是上行免调度传输。在整个研究过程中，众多公司积极参与，解决方案"百花齐放"。3GPP 中的 NOMA 研究项目于 2018 年年底完成，部分内容在后续的两步随机接入（2-Step RACH）工作项目中进行标准化。

中国公司在非正交多址技术上起步较早，积累较深厚。在 IMT-2020（5G）NOMA 无线技术专题组，中兴、华为和大唐电信早在 2014 年就提出了 MUSA、SCMA 和 PDMA 等技术，并进行了大量的前期研究。这些都激励了更多中外公司的参与，对之后的 NOMA 在 3GPP 中的立项起了促进作用，中兴也成为研究项目的报告人（Rapporteur）公司。

本书对 3GPP 中的非正交多址技术做了相对全面的介绍，包含 Release 14 的下行多用户叠加传输（MUST）和 5G NR Release 16 的上行非正交多址中的各类技术和设计方案。叙述的顺序是由基础的学术理论出发，从原理到实践，然后详细阐述其设计思想和工程意义，最后落实到相关的标准协议，并配有丰

富的链路级和系统级的仿真结果。所面向的读者包括无线通信工程技术人员，以及高等院校的师生。

本书由中兴通讯的袁弋非和袁志锋等人编著。其中，第 1 章主要由袁弋非撰写；第 2 章主要由袁弋非、袁志锋、戴建强和唐红撰写；第 3 章主要由袁弋非、唐红和李卫敏撰写；第 4 章主要由戴建强和袁弋非撰写；第 5 章主要由袁弋非、袁志锋、张楠、李卫敏、栗子阳、郭秋瑾和李剑撰写；第 6 章主要由袁弋非、袁志锋、田力、黄琛、胡宇洲、严春林和栗子阳撰写；第 7 章主要由栗子阳、郭秋瑾、唐红、李卫敏、李剑、袁弋非、黄琛和田力撰写；第 8 章主要由张楠、曹伟、袁志锋、戴建强、栗子阳、唐红、李卫敏、李剑和马一华撰写。全书由袁弋非和袁志锋等统筹规划。在此我们感谢王欣晖、杜忠达、胡留军、郁光辉、柏刚、耿鹏、孙波、韩玮等专家的大力支持；感谢清华大学的戴凌龙老师、彭克武老师、粟欣老师和上海交通大学陈文老师的支持；感谢 IMT-2020（5G）NOMA 无线专题组中的各成员单位，包括中国信息通信研究院、华为、大唐、中国移动、高通、三星、NTT DOCOMO、诺基亚、爱立信等的技术贡献！最后，还要感谢人民邮电出版社的鼎力支持和高效工作。

本书是基于作者的有限视角对 5G 非正交多址技术的研究和标准化的理解，观点难免有欠周全之处。对于书中存在的叙述不当的地方，敬请读者谅解，并提出宝贵意见。

作者

2019 年 5 月

目 录

第 1 章

背景介绍

前几代蜂窝通信基本上都是采用正交多址的方式。在第五代移动通信中，非正交多址作为物理层的关键基础技术，弥补了正交多址的不足，更加有效地支持 5G 丰富的部署场景：eMBB、URLLC 和 mMTC。不仅可以增加下行调度系统的频谱效率，还能大大提升上行免调度场景下的用户连接数和系统吞吐量。

| 1.1 前几代蜂窝通信的演进 |

　　无线资源是有限的，蜂窝通信从发展之初就一直以提高频谱利用效率为目标。AT&T 贝尔实验室于 1968 年提出蜂窝通信的思想，即采用类似蜂窝六边形的小区，彼此相连，构成连续覆盖的网络。小区之间可以复用频谱资源，使网络的容量成倍增长。在这几十年中，蜂窝通信飞速发展，频谱效率、用户速率以及系统容量都有若干数量级的增加，其间经历了四代的演进。虽然年代的划分需要在最高速率、系统带宽、系统容量/频谱效率、业务等方面有较大的飞跃，但是每次的更迭都是以新的多址技术为标志，如表 1-1 所示。

表 1-1　前几代蜂窝通信的多址技术演进

蜂窝通信的代别	第一代	第二代	第三代	第四代
多址技术特征	频分复用（FDMA），固定占用	时分复用（TDMA）为主，如 GSM 系统；少量系统采用码分复用，如 IS-95	基本为码分复用（CDMA），在演进版中融入时分复用以有效支持数据业务	以正交频分复用（OFDM）为主，包含时分复用，部分控制信道和参考信号存在码分复用

　　第一代蜂窝通信的多址技术是频分复用（FDMA），仅支持语音服务。每个用户的无线资源按固定的频率划分，采用模拟幅度调制（Amplitude Modulation，AM），无法采用信息压缩和信道编码来纠错，对发射功率也缺乏有效的控制，所以频谱效率低下。以北美的制式为例，每条通道要单独占 30 kHz 带宽，通话容量十分有限。模拟器件难以集成，终端的硬件成本高，体积大，普及率很低。

　　第二代蜂窝通信的多址技术以时分复用（TDMA）为主，基本业务是语音通话，使用最广泛的制式是欧盟主导制定的全球移动通信系统（Global System of Mobile Communications，GSM）标准。GSM 中将无线资源先划分成若干个 200 kHz 窄带，每个窄带中允许多个用户根据时隙（Time Slot）复用资源。为降低邻近小区间频率复用造成的干扰，保证小区边缘的通话性能，GSM 系统通常将相邻的 7 个或 11 个小区组成一簇，簇内各小区的频率不能重复，频率复用只能以簇为单位。第二代蜂窝通信系统中的语音信号经过信源压缩后数字化，采用数字调制和功率控制，并通过信道编码进行纠错保护，使得传输效率大大提高，系统容量也有很大提升。在第二代蜂窝通信的后期出现另外一种制式：高通公司（Qualcomm Inc.）的 IS-95，主要在北美部署。IS-95 是第一个使用码分复用（Code Division Multiple Access，CDMA）的直接序列频率扩展（Direct Sequence Spread Spectrum，DSSS）的商用标准，可以被看作是第三代蜂窝通信的前奏。

　　第三代蜂窝通信广泛采用扩展码分复用，使得信道的抗干扰能力大大增强。相邻小区可以完全复用频率，从而提升了系统容量。cdma2000/EV-DO 和 UMTS/HSPA 是第三代蜂窝通信的两大标准。cdma2000/EV-DO 主要在北美、韩国、中国等使用，载波频带宽度为 1.25 MHz，相应的国际标准组织是 3GPP2。UMTS/HSPA 的国际标准组织是 3GPP，其中，欧洲的厂商和运营商起着重要作用，已经在世界范围广泛使用，其载波频带宽度为 5 MHz，所以又称 Wideband CDMA (WCDMA)。为适应更高速率的数据业务要求，CDMA 和 UMTS 分头演进，分别是 Evolution Data Optimized（EV-DO）和 High Speed Packet Access（HSPA），二者都融入了时分复用的技术，采用相对较短的时隙。第三代蜂窝通信还有一套标准：TD-SCDMA (Time Division Synchronous CDMA)，主要由中国公司和一些欧洲公司制定，属于 3GPP 标准的一部分。TD-SCDMA 在中国有大规模部署。

　　第四代蜂窝通信是正交频分复用（OFDM），这里有一定的技术必然性。首先，4G 的带宽在终端侧至少是 20 MHz，远远超过 3G 的带宽。大带宽意味着更精细的时间采样粒度和更多的多径分量，如果仍然采用 CDMA，会产生严

重的多径间干扰。尽管先进接收机可用来降低多径干扰，但是其复杂度过高。相反，OFDM 将宽带划分成多个正交的超窄带（又称子载波），每个子载波中的信道相对平坦，信号的解调无须复杂的均衡或干扰消除，大大降低了接收器的研发/生产成本。低成本的 OFDM 接收器也大大降低了多天线接收器的复杂度，尤其对于大带宽系统。可以说，OFDM 的引入极大地促进了多天线技术在第四代蜂窝通信中的应用，对链路和系统容量的提升起了重要作用。4G 中也包含了时分复用，时隙长度比 3G 的更短，而且部分控制信道和参考信号采用码分复用。

第四代蜂窝通信标准制定的初期，世界范围内存在三大标准：UMB、WiMAX 和 LTE。UMB 是 Ultra Mobile Broadband 的缩写，其核心技术起始于高通对 IEEE 802.20 的研究，之后在 3GPP2 与朗讯科技（Lucent Technologies）、北电（Nortel）和三星（Samsung）等公司一起制定技术细节，2007 年年底基本完成。但由于 Verizon 等几家大的运营商对之缺乏兴趣，其后续的标准化和推广工作在 2008 年后就停止了。WiMAX 可以看成是 Wi-Fi 向广域蜂窝通信的一个延伸，早在 2007 年就完成了第一版的标准，起初 Sprint 等运营商计划部署。但由于 Sprint 本身的经营状况不佳，再加上产业联盟过于松散，商业模式不够健全，WiMAX 并未被广泛应用。

LTE 的第一期的版本号是 8（Release 8），于 2008 年完成。由于 UMB 标准化工作的停止和 WiMAX 标准的边缘化，LTE 逐渐成为全球最主流的 4G 蜂窝通信标准。从 2009 年起，3GPP 开始了对 LTE-Advanced 的标准化。作为一个重大的技术迈进，LTE-Advanced 标准的版本编号是 10（Release 10），其性能指标完全达到 IMT-Advanced（4G）的要求。

除了 OFDM 和多天线技术，LTE/LTE-Advanced 还引入了一系列的空口技术，如载波聚合、小区间干扰消除抑制、无线中继、下行控制信道增强、终端直通通信、支持非授权载波、窄带物联网（NB-IoT）等，使得其系统的综合频谱效率、峰值速率、网络吞吐量、覆盖等有了一个较明显的跃进。不仅适用于以宏站为主的同构网，在宏站/低功率节点所组成的异构网当中也起了巨大的作用，并服务更多的业务应用。

|1.2 第五代蜂窝通信的系统要求|

与前四代不同的是，5G 的应用十分多样化。峰值速率和平均小区频谱效率不再是唯一的要求。除此之外，体验速率、连接数、低时延、高可靠、高能效都将成为系统设计的重要考量因素。应用场景也不只是广域覆盖，还包括密集热点、机器间通信、车联网、大型露天集会、地铁等。这也决定了 5G 中的技术是多元的，不会像前几代那样，每一代都只有唯一的标志性技术。就多址技术而言，5G 的一大特点是采用非正交资源[1-2]。

1.2.1　主要场景

对于移动互联网用户，未来 5G 的目标是达到类似光纤速度的用户体验。而对于物联网，5G 系统应该支持多种应用，如交通、医疗、农业、金融、建筑、电网、环境保护等，特点都是海量接入。图 1-1 是 5G 在移动互联网和物联网上的一些主要应用[3]。

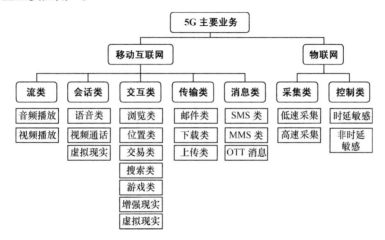

图 1-1　5G 的主要应用

在物联网中，有关数据采集的服务包括低速率业务，如读表，还有高速率应用，如视频监控。读表业务的特点是海量连接、低成本终端、低功耗和小数据分组；而视频监控不仅要求高速率，其部署密度也会很高。控制类的服务有时延敏感和非时延敏感的，前者如车联网，后者包括家居生活中的各种应用。

5G 的这些应用大致可以归为三大场景：增强的宽带移动（eMBB）、低时延高可靠（URLLC）、海量物联网（mMTC）。数据流业务的特点是高速率，时延可以在 50 ~ 100 ms；交互业务的时延在 5 ~ 10 ms；增强现实和在线游戏需要高清视频和几十毫秒的时延。到 2020 年，云存储将会汇集 30%的数字信息量，意味着云与终端的无线互联网速率达到光纤级别。低时延高可靠业务，如对时延十分敏感的控制类物联网应用。海量物联网则代表着众多应用，包括低速采集、高速采集，非时延敏感的控制类物联网等。

宽带移动有多种部署场景，比较主要的有室内热点（Indoor Hotspot）、密集城市（Dense Urban）、农村（Rural）和城市宏站（Urban Macro）[4]。室内热点部署主要关心的是建筑物内高密度分布的用户的高速率体验，追求高的系统吞吐量、一致性的用户体验，每个节点的覆盖范围较小。密集城市部署可以是同构网或者异构网，对象是城市中心和十分密集的街区，特点是高的业务负载，较好的室内外的覆盖。这几种部署场景的特点可以用量化的形式列成表格，如表 1-2 所示。

表 1-2　eMBB 主要部署场景的量化描述

部署场景	室内热点	密集城市	农村	城市宏站
载波频率	30 GHz、70 GHz 或者 4 GHz	4 GHz + 30 GHz（两层）	700 MHz、4 GHz 或者 2 GHz	2 GHz、4 GHz 或者 30 GHz
聚合后的带宽	在 70 GHz：最大为 1 GHz（上行+下行）；在 4 GHz：最大 200 MHz（上行+下行）	在 30 GHz：最大为 1 GHz（上行+下行）；在 4 GHz：最大 200 MHz（上行+下行）	在 700 MHz：最大为 20 MHz（上行+下行）；在 4 GHz：最大 200 MHz（上行+下行）	在 4 GHz：最大为 200 MHz（上行+下行）；在 30 GHz：最大 1 GHz（上行+下行）
部署	单层、室内楼层、开放式办公区	两层。宏覆盖层为六边形网格，微站层的节点随机分布	单层宏覆盖，六边形网格	单层宏覆盖，六边形网格
节点站间距	20 m，相当于在 120 m×50 m 区域部署 12 个收发节点	宏站层：200 m；微站层：每个宏站层里分布 3 个微站收发节点（均为室外部署）	1 732 m 或者 5 000 m	500 m
基站天线单元数目	最多 256 收发	最多 256 收发	4 GHz：最多 256 收发；700 MHz：最多 64 收发	最多 256 收发
终端天线单元数目	30 GHz 及 70 GHz：最多 32 收发；4 GHz：最多 8 收发	30 GHz：最多 32 收发；4 GHz：最多 8 收发	4 GHz：最多 8 收发；700 MHz：最多 4 收发；	30 GHz：最多 32 收发；4 GHz：最多 8 收发
用户分布和移动速度	100%室内，3 km/h，每个收发节点覆盖 10 个用户	宏网层：均匀分布，每个宏站 10 个用户；80%室内用户，3 km/h；20%室外用户，30 km/h	50%室外车辆，120 km/h；50%室内，3 km/h。每个收发节点覆盖 10 个用户	20%室外车辆，30 km/h；80%室内，3 km/h。每个收发节点覆盖 10 个用户

1.2.2　关键性能指标

5G 系统的关键性能指标（KPI）包括峰值速率、峰值频谱效率、带宽、控制面时延、用户面时延、非频发小包的时延、移动中断时间、系统间的移动性、可靠性、覆盖、电池寿命、终端能效、每个扇区/节点的频谱效率、单位面积的业务容量、用户体验速率、连接密度等。其中与多址技术比较相关的有如下几点[5]。

- 控制面的时延是指从空闲态到连接态传输连续数据这一过程所需的时间，指标是 10 ms。用户面时延是假设没有非连续接收（DRX）的限制下，协议层 2/3 的数据分组（SDU）从发送侧到接收侧正确传输所需时间。对于低时延高可靠场景，用户面时延的指标是上行 0.5 ms，下行 0.5 ms。对于无线宽带场景，用户面时延的指标是上行 4 ms，下行 4 ms。第四代 OFDM 系统是需要严格的资源调度和完整的一套随机接入过程，才能进行数据的通信。5G 的非正交免调度多址技术有望大大简化随机接入的过程，无须严格的动态资源信令，缩短控制面和用户面时延。

- 电池寿命指在没有充电的情形下系统能维持的时间。对于海量物联网，电池寿命需要考虑极端覆盖条件、每天上行传输的比特数、下行传输的比特数和电池的容量。电池寿命的一个影响因素是每次随机接入和数据传输总共花的时间。如果仍然采用 4G 严格正交的多址方式，整个接入流程很长，不利于降低终端的能耗，而非正交多址在这方面有优势。

- 对于无线宽带场景，在 Full Buffer 业务条件下，每个扇区/节点的频谱效率要求是 4G 系统的 3 倍左右，边缘频谱效率要求是 4G 系统的 3 倍。正交多址的系统并不能逼近系统的容量界。要进一步提升系统的吞吐量，需要采用非正交的多址方式。

- 连接数密度的定义是在单位面积里，如每平方千米范围内，能保证一定 QoS 条件下的总的终端机器设备数量。QoS 需要考虑业务的到达频度、所需传输时间，以及误码率等。在城市部署场景，连接数密度的指标是每平方千米 100 万个终端机器设备。4G 正交系统的设计主要是服务高速数据业务，其特点是同时服务有限的用户，而每个用户有较高的吞吐量。这样的设计并不适合大的连接数密度的场景，而非正交多址技术有潜力支持大量低速率的用户/设备同时接入系统。

1.2.3 性能评估方法

用户面时延和控制面时延、偶发小包的时延，以及电池寿命等指标一般采用分析计算的方法进行评估。而系统的频谱效率和连接数密度等指标需要系统仿真。对于非正交多址，比较合适的部署场景是城市宏站和郊区宏站。原因如下：① 城市/郊区宏站是单层网络，无法通过密集部署低功率节点来大幅提高

系统容量，在这种情况下，非正交多址成为增加系统吞吐量的重要手段，尤其当宏站的收发天线数目有限，不能利用多天线技术时；② 宏站同构网下，每个基站的激活用户数目较大，有利于非正交用户的配对调度，提高性能增益；③ 由于宏网的覆盖较大，用户之间较有可能存在远近效应，这无论对提高吞吐量，还是降低接收器复杂度，都很有利。

除了不可缺少的系统仿真，非正交多址的研究还需要大量的链路级仿真。传统的链路级仿真一般是单用户的，因为系统仿真的资源多半在一个小区内是正交的。但在非正交情形下，多用户链路仿真有助于细致刻画各个用户间的干扰以及干扰消除/抑制所起的效果。这样才能建立一个较为精确的链路到系统的映射模型，使系统仿真能够更加准确地反映每一条链路的性能。

|1.3 下行非正交多址的主要方案|

下行非正交多址的应用主要是 eMBB 场景，追求的是系统频谱效率的提升。下行非正交技术大致有如下几类[6]。

（1）直接的符号叠加：多个用户的调制符号直接线性叠加，在同一时频资源上发送，对接收机复杂度的要求较高。

（2）镜像变换叠加：多个用户编码比特先经过一个比特的变换，然后分别进行调制，再线性叠加，从而保证叠加后的星座图映射符合格雷特性，并且支持灵活的功率配比，对接收机复杂度的要求较低。

（3）比特分割：保证叠加后的星座图符合传统的 QAM 映射，即满足格雷特性，而且星座点等间距分布。实际上是多个用户划分传统 QAM 星座图上的各个星座点，对接收机复杂度的要求较低。

|1.4 上行非正交多址的主要方案|

上行非正交多址的应用主要是 mMTC 场景，eMBB 小包业务和 URLLC 场景，设计的一个重要目标是支持海量的接入和保证一定的系统容量。上行非正交技术大致有如下几类[7]。

（1）符号级的线性扩展：采用较短的非正交扩展码，接收采用相对简单的硬干扰消除。终端用户/设备可以随机自主选取非正交扩展码，可以较好地支持竞争式的免调度场景。

（2）比特级的交织/扰码叠加：用户依赖不同的交织器/扰码器。接收端采用软入软出的迭代解调译码算法，复杂度较高。

（3）多维稀疏扩展：调制与扩展联合设计，从编码比特直接映射到扩展后的序列。扩展可以是基于稀疏矩阵的。接收机通常需要最大似然法的检测，复杂度较高。

5G 的标准化在 3GPP 已经开始。作为 5G 物理层的三大关键技术之一，新型多址将对满足 5G 主要场景的性能指标发挥重要作用。

| 参考文献 |

[1]   L. Dai, B. Wang, Y. Yuan, C. I, S. Han, Z. Wang. Non-orthogonal multiple access for 5G: Solutions, challenges, opportunities, and future research trends. IEEE Commun. Magazine, Vol. 53, No. 9, September 2015, pp.74-81.

[2]   M. Vaezi, Z. Ding, H. V. Poor. Multiple access techniques for 5G wireless networks and beyond (Ed.). Springer, 2019.

[3]   Y. Yuan, L. Zhu. Application scenarios and enabling technologies of 5G. China Communications, November 2014, pp. 69-79.

[4]   3GPP, TR 38.802. Study on new radio access technology, Physical layer aspects.

[5]   3GPP, TR 38.913. Study on scenarios and requirements for next generation access technologies.

[6]   3GPP, TR 36.859. Study on Downlink Multiuser Superposition Transmission (MUST) for LTE (Release 13).

[7]   3GPP, TR 38.812. Study on non-orthogonal multiple access (NOMA) for NR.

第 2 章

下行非正交传输技术

对于下行调度系统，理论上可以严格证明，非正交叠加传输相对于正交传输有着明显的容量增益。通过采用较为精确的链路到系统的映射（物理层抽象模型）、比较符合实际情况的业务模型，以及大量的链路级和系统级的性能仿真，可以预测非正交传输在实际网路中的性能增益范围，下行非正交的传输方案主要有 3 种：直接符号叠加、灵活功率比的格雷（Gray）叠加和比特分割。它们对接收机的要求有所不同。

| 2.1 下行非正交传输的基本原理 |

在第 1 章曾经提过，下行非正交多址的应用主要是有调度的 eMBB 场景，在保证一定公平性的条件下，使得系统频谱效率最大化。下行非正交多址实际上就是在一个小区内，采用同样的时频资源，给多个终端传输不同的数据。广义的下行非正交多址在信息论中被称为 "Broadcast Channel"，注意这与无线通信协议中的物理广播信道（PBCH）是不同的。PBCH 主要承载小区的系统信息，是一类公共信道。而信息论的 "Broadcast Channel" 是承载数据业务的，可以用图 2-1 的例子来说明。

这里以两个用户为例，信源提供给接收端的数据分为 3 个部分：M_0 是用户 1 和用户 2 共同的数据部分，M_1 和 M_2 分别是用户 1 和用户 2 独自的数据。经过联合信道编码之后，生成一个总的编码序列 X^n。"Broadcast Channel" 的信道可以用联合概率函数 $p(y_1, y_2 | x)$ 表达。在接收端，用户 1 和用户 2 分别对接收信号 Y_1^n 和 Y_2^n 进行译码。注意，图 2-1 的联合信道编码是广义的，包括信道编码、多天线的预编码（Precoding）、符号调制、无线资源映射等。为达到较好的性能，广义的联合信道编码模块需要考虑用户 1 和用户 2 的信道状态信息（CSI），

如完全的 $p(y_1, y_2 | x)$ 信息，或者其量化的版本。图 2-1 接收侧的解码器也是广义的，包括信号检测器、调制符号的解调、信道译码等。

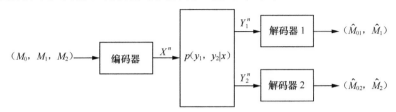

图 2-1 一个两用户的信息论"Broadcast Channel"的例子

对于下行传输，一般不大可能进行用户间的并行联合译码，这不仅是从终端的实现复杂度而言，而且也是出于数据安全的考虑。但这也并不意味着每个接收端只能做单用户的检测和译码。复杂度适当的多用户先进接收机无论从学术还是工业应用方面都是可以考虑的。

对于类似图 2-1 中的一般的"Broadcast Channel"，其多用户的容量界是一个学术上的难题。但是有几种"Broadcast Channel"在实际当中有不少应用，而且它们的多用户容量比较容易分析和计算。

（1）现在的下行系统在基站侧通常部署多个发射天线，其中一个重要用途就是多用户的资源复用，即多用户 MIMO（MU-MIMO）。尽管最优的多用户预编码方式（Precoding）不一定是线性的[1]，但在工业界，预编码的方案以线性的复数域信号处理为主，其性能可以相当接近非线性的污纸编码（Dirty Paper Coding）的性能。当发射天线之间距离较近，并且在同一极化方向时，它们之间的空间相关度较高，一般可采用低秩的波束赋形（Beamforming），从波束方向上区分不同用户。此时的信道状态信息（CSI）仅仅与用户的大尺度衰落有关，变化相对缓慢，而且上行信道和下行信道具有互易性，可以进行开环的 MIMO；而当发射天线间距较远，或者不在同一极化方向时，它们之间的空间相关度较低，则可以采用瞬时的 Co-Phasing。由于此时信道状态信息与小尺度衰落有关，变化较快，而且对于 FDD 系统其上下行信道不具有互易性，因此通常需要终端把信道状态信息（CSI）反馈给基站。原则上，MU-MIMO 对终端接收机的要求不高，无须先进的干扰消除算法，调制符号域的线性 MMSE 接收机即可达到较好的性能。关于多发射天线的空间复用，已经有大量的书籍和标准提案对此进行深入的分析，所以就不在本书中赘述。但是需要指出的是，当今的基站发射天线至少是两根，不少情况是 4 根、8 根或者更多，因此在对下行非正交的性能进行讨论和仿真时，不可避免地要牵扯到空间复用，这方面的内容将在第 4 章有所展开。尽管如此，从原理角度，我们在本章还是以相同空

间自由度条件下的非正交传输作为下行调度系统设计的基础，顺带兼顾多天线的部署场景。

（2）如果图 2-1 中的信道条件满足 $p(y_1, y_2|x) = p(y_2|x) \cdot p(y_2|y_1)$，即 $X \to Y_1 \to Y_2$ 组成马尔科夫链，则 Broadcast Channel 变成退化的形式。此时用户 1 的信道质量在统计上强于用户 2。对于退化了的 Broadcast Channel，理论上可以证明，通过叠加编码（Superposition Coding）和串行干扰消除（Successive Interference Cancellation, SIC），能够达到系统的容量界[2]。Superposition Coding 可以是线性或者非线性的。接收机除了 SIC 之外，还可采用简单的调制符号级的干扰消除。它对 CSI 反馈的要求不是很高，只需要 CSI 的幅度信息，即 Channel Quality Indication（CQI），类似信噪比。Superposition Coding 是本章和第 4 章的重点，将有更详尽的论述。

（3）对于单发射天线的 Broadcast Channel，可以采用一类非线性预编码的方式，Tomlinson-Harashima Precoding (THP)。它的设计思想是尽量让发射侧承担干扰消除的任务，以保证接收端可以采用相对简单的单用户接收机，而无须做任何接收侧的干扰消除。THP 是污纸编码（Dirty Paper Coding）的一个简单的特例。尽管对接收机没有很高的要求，但 THP 的方法对 CSI 反馈有较高精度的要求，不仅是快衰信道的幅度信息，还有相位信息。这方面的论述详见本章 2.7 节。

需要指出的是，以上的 3 种情形不一定是独立存在的。由于下行多发射天线的广泛应用以及通信协议对 CQI 反馈的普遍支持，MU-MIMO 和 Superposition Coding 经常是同时工作的。这往往使发射侧的调度优化、Precoding 选择和 Superposition Coding 及用户配对变得更为复杂。对于这样的非正交多址系统，资源动态调度的目标除了最大化系统容量之外，还需保证不同用户在数据吞吐量方面有一定的公平性。这些都进一步增加发射机及调度器算法的复杂度。

非正交复用的用户数在理论上可以很多，而且随着用户数的增多，在比例公平的条件下，多用户叠加传输的系统容量也逐渐增长，如图 2-2 所示。这里考虑的是非对称用户，即用户的信噪比（SNR）不同，存在远近效应。注意，对于纯粹功率域（而空域完全重叠）的下行非正交传输，只有在非对称用户的情形，相对于正交（如时域或者频域）传输才有容量增益。图 2-2 所假设的 SNR 为均匀分布，区间为[–3, 21] dB，接收机为理想多用户检测和译码。可以看出，当两个用户叠加时，相比正交传输的增益约为 25%，而当叠加用户数为 5 时，非正交传输的容量增益提高至 37%，基本达到饱和。

对于 eMBB 的下行大数据业务，处于激活态的用户数不是很高，所以同时复用相同资源的用户数不是很多。另外，从资源调度、接收机实现复杂度，以及系统吞吐量的增益等角度，复用两个用户基本上能够得到大部分的潜在的性能增益，大大降低了系统部署和终端接收处理的挑战性。因此接下来只讨论两个用户同时复用相同时频资源的情形，并且以退化的 Broadcast Channel 为主。

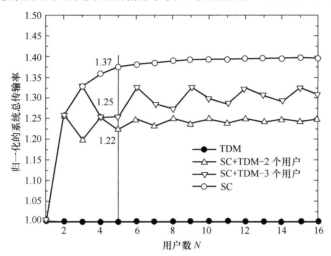

图 2-2 下行非正交传输的系统容量增益与叠加用户数的关系

一个单发单收天线的两用户的退化"Broadcast Channel"系统如图 2-3 所示[3]，图中对正交和非正交两种情形的容量界进行了比较。这里的 UE1 和 UE2 分别代表远离基站和靠近基站的两个用户。它们的发射功率分别为 P_1 和 P_2，信道增益分别是 $|h_1|^2$ 和 $|h_2|^2$。这里的信道增益包含传播路损、大尺度阴影衰落和小尺度衰落。为简便起见，假设信道在一个数据块当中保持恒定，没有时延扩展，其增益是一个标量。并要求总的发射功率（P_1+P_2）保持恒定，但可以调整 P_1 和 P_2 之间的比例。

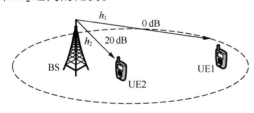

效率	UE2（强）	UE1（弱）
NOMA（A）	3 bit/(s·Hz)	0.9 bit/(s·Hz)
OMA（B）	3 bit/(s·Hz)	0.64 bit/(s·Hz)
OMA（C）	1 bit/(s·Hz)	0.9 bit/(s·Hz)

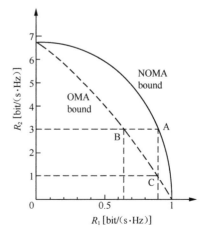

图 2-3 一个下行退化"Broadcast Channel"容量界的比较：非正交传输与正交传输

在正交传输的情形，UE1 占整个频域资源的 α 比例，UE2 占整个频域资源的 $(1-\alpha)$ 比例。所以 UE1 和 UE2 的信噪比分别是 $\dfrac{P_1|h_1|^2}{\alpha N_0}$ 和 $\dfrac{P_2|h_2|^2}{(1-\alpha)N_0}$，其中，$N_0$ 是白噪声的功率谱密度，这里的白噪声包括热噪声和其他小区的干扰（假设也是白色干扰）。根据香农容量定理，UE1 和 UE2 所能达到的传输速率可以写成

$$R_1 < \alpha \cdot \log\left(1 + \frac{P_1|h_1|^2}{\alpha N_0}\right)$$
$$R_2 < (1-\alpha) \cdot \log\left(1 + \frac{P_2|h_2|^2}{(1-\alpha)N_0}\right) \tag{2.1}$$

为了得到图 2-3 中的正交传输的两个用户容量对 $\{R_1,\ R_2\}$ 的容量界，对于每一对功率 $\{P_1,\ P_2\}$，需要尝试不同的频域资源分配比例系数 α。

在非正交传输的情形下，UE1 和 UE2 占用同样全部的时频域资源。在 UE1 接收侧，看到的噪声以及由于传输数据给 UE2 所带来的干扰为 $P_2|h_1|^2 + N_0$；在 UE2 接收侧，假设由于传输数据给 UE1 所带来的干扰可以完全消除，其信噪比可以写成 $\dfrac{P_2|h_2|^2}{N_0}$。这样的假设有两个根据：① UE1 远离基站，传输给 UE1 数据所用的调制编码等级（Modulation Coding Set, MCS）比较低；② UE1 传输用的功率 P_1 一般比 P_2 高，UE2 靠近基站，收到给 UE1 的信号功率会很强。这些都使得 UE2 能够比较容易地先解出 UE1 的信号，从而将其消除。根据香农容量定理，此时 UE1 和 UE2 所能达到的速率可以写成

$$R_1 < \log\left(1 + \frac{P_1|h_1|^2}{P_2|h_1|^2 + N_0}\right)$$
$$R_2 < \log\left(1 + \frac{P_2|h_2|^2}{N_0}\right) \tag{2.2}$$

对于非正交传输，选定一对功率 $\{P_1,\ P_2\}$ 配比，就得到容量界上的一点。

在图 2-3 的例子中，UE1 的下行宽带信噪比是 0 dB，即 $\dfrac{P_1+P_2}{N_0}|h_1|^2 = 1$，而 UE2 的下行宽带信噪比是 20 dB，即 $\dfrac{P_1+P_2}{N_0}|h_2|^2 = 100$。从图上看，无论发射功率的配比如何，非正交传输的容量界总是大于正交传输的容量界。具体来看，非正交容量界的 A 点所对应的 UE1 的频谱效率是 0.9 bit/（s·Hz），此时 UE2 的频谱效率是 3 bit/（s·Hz）。正交容量界的 B 点所对应的 UE1 的频谱效率是

0.64 bit/（s·Hz），明显低于非正交的，尽管 UE2 的频谱效率与非正交时的相当，都是 3 bit/（s·Hz）。再看正交容量界的 C 点，所对应的 UE1 的频谱效率是 0.9 bit/（s·Hz），与非正交的 A 点相当，但此时 UE2 的频谱效率只有 1 bit/（s·Hz），大大低于非正交时 UE2 的水平［3 bit/（s·Hz）］。这说明，对于正交系统，如果想要提高小区边缘的吞吐量，那么小区中心用户的吞吐量就会出现较大的损失；而非正交可以在保证近端用户的吞吐量下降不多的情况下，显著提高边缘用户的吞吐量。所以，在比例公平约束下，非正交相对正交能提高整个系统的总容量。

需要指出的是，在实际的系统中，无论是正交传输还是非正交传输，都会工作在图 2-3 中容量界偏右下的区域，基本上在标出的容量界 A 点、B 点和 C 点的范围。这有两个理由。

（1）如果工作点太靠左，则意味着用较高的功率向近端用户发送数据。而近端用户本来就有较小的路损，高功率服务近端用户，使 UE2 的频谱效率变得很高，如超过 6 bit/（s·Hz），可此时由于分配给远端用户的发射功率很少，再经过较大的路损，UE1 的频谱效率只有 0.1 bit/（s·Hz）或者更低。远近用户的吞吐量出现严重的两极分化，系统的公平性较差。

（2）如果远端用户所分配的发射功率太低，对于近端用户 UE2，成功解调译码远端用户 UE1 数据的挑战较大，有可能需要更加先进的接收机。若考虑一些工程因素，在实际系统当中，非正交的容量在左边的工作区间里是有可能低于正交系统的。

以上的比例公平约束下的容量界分析对于实际的非正交下行系统的设计具有一定的指导意义，但除此之外还有许多工程实现方面的因素需要考虑。

● 相对于系统设备，终端对硬件成本更加敏感，对功耗的要求更加严苛，如果先进接收机必不可少，其复杂度也必须降得很低，这些都使实际性能与理论容量界的差距加大。接收机算法尽管属于产品实现，不在无线通信的标准协议中体现。但常用的接收机类型通常与某一种或某几种发射侧方案对应，所以会间接影响各种发射侧方案被标准采纳的可能性。

● 单用户的调制通常是 QPSK 或者 QAM 的，但在经过 Superposition Coding 之后，叠加合成后的星座图通常不再是规则、等间距的 QAM 星座点，过分"任意"分布的星座点图，从"Constrained Capacity"的角度或许有容量的损失，同时对射频硬件的实现提出更高的要求，如更严的 EVM 指标。

● 功率分配的灵活度：功率分配的信息需要通知给接收侧，否则接收机得通过盲检来确定发射侧所采用的配比，再做解调和译码，这会大大增加终端的实现复杂度。而过于灵活的配置会增加信令方面的开销，而且使合成的星座图

更趋复杂和任意；但另一方面，如果对功率分配做过多的限制，也就意味着在和容量曲线上只能选取十分有限的几个工作点，这会大大束缚调度器的资源优化空间，对下行非正交系统的容量产生负面的影响。

- 实际信道估计，尤其是对干扰消除的影响。式（2.2）的一个很重要的假设是近端用户对远端用户的干扰可以完全消除。但在实际系统当中，如果采用调制符号级别的干扰消除，因为译码前的硬判决的符号差错率在有些情况下（如远近用户所得功率差异不是很大时）难以忽略，再加上信道估计的误差，最后重构的干扰信号与真实的干扰信号有较大差别，干扰消除之后存在严重的残差。即使采用码字级别的干扰消除，信道估计误差仍造成重构信号中的误差，使得干扰难以消得十分干净。

- 与传统终端的兼容性，在非正交系统中最好能部分支持只具备解调译码正交传输的传统终端，这会带来现实的商业利益，并促进更平滑的系统演进与升级。这方面设计将在第4章做详细描述。

- 下行控制信令的总开销：下行控制信令除上面提到的功率分配信息之外，还包括一些潜在的调度信息。这些信息是相比于正交传输的调度信息额外所需要的，以支持非正交的传输。这些额外的调度信息是潜在的，取决于具体的发射侧方案及接收机算法。这方面内容将在第4章中展开。

2.2　仿真评估方法

下行非正交传输的仿真评估包括链路级仿真和系统级仿真。与其他技术不同，非正交传输的链路仿真一般需要多用户，来精确刻画多用户之间的干扰。尽管下行传输时，发给远端和近端用户的信号经历同一个信道，但这个信道是有小尺度衰落的，即本次传输和下次传输的信道增益可能有变化，信噪比不一样，从而影响接收机消除干扰的能力。当然，评价非正交传输的全面性能分析需要依靠系统仿真。

2.2.1　链路仿真参数及评定指标

表 2-1 中罗列了非正交传输链路仿真常用的参数[4]。注意到有关天线的配置参数有多个，如参考信号、多天线之间的信道相关度、发送/接收天线数、传输模式。这说明非正交传输与多天线技术有一定的关联度，稍后请见详细阐述。

还有几个参数是关于链路自适应的，如信道状态信息的延迟、上报周期、粒度和自适应重传的次数。这些参数只有当开启动态自适应的时候才用到。EVM 是指误差向量幅度，用来衡量无线系统调制信号产生的质量。误差越低，代表实际产生的调制符号的幅度和相位与理想的调制符号的差别越小。由于非正交传输涉及星座图的叠加，而叠加复合后的星座图无论从点数，还是间距排列等方面要较叠加前的（传统的）QAM 星座图更复杂，因此需要考虑实际器件的 EVM，无论是在发送侧还是接收侧。一般情况下，发射侧有功率放大器，会偶尔工作在非线性区，对波形带来一定的失真，其 EVM 比接收侧的要高。

表 2-1　链路仿真参数表

参数	取值
载频	2 GHz 或 3.5 GHz
系统带宽	10 MHz
分配带宽	5 MHz
参考信号（导频）	小区公共参考信号或者用户专用解调信号
信道模型及终端移动速度	AWGN，EPA/ETU/EVA，3 km/h 或 60 km/h
多天线之间的信道相关度	低
（发送天线数，接收天线数）	（2，2），（4，2）或（4，4），其中（4，4）是可选的
传输模式	两发天线：基于小区公共参考信号 四发天线：基于用户专用解调信号
信道状态信息的延迟	5 ms
信道状态信息上报的周期	5 ms
信道状态信息的粒度	宽带或者子带
链路自适应	动态自适应，或者固定
EVM 指标要求（发送侧，接收侧）	理想（AWGN）或者（8%，4%）
自适应重传	最多 4 次

对于下行非正交的链路仿真性能的评定，主要有以下 3 个方面。

● 第一种是比较传统的码块错误概率（Block Error Rate, BLER）与信噪比（Signal to Noise Ratio, SNR）的曲线，一般趋势是误块率随着信噪比的增大而瀑布式下落。这种方式下，每条曲线是对应于一个功率比。如果要全面展示多种功率比下的性能，则需要多条曲线。另外，这里的每条性能曲线只是一个用户的，这就意味着在一个特定功率比下，需要画两条曲线，一条是远端用户，另一条是近端用户。

- 第二种是和容量与信噪比的曲线，一般趋势是容量随着信噪比的增大而单调地上升，最后趋于饱和。相比误块率曲线，这种方式中可以包含传输侧的链路自适应，而且反映的是"和容量"，无须分别画出远端和近端用户的曲线，但每条曲线还是只对应一个功率比。

- 第三种是和容量与功率比的曲线，即速率区域（Rate Region），一般趋势是一个用户的容量随着功率比的增加而减少，同时另一个用户的容量在逐渐增大。曲线为闭合的凸函数，如图 2-3 所示。这种方式通常只有在非正交传输中才用。虽然每条曲线只对应一个远端和近端用户的信噪比组合，但功率比是下行非正交传输中很重要的一个参数。这种链路结果的表述方式更具有代表性。

2.2.2 链路到系统的映射方法

链路到系统的映射方法用来建模接收机的接收过程，针对不同的接收机，建模方法有所不同。文献[5]中给出了几种建模方法，主要针对两类接收机：一类是 ML/R-ML 接收机，另一类是码块级的干扰消除（CodeWord-Level Interference Cancellation，CWIC）、符号级的干扰消除（Symbol-Level Interference Cancellation，SLIC）和 MMSE-IRC 接收机。

1. ML 接收算法的链路到系统映射方法

该映射方法基于信息论，采用经验公式进行修正，而本身不对接收机的处理过程做精细的刻画。其思路是，首先计算每个资源单元（Resource Element，RE）上的每比特的互信息量（Mutual Information Per Transmitted Bit，MIB），然后将一帧中所有 RE 的 MIB 进行平均，得到平均互信息量。最后，通过将平均互信息量映射成等效的 SINR_{eff}，再根据 SINR_{eff} 值，查 AWGN 信道下 SNR-BLER 曲线表，得到目标 BLER。

ML 接收机在一个 RE 上获得的 MIB，记为 MIB_{ML}，且 MIB_{ML} 可以用经验公式表示为

$$\text{MIB}_{\text{ML}} = \beta \cdot C_{\text{BICM}} \tag{2.3}$$

其中，C_{BICM} 是比特交织编码调制（Bit Interleaved Coded Modulation，BICM）单位化的频谱效率。因为绝大多数的调制编码方式都是比特交织的，故这里用该名词下角标强调。β 是一个加权因子，可通过与真实接收机的 BLER 曲线进行拟合得到。β 越小，则意味着该接收机的性能与理想的基于互信息量的容量界的差距越大。近端用户的 BICM 单位化频谱效率表示为

$$C_{\text{BICM,near}} = 1 - \frac{1}{m_{\text{near}}} \sum_{i=0}^{m_{\text{near}}-1} E_{t,z} \left[\log_2 \frac{\sum_{s_{\text{target}} \in M} p(z \mid s_{\text{target}})}{\sum_{s_{\text{target}} \in M_{\text{near}}(i,t)} p(z \mid s_{\text{target}})} \right] \qquad (2.4)$$

远端用户的 BICM 单位化频谱效率表示为

$$C_{\text{BICM,far}} = 1 - \frac{1}{m_{\text{far}}} \sum_{i=0}^{m_{\text{far}}-1} E_{t,z} \left[\log_2 \frac{\sum_{s_{\text{target}} \in M} p(z \mid s_{\text{target}})}{\sum_{s_{\text{target}} \in M_{\text{far}}(i,t)} p(z \mid s_{\text{target}})} \right] \qquad (2.5)$$

这里，s_{target} 是叠加后的发射信号。m_{near} 和 m_{far} 分别是近端用户和远端用户的调制符号所需的比特位数，例如，QPSK 调制需要 2 比特位，16QAM 需要 4 比特位。M 是 s_{target} 星座点所组成的集合；$M_{\text{near}}(i,t)$ 和 $M_{\text{far}}(i,t)$ 分别是近端用户和远端用户对应的第 i 个比特位是 t 的所有星座点组成的集合，$t \in \{0, 1\}$；z 是接收信号经过 MMSE 检测后的信号；$p(z \mid s_{\text{target}})$ 是传输概率密度函数，基本上取决于 z 到 s_{target} 的欧式距离。图 2-4 中的例子描述了如何计算一个 16QAM 星座图的第 3 个比特的对数似然比（LLR）。其中的实心三角代表接收信号 z，左边的图对应的是 z 到所有第 3 个比特为 0 的星座点的欧式距离，右边的图对应的是 z 到所有第 3 个比特为 1 的星座点的欧式距离。显然，左图中的欧式距离较小，z 的第 3 个比特更加可能是 0。

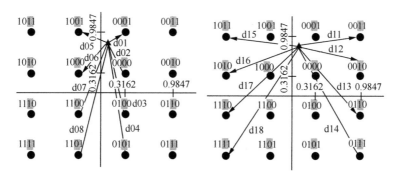

图 2-4　一个计算星座图比特的对数似然比（LLR）的例子

考虑两收两发天线，AWGN 信道，并假定远端用户采用 QPSK 调制。针对不同的 MCS 等级和 4 种功率分配，分别计算非 Gray（格雷）和 Gray 映射下的近端用户互信息的加权因子，如表 2-2 所示。可以发现，在多数情况下，Gray 映射下的互信息的加权因子比非 Gray 的高，这表明 Gray 星座图有更高的容量。

表 2-2　近端用户互信息的加权因子拟合值

MCS 等级	调制方式	远端用户功率比 0.7153		0.9091		0.9617		0.9844	
		非格雷	格雷	非格雷	格雷	非格雷	格雷	非格雷	格雷
MCS1	QPSK	0.0133	0.0429	0.4000	0.3952	0.8881	0.8779	1.0296	1.0431
MCS2	QPSK	0.0802	0.1034	0.5961	0.5840	0.9322	0.9205	0.9538	0.9658
MCS3	QPSK	0.1293	0.1536	0.8041	0.7927	0.9693	0.9583	0.9640	0.9740
MCS4	QPSK	0.2581	0.2814	0.9209	0.9203	0.9791	0.9692	0.9677	0.9765
MCS5	QPSK	0.4229	0.4454	1.0185	1.0229	1.0354	1.0277	1.0217	1.0315
MCS6	QPSK	0.5752	0.5934	1.0186	1.0259	1.0250	1.0204	1.0140	1.0236
MCS7	16QAM	0.7053	0.7135	0.9918	0.9975	0.9969	0.9928	0.9929	0.9980
MCS8	16QAM	0.8084	0.8135	0.9996	1.0031	1.0031	0.9999	1.0006	1.0029
MCS9	16QAM	0.8616	0.8653	0.9939	0.9970	0.9971	0.9949	0.9947	0.9965
MCS10	64QAM	0.8528	0.8561	0.9689	0.9706	0.9730	0.9716	0.9711	0.9746
MCS11	64QAM	0.8956	0.8981	0.9787	0.9795	0.9818	0.9811	0.9800	0.9828
MCS12	64QAM	0.9427	0.9449	1.0052	1.0061	1.0076	1.0073	1.0058	1.0077
MCS13	64QAM	0.9519	0.9540	1.0024	1.0035	1.0043	1.0043	1.0027	1.0039
MCS14	64QAM	0.9557	0.9575	0.9993	0.9999	1.0006	1.0010	0.9998	1.0001
MCS15	64QAM	0.9715	0.9727	1.0049	1.0051	1.0051	1.0052	1.0046	1.0049

对获得的多个 RE 上的 MIB_{ML} 求平均，得到 $avg(MIB_{ML})$，通过 SINR-MIB 映射关系得到等效 $SINR_{eff}$，$SINR_{eff}$ 表示为

$$SINR_{eff} = f^{-1}[avg(MIB_{ML})] \qquad (2.6)$$

其中，$f(\cdot)$ 为 SINR 与 MIB 的映射函数，该映射关系可预先得到，例如，参考 IEEE 802.16m 的 SINR-RBIR 表。

2. CWIC、SLIC 和 MMSE-IRC 接收机的链路到系统映射方法

这种映射方法显式地刻画了在接收机中的干扰抑制过程。假设在相同的时频资源上接收的数据流总数为 N，则在资源元素 r 上接收到的信号表示为

$$y_{rx}(r) = \sum_{k=1}^{N} H_k(r)x_k(r) + e_{IN}(r) + e_{EVM}(r) \qquad (2.7)$$

其中，$H_k(r)$ 表示第 k 个数据流的等效信道，包含发送功率信息，如 $H_k(r) = \sqrt{p_k}h_k$；$x_k(r)$ 表示第 k 个数据流发送的数据，且满足 $\|x_k(r)\| = 1$；$e_{IN}(r)$ 表示干扰和噪声，$e_{EVM}(r)$ 表示 EVM 的影响，可建模为复高斯分布，在接收天线 i 上的标准方差表示为 $\sigma_{EVM,i} = \sqrt{EVM_{rx}^2 + EVM_{tx}^2}\|h_{k,i}\|_F$，$EVM_{rx}$ 表示接收端

EVM 值，$\mathrm{EVM_{rx}} = 0.04$；$\mathrm{EVM_{tx}}$ 表示发射端 EVM 值，$\mathrm{EVM_{tx}} = 0.08$；$\boldsymbol{h}_{k,i}$ 为第 k 个数据流在接收天线 i 上的等效信道。

以近端用户为例，假设对应第 n 个数据流，则近端用户的 MMSE 检测权重表示为

$$\boldsymbol{w}_n(r) = H_n^{\mathrm{H}}(r) \times R_{yy}^{-1} =$$

$$\sqrt{P_{\mathrm{near}}}\,h_n^{\mathrm{H}}(r) \times \left((\sqrt{P_{\mathrm{near}}}\,h_n(r))(\sqrt{P_{\mathrm{near}}}\,h_n(r))^{\mathrm{H}} + (\sqrt{P_{\mathrm{far}}}\,h_n(r))(\sqrt{P_{\mathrm{far}}}\,h_n(r))^{\mathrm{H}} + \sum_{k \neq n} H_k(r)H_k^{\mathrm{H}}(r) + \sigma^2 I \right)^{-1} \quad (2.8)$$

其中，$H_n = \sqrt{P_{\mathrm{near}}}\,h_n$，为近端用户的等效信道，$(\sqrt{P_{\mathrm{far}}}\,h_n(r))(\sqrt{P_{\mathrm{far}}}\,h_n(r))^{\mathrm{H}}$ 为同扇区远端用户的干扰，$\sum_{k \neq n} H_k(r)H_k^{\mathrm{H}}(r)$ 为其他扇区的干扰。P_{near} 表示近端用户分配的功率；P_{far} 为远端用户分配的功率，$P_{\mathrm{near}} + P_{\mathrm{far}} = 1$；

根据式（2.2）的基本原理，以及 MMSE 准则计算近端用户的 SINR，表示为

$$\mathrm{SINR}_n^{\mathrm{MMSE}}(r) = \frac{P_{\mathrm{near}} \left\| \boldsymbol{w}_n(r)\boldsymbol{h}_n(r) \right\|^2}{P_{\mathrm{far}} \left\| \boldsymbol{w}_n(r)\boldsymbol{h}_n(r) \right\|^2 + \sum_{k=1, k \neq m, k \neq n}^{N} \left\| \boldsymbol{w}_n(r)\boldsymbol{h}_k(r) \right\|^2 + \boldsymbol{w}_n(r)\boldsymbol{R}_{ee}\boldsymbol{w}_n^{\mathrm{H}}(r)} \quad (2.9)$$

其中，$\boldsymbol{R}_{ee} = \mathrm{E}\left\{ \boldsymbol{e}_{\mathrm{T}}\boldsymbol{e}_{\mathrm{T}}^{\mathrm{H}} \right\}$ 为干扰和噪声（包括 EVM）的协方差矩阵，$\boldsymbol{e}_{\mathrm{T}} = \boldsymbol{e}_{\mathrm{IN}} + \boldsymbol{e}_{\mathrm{EVM}}$。

基于 CWIC 接收机时，考虑到利用导频估计信道时会带来一定误差，因此干扰消除时会残留一定的信道估计误差，第 n 个数据流的 SINR 可表示为

$$\mathrm{SINR}_n^{\mathrm{CWIC}}(r) = \frac{P_{\mathrm{near}} \left\| \boldsymbol{w}_n(r)\boldsymbol{h}_n(r) \right\|^2}{P_{\mathrm{far}} \sigma_{\tilde{H}}^2 + \sum_{k=1, k \neq m, k \neq n}^{N} \left\| \boldsymbol{w}_n(r)\boldsymbol{h}_k(r) \right\|^2 + \boldsymbol{w}_n(r)\boldsymbol{R}_{ee}\boldsymbol{w}_n^{\mathrm{H}}(r)} \quad (2.10)$$

其中，$\sigma_{\tilde{H}}^2 = \mathrm{tr}\left(\boldsymbol{R}_{ee} \right) / (G_{\mathrm{CE}} N_{\mathrm{rx}})$，为信道估计误差的方差，$\tilde{H} = H - \hat{H}$；$N_{\mathrm{rx}}$ 表示接收天线数；G_{CE} 表示信道估计处理增益，文献[5]中给出了 $G_{\mathrm{CE}} = 10$。

为了简化 SLIC，假定相比 CWIC 接收机，SLIC 的 SINR 下降一个固定值，则基于 SLIC 接收机，表示为

$$\mathrm{SINR}_n^{\mathrm{SLIC}}(r) = \frac{\varDelta_{\mathrm{SLIC}} P_{\mathrm{near}} \left\| \boldsymbol{w}_n(r)\boldsymbol{h}_n(r) \right\|^2}{P_{\mathrm{far}} \sigma_{\tilde{H}}^2 + \sum_{k=1, k \neq m, k \neq n}^{N} \left\| \boldsymbol{w}_n(r)\boldsymbol{h}_k(r) \right\|^2 + \boldsymbol{w}_n(r)\boldsymbol{R}_{ee}\boldsymbol{w}_n^{\mathrm{H}}(r)} \quad (2.11)$$

根据仿真，$\varDelta_{\mathrm{SLIC}} = 10^{-0.07}$。对于 MMSE-IRC 接收机，可以采用类似的公式，只不过因为其性能不如 SLIC 接收机，$\varDelta_{\mathrm{MMSE\text{-}IRC}}$ 的值比 $\varDelta_{\mathrm{SLIC}}$ 更小。

由每个 RE 上得到的 $SINR_n(r)$ 取平均，再根据 SINR-RBIR 映射关系，得到等效的 SINR

$$SINR_n^{eff} = \phi^{-1}\left(\frac{1}{M}\sum_{r=1}^{M}\phi(SINR_n(r))\right) \tag{2.12}$$

由等效 SINR 查 AWGN 的 SNR-BLER 曲线表示，得到目标 BLER。远端用户的 SINR 可通过上面类似的方法得到。

2.2.3　系统仿真参数

系统仿真参数设置包含三大块，第一块是仿真的场景及小区的拓扑结构；第二块是业务模型；第三块是具体参数的配置。

1.　仿真的场景及小区的拓扑结构

在第三代无线通信和第四代无线通信的前期，系统仿真的小区拓扑一般都是同构网络，以宏基站为主，也就是基站间距恒定，发射功率一致，天线朝向统一（一个站址包含 3 个 120° 的扇区）。宏站间距通常在 500～1730 m，目的是广域覆盖，如图 2-5 所示。

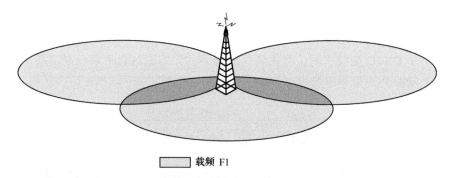

载频 F1

图 2-5　同构网广域覆盖

到了第四代无线通信的后期，以及第五代无线通信，在同构网上又引入低功率节点，其发射功率、天线功率和增益都远比宏站的要低许多，覆盖范围也只有几十米。一个宏扇区中通常会部署多个低功率节点，它们的位置比较随机，成簇或者均匀散布，与宏站组成异构网。低功率节点可以在与宏站相同或者不同的载频上发送数据，如图 2-6 所示，异构网分为同频异构网和异频异构网两种类型。

对于下行非正交传输，普遍的看法是对同构网广域覆盖的场景更加有效。原因如下。

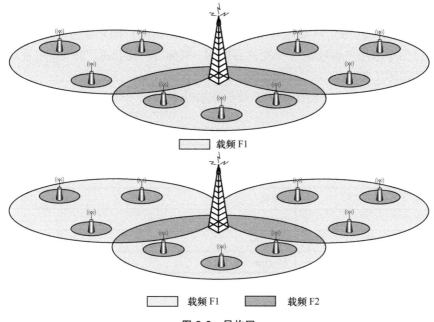

载频 F1

载频 F1   载频 F2

图 2-6 异构网

• 相比正交传输，非正交传输的容量增益主要体现在当远端用户和近端用户复用物理资源时。远近效应越明显，非正交传输的必要性也越大。这在前面也分析过。而远近效应比较容易出现在广域覆盖场景。否则在异构网中，小区边缘的概念被淡化，远近差别不明显，采用非正交传输的意义不大。

• 广域覆盖下的一个宏扇区中的用户数通常比异构网下的无论是宏小区还是低功率节点覆盖区域的用户数要多。较多的用户数有利于调度器对远端用户和近端用户进行配对，可以降低这个配对过程对其他增加容量的算法的负面影响，如比例公平。毕竟这些调度算法本质上都是共用有限的用户池子，池子太小则加剧调度器的各种优化算法之间的矛盾。因此广域覆盖下的非正交更有望提高系统的吞吐量。

2. 业务模型和评定指标

对于数据类业务的模型，最简单的是满缓冲区（Full Buffer）模型，即用户永远有数据要接收或者发送，而且其能传输的速率永远低于数据的到达速度，因此发送的缓冲区永远是满的，反映的是系统满载下的情形。实际系统很少工作在满负荷情形，比较贴近现实的业务模型是 FTP。根据数据分组的平均到达间隔和包的大小，可以调整系统的负荷水平。而负荷水平又可以反映在物理资源的利用率上。通常条件下，资源利用率越高，表明系统负载越高，也意味着一个扇区的等效的用户数越多。因此，非正交在系统接近高负载时的增益更显著。

关于系统仿真的评定指标，Full Buffer 业务模型时，评定指标包括平均用户吞吐量、5%边缘用户吞吐量和吞吐量的 CDF 曲线；FTP 业务模型时，评定指标包括平均用户吞吐量、5%用户吞吐量、50%用户吞吐量、95%用户吞吐量、资源利用率（RU）。

表 2-3 是非正交下行传输的系统仿真参数表。

表 2-3　系统仿真参数表

参数	取值
拓扑结构	正六边形小区，每个宏站有 3 个扇区，19 个宏站
站间距	500 m
系统带宽	10 MHz
载频	2.0 GHz
基站发射功率（扇区）	46 dBm
路损模型	ITU UMa，计算中考虑基站与终端的三维距离
穿透损耗	室外用户：0 dB 室内用户：$(20+0.5d_{in})$ dB（其中，d_{in} 是符合独立均匀分布的随机数，取值区间为[0, 25]）
阴影衰落	ITU UMa
快衰模型	ITU UMa
基站天线发射方向图	3D
基站天线高度	25 m
基站天线增益＋馈线损耗	17 dBi
用户天线高度	1.5 m
用户天线增益	0 dBi
天线配置	基站： 2 Tx，交叉极化 4 Tx，交叉极化，天线簇间距为半波长 8 Tx，交叉极化，天线簇间距为半波长 用户终端： 2 Rx，交叉极化 4 Rx，交叉极化，天线簇间距为半波长 必选：2Tx/2Rx，4Tx/2Rx 可选：4Tx/4Rx，8Tx/2Rx
业务模型	FTP 模型 1 当资源利用率为 60%、80%和 90%时，包大小为 0.1 Mbyte 当资源利用率为 60%时，包大小为 0.5 Mbyte Full-buffer（可选）
用户撒点方式	20%用户为室外；80%用户为室内

参数	取值
基站与终端最小距离	35 m
复用用户数	2
终端噪声系数（Noise Figure）	9 dB
终端移动速度	室外用户：3 km/h，60 km/h； 室内用户：3 km/h
小区选择准则	RSRP for Intra Frequency
小区切换阈值	3 dB
控制信令开销	每个子帧有 3 个 OFDM 符号用于下行控制，根据 MIMO 空间复用的层数和传输模式（TM），每个资源块（PRB）中的 CRS 和 DM-RS 可以占用 12 个或 24 个资源单元（RE）
反馈假设	非理想的信道估计和干扰估计 反馈周期：5 ms 反馈时延：5 ms
EVM	Tx EVM：8%； UE Rx EVM：4%

2.2.4 调度算法

基站侧的调度器算法一般属于系统实现问题，不进行标准化。但是对于非正交传输，调度算法较正交系统要复杂许多，而且对系统性能的影响很大，所以在标准研究当中还是鼓励各家公司能尽量详细地披露，以便相互验证。相比正交传输，非正交传输的调度算法更加复杂，尤其是有多天线预编码的时候。

1. 配对准则

非正交传输是将满足一定条件的多个用户复用在相同的时频资源上进行传输。为了降低调度的复杂度，对于一些不满足配对条件的用户进行甄别，例如当两个用户的预编码矩阵的欧式距离过小，或者用户的距离太近，也就是当用户间不存在明显的远近效应，那么这些用户不能配对进行非正交传输。为了更清晰地描述配对用户的预编码矩阵之间的关系，下面举例进行说明。

假设 UE1 的预编码矩阵为 W_1，秩为 r_1，UE2 的预编码矩阵为 W_2，秩为 r_2，表示如下。

$$W_1 = [v_{1,1} \ v_{1,2} \cdots v_{1,r_1}] \qquad (2.13)$$

$$W_2 = [v_{2,1} \ v_{2,2} \cdots v_{2,r_2}] \qquad (2.14)$$

$$[\overline{\boldsymbol{v}}_{i,j}] = \frac{\boldsymbol{v}_{i,j}}{\sqrt{\boldsymbol{v}_{i,j}^{\mathrm{H}} \boldsymbol{v}_{i,j}}} \tag{2.15}$$

其中，$[\overline{\boldsymbol{v}}_{i,j}]$ 为向量 $\boldsymbol{v}_{i,j}$ 的归一化向量，对于 UE1，$i = 1, 2, j = 1, 2, \cdots, r_1$；对于 UE2，$i = 2, j = 1, 2, \cdots, r_2$。UE1 的 SINR 表示为 s_1，UE2 的 SINR 表示为 s_2，都为 dB 值，这里的 SINR 可以是大尺度的 SINR，也可以是上报 CSI 信息中的 CQI。UE1 和 UE2 配对需要满足以下的准则。

- 向量集合 $\{[\overline{\boldsymbol{v}}_{1,1}], [\overline{\boldsymbol{v}}_{1,2}], \cdots, [\overline{\boldsymbol{v}}_{1,r_1}]\}$ 中一个向量和向量集合 $\{[\overline{\boldsymbol{v}}_{2,1}], [\overline{\boldsymbol{v}}_{2,2}], \cdots, [\overline{\boldsymbol{v}}_{2,r_2}]\}$ 一个向量相同。

- $|s_1 - s_2|$ 满足一定的门限，例如，$|s_1 - s_2| \geqslant 10\, \mathrm{dB}$，其中 $|\cdot|$ 表示取绝对值。如果 UE1 和 UE2 的 SINR 满足门限，如 $s_1 > s_2$，则 UE1 为近端用户，UE2 为远端用户；如 $s_1 < s_2$，则 UE1 为远端用户，UE2 为近端用户。

2. 功率选择

当候选配对用户满足配对准则时，基站侧需要为该候选配对用户分配传输功率，以便配对用户总吞吐量最大。假设 UE1 为近端用户，分配的功率为 p_1，UE2 为远端用户，分配的功率为 p_2，这里的 p_1 和 p_2 为归一化的值，满足下面的限制条件

$$p_1 + p_2 = 1 \tag{2.16}$$

$$p_1 < p_2 \tag{2.17}$$

UE1 和 UE2 的功率组合 (p_1, p_2) 存在很多候选组合，如 $(0.5 - \Delta p, 0.5 + \Delta p)$，$(0.5 - 2\Delta p, 0.5 + 2\Delta p)$，$\cdots, (p_{\min}, p_{\max})$，其中，$\Delta p$ 为功率调整步长，$0 < \Delta p < 0.5$。调度中需要遍历各种功率组合，计算配对用户的总容量或者将比例公平（Proportional Fair，PF）的 metric 最大时的功率组合作为候选配对用户的传输功率。

3. 非正交传输 SINR 计算

当基站侧为配对用户分配了传输功率，需要计算配对后的各自的 SINR 值，配对后得到的 SINR 可用于计算容量和比例公平的 metric，以及重新选择 MCS。

假设配对用户 UE1 和 UE2，UE1 上报的 SINR 为 s_1，分配的功率为 p_1，用户 UE2 上报的 SINR 为 s_2，分配的功率为 p_2，配对后的 SINR 计算分别表示为

$$\overline{s}_1 = s_1 + 10\lg(p_1) \tag{2.18}$$

$$\overline{s}_2 = s_2 + 10\lg(p_2) \tag{2.19}$$

其中，$\overline{s}_1$ 为配对后 UE1 的 SINR，$\overline{s}_2$ 为配对后 UE2 的 SINR，都为 dB 值。

4. PF metric 计算

基站侧进行资源分配时往往会加一定的度量来判断，该度量不仅考虑了性

能增益，还考虑了用户历史调度情况，以尽可能保证各用户调度的公平性，该度量称为 PF metric，表示如下。

$$M_k = \frac{R_k(t)}{T_k(t)} \qquad (2.20)$$

其中，M_k 为第 k 个用户在时刻 t 的 metric 值；$R_k(t)$ 为第 k 个用户在时刻 t 的数据速率，$T_k(t)$ 为第 k 个用户从时刻 1 到时刻 t 的平均吞吐量，可通过下面的公式得到。

$$T_k(t) = \left(1 - \frac{1}{\Delta t}\right)T_k(t-1) + \frac{1}{\Delta t}R_k(t) \qquad (2.21)$$

其中，Δt 为指数加权窗的长度，$T_k(t-1)$ 为第 k 个用户从时刻 1 到时刻 $t-1$ 的平均吞吐量。

5. 调度流程

基于上面的配对准则、功率选择、SINR 计算，以及比例公平因子的计算，进行资源调度，这里以子带（Sub-Band）级别的比例公平调度，调度流程如下。

步骤 1：对某一个子带，计算用户进行正交传输（SU-MIMO）传输时的 PF metric 值，选择 PF metric 值最大的用户作为正交传输的候选用户。

步骤 2：遍历当前扇区内所有的用户组合及功率分配，计算其组合的 PF metric 值，选择 PF metric 之和最大值对应的用户组合作为下行非正交传输的候选用户，记录其相关信息。

步骤 3：对比当前扇区候选的正交传输用户与下行非正交传输用户组合的 PF metric 值大小，如果下行非正交用户组合的 PF metric 值大，那么当前子带进行下行非正交传输；如果正交传输的 PF metric 值大，那么当前扇区进行正交传输。如果用户当前子带以近用户身份进行调度，那么该用户在其他子带上将不能以远用户身份进行调度。允许同一用户在不同的子带上以不同的传输方式进行传输。

对所有的子带，重复上面步骤 1 至步骤 3。

|2.3　直接符号叠加|

直接符号叠加在 3GPP MUST 的研究阶段也被称为 MUST Category 1。"调制符号叠加"在星座图上表现为矢量的线性叠加。图 2-7 所示是两个 QPSK 信

号 x_1 和 x_2 叠加的示意：x_1 和 x_2 两个信号直接叠加得到信号 x。显然，x 承载了 x_1 和 x_2 的信息，通过解调 x 的星座图可以得到 x_1 和 x_2 的信息。

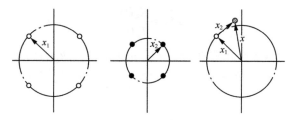

图 2-7　调制符号的矢量叠加

图 2-7 为星座图中 2 个点矢量叠加的例子。下面基于星座图中所有点可能的叠加情况，举例说明直接符号叠加，如图 2-8 所示，两个 QPSK 调制的星座图以 4：1 的功率比进行线性叠加，得到一个 16 点的复合星座图（Composite Constellation）。可以观察到，尽管每个用户比特所对应的星座图符合 Gray 映射的特点，但是直接叠加之后的复合星座图不一定符合 Gray 映射。通常情况下，不满足 Gray 映射的星座图的性能要逊于符合 Gray 映射的星座图。对于直接符号叠加，其复合星座图中的比特到星座点的映射取决于功率比和每个用户的调制阶数，所产生的比特映射方式比较任意，不容易优化。

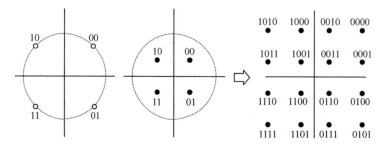

图 2-8　两个 QPSK 星座图的直接叠加，功率比为 4：1

2.3.1　发射侧过程

图 2-9 是直接符号叠加的发射侧的系统框图，图中的两个用户的数据块 TB1 和 TB2 分别经过信道编码、速率匹配和扰码，再分别通过传统的调制映射，将编码比特对应到传统星座图的星座点上。之后进行功率的分配（系数为 α），再直接线性叠加。前面两个模块处理与 LTE 或 NR 可以一样。相对于下行正交多址的区别在于后面的功率分配部分以及调制符号叠加部分。通常远端用户调

制符号平均功率占比更大。功率比一般是可变的，其变化会导致叠加后的星座图变化。

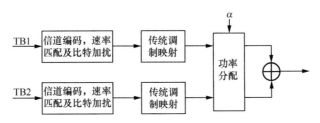

图 2-9 直接符号叠加的发射侧系统框图

2.3.2 接收机算法

由于直接符号叠加的复合星座图一般情形下不符合 Gray 映射的条件，接收侧需要高级接收机，而相对简单的符号级干扰消除（SLIC）的算法是无法提供足够高的辨识能力去消除用户间的干扰。对于近端用户，高级的接收机，如码块级干扰消除（CWIC）在多数情形下是必需的，否则多用户性能无法保障。

串行干扰消除（Successive Interference Cancellation，SIC）是一种较常用的码块级干扰消除技术。其特点为，当不同用户的信道增益差异很明显时（如配对近端 UE 2 和远端 UE 1），SIC 接收机有较好的性能。图 2-10 为接收到信号 y 后做 SIC 解调的示意。

步骤 1：根据 y 先解调出远端信号 x_1'。

步骤 2：近端 UE 1 符号可能是环绕在 x_1' 周围的 4 个点，接收信号 y 将 x_1' 除去（减去 x_1'）

步骤 3：解调出近端 UE 2 符号 x_2'。

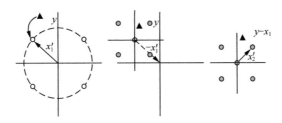

图 2-10 SIC 解调

图 2-11 是码块级干扰消除（CWIC）接收机的链路抽象框图，不仅能基本表述 CWIC 接收算法的核心方法，也可以用来对物理链路基本的信号处理过程

进行抽象建模，从而较为精确地在系统仿真当中模拟每条链路的性能。码块级
干扰消除的核心思想是当一个用户的信道译码成功以后，接收机会根据该用户
的信息比特以及调制等级、编码码率和信道状况，利用模型中的一系列查表
（LUT）运算，对该用户到达接收机的信号进行重构。因为是多用户非正交，该
用户对于其他同样复用这个资源的用户来说就是干扰，所以接收机重构出该用
户的信号再送至解调器中减去，就意味着该用户对于其他用户的干扰可以被消
除，这样做的前提是信道估计得比较准确，CRC 校验没有虚警。

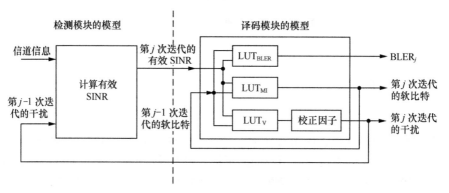

图 2-11　码块级干扰消除的链路抽象框图

对于下行传输，一个用户在一般情况下是不需要解析其他用户的数据的。
但是在非正交情形下，如果又要采用码块级干扰消除接收机，则要求目标用户
也得去尝试译码其他用户的信息比特。当然，物理层信息比特的成功解码不意
味着可以解析出应用层数据。这对于一般正交传输或者是非正交但采用相对简
单接收机的系统，是额外的运算，复杂度较高。

码块级干扰消除需要更多的信令支持。为帮助接收机重构干扰信号，目标
用户除了需要功率分配的信息之外，还得知道干扰用户的调制等级、资源分配。
当然，如果目标用户和干扰用户的资源分配完全重合，干扰用户的资源分配信
息无须另外通知，但资源完全重合是对基站调度器的一种约束，一般会对小区
系统容量有负面的影响。当采用码块级干扰消除，而且又要支持自适应重传
（HARQ），其硬件处理和信令设计将会比其他相对简单的接收机要复杂许多。

注意先进接收机一般只需要用在近端用户上，因为分给远端用户（作为干
扰用户）的信号比较强，但调制等级一般相对较低，比较容易解调和译码，再
做干扰消除。而远端用户收到的近端用户（作为干扰用户）的信号较弱，调制
等级一般相对较高，很难解调和译码，无法有效地做干扰消除，所以一般采用
线性最小二乘接收机，如 MMSE-IRC 即可。

|2.4　灵活功率比的 Gray 叠加|

具有灵活功率比的 Gray 叠加在 3GPP MUST 的研究阶段也被称为 MUST Category 2。如前面所述，当复合星座图具有 Gray 映射的特性时，对接收机的要求可以降低。图 2-12 是两个 QPSK 的星座图，功率比为 4 : 1，它们的复合星座图符合 Gray 特性。

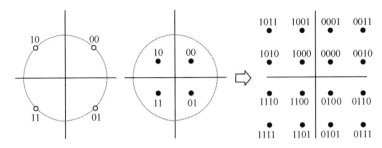

图 2-12　符合 Gray 映射的复合星座图

2.4.1　发射侧过程

在发射侧有多种方式可以使复合星座图具有 Gray 映射，下面介绍两种典型的方法。

1. 镜像变换叠加

对于功率分配较少的用户（一般来说是离基站较近的用户，对应于两个最低数位），它在复合的星座图中的大体位置范围取决于相应的分配功率较多的用户（一般来说是离基站较远的用户，对应于两个最高数位）的星座点位置。当采用镜像变换叠加的方法时，如果远端用户的星座点在第一象限，则复合星座图的右上角的 4 个星座点不做变化，与直接叠加的情形一样。如果远端用户的星座点在第二象限，则复合星座图的左上角的 4 个星座点需对直接叠加生成的星座点做水平方向上的镜像翻转；如果远端用户的星座点在第三象限，复合星座图的左下角的 4 个星座点则在水平方向和垂直方向同时做镜像翻转；如果远端用户的星座点在第四象限，复合星座图的右下角 4 个星座点则得在垂直方向做镜像翻转[6]。

如图 2-13 所示，假设远端用户分配的功率为 P_1，采用 QPSK 调制，其星座点 S_1 的复数表达式为 $\sqrt{P_1} \cdot (x1+y1 \cdot i)$；近端用户分配的功率为 P_2，也采用 QPSK 调制，其星座点为 S_2 的复数表达式为 $\sqrt{P_2} \cdot (x2+y2 \cdot i)$。$P_1$ 大于 P_2。S_1 对应的未归一化整数格点星座符号 S_{std} 为 $X_{std} + Y_{std} \cdot i$，其坐标（$X_{std}$, Y_{std}）可以是 {(1, 1), (−1, 1), (−1, −1), (1, −1)}。复合星座点如果用 $(S_1+\Delta S)$ 表示。当符号 S_{std} 为 $(1 + i)$，即 $X_{std} = 1$，$Y_{std} = 1$ 时，ΔS 为 $\sqrt{P_2} \cdot (x2 + y2 \cdot i)$，与 S_2 一样；当符号 S_{std} 为 $(−1+i)$，即 $X_{std} = −1$，$Y_{std} = 1$ 时，ΔS 为 $\sqrt{P_2} \cdot (−x2 + y2 \cdot i)$，其相当于对 S_2 进行水平镜像处理；当符号 S_{std} 为 $(1−i)$，即 $X_{std} = 1$，$Y_{std} = −1$ 时，ΔS 为 $\sqrt{P_2} \cdot (x2−y2 \cdot i)$，其相当于对 S_2 进行垂直镜像；当符号 S_{std} 为 $(−1−i)$，即 $X_{std} = −1$，$Y_{std} = −1$ 时，ΔS 为 $\sqrt{P_2} \cdot (−x2−y2 \cdot i)$，其相当于对 S_2 进行 180° 镜像（既包括水平镜像又包括垂直镜像）。

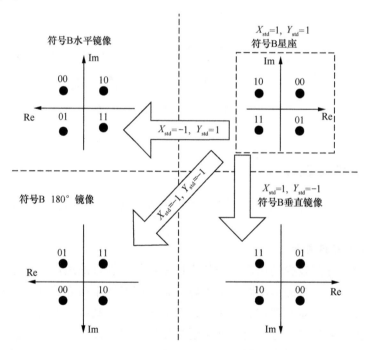

图 2-13 镜像变换叠加的示意

2. 比特同或

图 2-14 是比特同或方法的框图。近端用户和远端用户编码后的比特先经过一个比特转换表，输出为 c_1, c_2, …, c_n 和 d_1, d_2, …, d_m。这里的 n 和 m 分别代表近端用户和远端用户的一个调制符号所承载的编码比特数。转换表的一般表

达式为

$$c_1 = a_1 \odot (b_1 \odot b_3 \cdots \odot b_{m-1})$$
$$c_2 = a_2 \odot (b_2 \odot b_4 \cdots \odot b_m) \qquad (2.22)$$
$$c_i = a_i (i = 3, \ 4, \cdots, \ n)$$

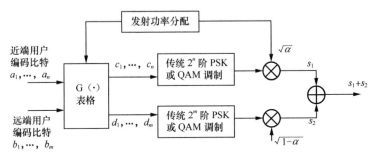

图 2-14　比特同或方法

当远端用户采用 QPSK 而且其分配的功率高于近端用户时，以上的比特转换表达式可以简化成

$$c_1 = a_1 \odot b_1$$
$$c_2 = a_2 \odot b_2 \qquad (2.23)$$
$$d_i = b_i, \ 当 \ i = 1, \ 2$$

从式（2.23）可以看出，经过比特处理之后，近端用户的两个最高位比特分别等于近端用户原本的最高位与远端用户最高位的同或。比特转换之后的发送侧处理与直接符号叠加的过程十分类似。各自的比特经过传统的 QPSK 或者 QAM 调制，调整功率后叠加。注意该方案中同或运算可以全部替换为异或运算，其中原理及技术效果是类似的。

下面举例说明转换表的一种实现方式。令第一组比特信息 C_1 为两个比特，如图 2-15 所示，表示 C_1 两个比特在星座图的映射，例如当 C_1 为"10"时，映射到图 2-15（a）中以实心圆表示的星座点上（其他星座点以空心圆表示）。第二组比特信息 C_2 为两个比特，如图 2-15（b）所示，表示 C_2 两个比特在星座图的映射，例如当 C_2 为"10"时，映射到图 2-15（b）中以实心圆表示的星座点上。

图 2-16 中第一组比特信息 C_1 为"10"，第二组比特信息 C_2 为"10"，运用上述公式（2.23）可以得到，串联合成后的比特信息为"1011"。该方案中，可以直接将串联合成后的比特信息进行星座调制，也可以将 C_1，C 分别通过星座调制后进行符号叠加。

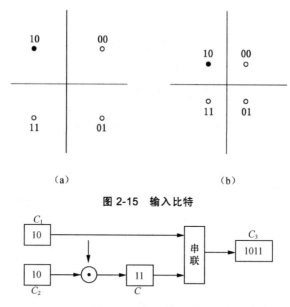

（a）   （b）

图 2-15　输入比特

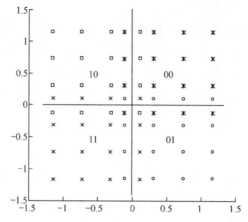

图 2-16　比特变换示意

需要指出的是，尽管功率比的设定相对灵活，但是从接收机实现的角度，除了需要保证复合星座图具有 Gray 映射的性质之外，还应避免星座簇的交叠。这种情况会在近端用户的功率分配较大时出现，如图 2-17 所示[7]。由于远端用户的 QPSK 的 4 个星座簇分得不够开，而每个簇（对应于近端用户的 16QAM 点）所铺开的范围较大，部分的星座点越界进入相邻的象限。虽然一个足够高级的检测译码器，如最大似然（Maximum Likelihood，ML）是能够应对星座簇的交叠，但对于较简单的接收机，如 SLIC 等，其性能会有较大的损失。为保证该情形不会发生，远端用户和近端用户的功率比分配需满足表 2-4 所示。

图 2-17　星座簇交叠的情形（远端 QPSK + 近端 16QAM）

表 2-4　远端用户与近端用户功率分配的区间

调制阶数配对：近端用户+远端用户	P_1（远端）
QPSK + QPSK	$P_1 \geqslant 0.5$
16QAM + QPSK	$P_1 \geqslant 0.6429$
64QAM + QPSK	$P_1 \geqslant 0.7$

2.4.2　接收机算法

由于镜像变换叠加能够保证复合星座图符合 Gray 映射的特点，接收端可以采用相对简单的符号级干扰消除（Symbol-Level Interference Cancellation, SL-IC）。与上一节讲的码块级干扰消除不同，符号级干扰消除的干扰信号的重构不需要知道干扰用户的信息比特，在对干扰信号进行解调之后，接收机有一定的把握来推断干扰用户的调制符号，然后再根据干扰用户和目标用户的发射功率比，以及估计的信道来重构干扰信号。尽管没有通过信道译码来提高对干扰用户调制符号的估计精度，但这对于 Gray 映射的星座图一般是足够了。

对于符号级干扰消除，有显示和隐示两种。显示干扰消除，会将功率较大的符号重构后再消除。但符号判决和重构，依然有一定复杂度。由于符号判决时没有利用信道译码进行纠错，这种方法性能有一定的损失。如果功率高的符号判决错误，会带来错误传播，从而影响系统性能。隐示干扰消除将发端信号作为高阶调制进行联合解调，计算每个比特的 LLR。小区中心用户和边缘用户分别将计算出的对应 LLR 输入到相应的译码器进行译码，译码后得到小区中心用户和边缘用户的传输比特。在此过程中，不存在干扰消除，包括符号级的干扰消除和比特级的干扰消除。由于没有错误传播，这种方法与符号级干扰消除相比，有性能优势；与码块级干扰消除相比，在一定调制方式、编码码率和功率范围内，没有损失或性能损失很小。

注意，远端用户一般采用线性最小二乘接收机即可。

|2.5　比特分割|

比特分割类的方案在 3GPP MUST 的研究阶段也被称为 MUST Category 3。

比特分割类型的非正交叠加有两种小类。第一小类可以看成是镜像变换叠加的特例，即通过限制远端用户与近端用户的功率比，使得复合的星座图不仅满足 Gray 映射的特性，而且是 LTE 传统支持的单用户的星座图，即星座图是规则的，且是等间距的[8]。表 2-5 是举了几个例子，说明如何根据远近用户调制方式的组合来设置合适的功率比，使得叠加后的星座图成为传统的星座图。如当远端用户分配 80%的功率，而近端用户分配 20%的功率时，叠加后的星座图是一个规则经典的 16QAM 星座图。

表 2-5　比特分割所用功率比的举例

传统调制阶数	分割给远/近端用户		远端用户功率比例
	远端用户调制阶数	近端用户调制阶数	
16QAM	QPSK	QPSK	0.8
64QAM	QPSK	16QAM	0.762
64QAM	16QAM	QPSK	0.952
256QAM	QPSK	64QAM	0.753
256QAM	16QAM	16QAM	0.941
256QAM	64QAM	QPSK	0.988

之所以称为比特分割，是因为可以把叠加后的规则星座图看成是一个大的集合，每一用户的星座图是这个大集合中的一个子集。形象地看，如表 2-5 中的第二行，传统 64QAM 星座图可以承载 6 个编码比特，将这 6 个比特分割为 2 个比特和 4 个比特，分别给远端用户和近端用户，其功率比为 0.762∶0.238，分别采用 QPSK 和 16QAM 的调制方式。复合星座图是传统的 QAM 星座图，其标准化的工作相对较少，基本上就是定义一张功率比的表格，

由于功率比的选择受限，调度器的用户配对和资源分配相比镜像转换映射要更受约束，所以该非正交系统的吞吐量不如镜像映射。

以上的例子都是比特分割方法的第一小类，其比特分割的方式对于一个编码块中的每一个调制符号都是相同的。如果分割方式是随调制符号的变化有所调整，则将其归为比特分割的第二小类。如图 2-18 所示，这里复合星座图是 256QAM，那么对于每一个调制符号（8 个比特位），有不同数目的比特分配给近端和远端用户。如前 6 个调制符号分割成 3∶5，后 6 个符号分割为 6∶2。

第二小类的比特分割由于可以做到对每个调制符号级别的任意调整，所以在理论上能够十分精细地匹配每个复用用户的信道状态。但是这对于 LTE 系统

的标准化影响较大，主要体现在信道质量指示（Channel Quality Indicator, CQI）和传输块大小（Transport Block Size, TBS）的改动上[9]。传统的 CQI 表格的设计是假设一定长度的传输块中的编码比特所对应的调制等级是相同的，逐符号级别的灵活比特划分势必需要引入更复杂的换算，或者是粒度更细的 CQI 等级。同样，传统的传输块大小的表格的设计是与 CQI 等级相配合的，所以也需要一定的调整。

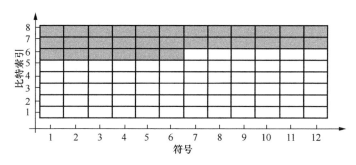

图 2-18　比特分割的第二小类

2.5.1　发射侧过程

图 2-19 是比特分割叠加方法的发射侧的信号处理框图，远端和近端用户的信息比特首先经过信道编码、速率匹配和扰码的过程。如前面所述，由于可以支持逐调制符号的比特划分，其速率匹配的具体计算与传统 LTE 中的计算有区别。之后，编码比特根据调制符号的比特划分，分别映射到相应的星座索引上，再对照传统星座图，得到各自的星座点。

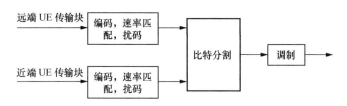

图 2-19　比特分割的发射侧信号处理框图

2.5.2　接收机算法

比特分割方法能够保证叠加后的星座图不仅满足 Gray 映射的特点，而且

星座点是等间距的，因此接收端可以采用相对简单的符号级干扰消除，在这一点上与镜像变换映射叠加的情形是一样的。对于第二小类的比特分割，速率匹配的具体做法与传统的会有一些区别。

注意，远端用户一般采用线性最小二乘接收机即可。

|2.6 性能评估|

2.6.1 链路性能

为验证 2.1 节的容量区域，在 AWGN 信道进行链路仿真。UE1（近端用户）和 UE2（远端用户）的 SNR 分别为 20 dB 和 0 dB。远端用户采用 QPSK，近端用户采用 QPSK、16QAM 或者 64QAM。功率分配比为：0.7∶0.3，0.75∶0.25，0.8∶0.2；0.85∶0.15，0.9∶0.1。对于正交传输，自由度分配为 0.1 ~ 0.9。

取靠近容量界的一些速率对，最终大致拟合出的容量界如图 2-20 所示。容易发现，在感兴趣的区域内（如边缘用户速率/谱效在 0.5 ~ 0.9 bit/（s·Hz）区域内），NOMA 明显高于 OMA 的容量界。

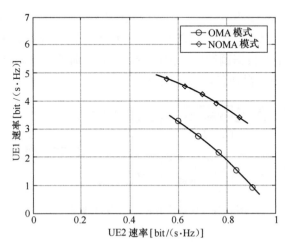

图 2-20 NOMA 和 OMA 的 AWGN 链路仿真结果

从 BLER 曲线角度，观察 Gray 叠加+SLIC 接收机相对非 Gray 叠加+SLIC 接收机的性能增益。具体地，通过调整远近用户的功率比，先对齐两个方案的远端用户性能，然后在所述功率比下比较两个方案的近端用户的性能。从图 2-21 可以看出，复合星座图符合 Gray 映射的方案的性能相对功率域直接叠加方案的性能有非常明显的增益。

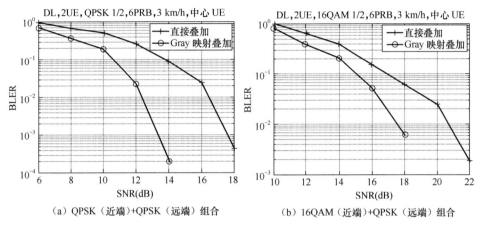

（a）QPSK（近端）+QPSK（远端）组合　　　（b）16QAM（近端）+QPSK（远端）组合

图 2-21　MUST 传输方案与功率域直接叠加方案性能对比

图 2-22 对比了 3 种情形下的非正交传输的链路性能，用速率区域（Rate Region）来描述。其中，UE1 代表近端用户，其信噪比为 20 dB；UE2 代表远端用户，信噪比为 8 dB。相对于图 2-20 中的仿真，图 2-22 的仿真更加符合实际，例如考虑衰落信道、较为实际的接收机、信道估计误差等。

图 2-22 中的三角形图标的点是当复合星座图不具有 Gray 映射时采用码块级干扰消除得到的结果，而菱形图标的点是当复合星座图具有 Gray 映射，但采用调制符号级干扰消除得到的结果。可以看出这两种情形下的性能，即速率区域是重合的，难分高低。并且随着远端用户分配的功率的增加，近端用户速率单调降低，远端用户速率单调增加。这说明如果叠加而成的星座图不符合 Gray 特性，则必须用更复杂的接收机，如码块级干扰消除来达到 Gray 映射 + 相对简单许多的符号级干扰消除的性能。而如果既不能保障 Gray 映射，又不想采用复杂的码块级干扰消除，那么其性能就如图中的方形图标的点所示。当近端用户分配的功率较高时，复合星座点中距离较近的，由于没有 Gray 映射的保护，噪声很容易造成错误译码，远端用户的干扰消得不干净，使得近端用户的速率相比其他两种情形要低许多。只有当远端用户分配的功率逐渐提高时，其译码的成功率得到明显改善，所造成的干扰可以消得比较彻底，故近端用户的速率接近其他两种情况。

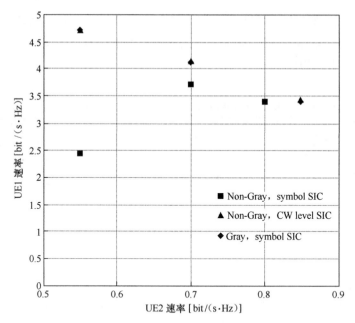

图 2-22   链路仿真的速率区域图

2.6.2   系统性能

1. Full Buffer 业务，宽带调度

基于表 2-3 的参数配置表进行配置，其中天线配置为 2 发 2 收，交叉极化，终端移动速度为 3 km/h，接收机为 MMSE+CWIC，宽带调度。表 2-6 给出了下行非正交传输和正交传输（这里是 SU-MIMO）的 Full Buffer 业务下的一个系统仿真结果。从表 2-6 可以看出，边缘频谱效率方面，相对传输正交提升 30.7%。平均频谱效率方面，相对正交传输提升约 9.25%。

表 2-6   **Full Buffer 业务下下行非正交传输性能，2 发射天线**

宽带调度	小区平均频谱效率［bit/（s·Hz）］	小区边缘频谱效率［bit/（s·Hz）］
SU-MIMO	1.3108	0.206
下行非正交传输	1.4320	0.269
增益	9.25%	30.70%

在 3GPP MUST 研究当中，有多个厂家对 Full Buffer 业务进行了宽带调度的仿真，增益范围为如下：扇区平均谱效增益为 4.37%～12.9%。扇区边缘谱效增益为 12.9%～31%。

如前面小节所述，多用户的多天线（MU-MIMO）技术与非正交传输一样，都是通过叠加用户在相同的资源上，以达到更高的和速率。由于一个小区的用户数有限，调度器需要在多天线技术和非正交传输之间做好平衡。这会使得当两种方法混用时，各自的增益都会较低一些。所以总的增益并不是各自增益的叠加。不过，多天线技术下的多用户配对的准则是空间信道的低相关并且用户的信噪比比较接近，而非正交传输的用户配对需要用户之间有远近效应。

表 2-7 是一个 4 发射天线的系统仿真结果，每个扇区的用户数是 10。可以看出如果配对用户可以采用不同的空间预编码，其小区平均谱效相对基线（正交传输）的情形有 35% 的显著增益，而如果只能采用相同的空间预编码则对平均谱效带来的增益只有 2%。这说明至少从小区平均吞吐量的角度，多天线技术可以较好地与非正交传输结合，来进一步提高小区平均谱效。当然也注意到，采用不同的预编码，对小区边缘的谱效并没有积极的效果，其增益从 17% 降至 6%。

表 2-7　不同预编码带来的效果，4 发射天线

	基线谱效（SU-MIMO）[bit/(s·Hz)]	配对用户可以采用不同的空间预编码的谱效 [bit/(s·Hz)]	相对基线的增益	配对用户必须采用相同的空间预编码的谱效 [bit/(s·Hz)]	相对基线的增益
小区平均	1.5722	2.1235	35.06%	1.6091	2.35%
小区边缘	0.0337	0.0358	6.24%	0.0394	17.07%

2. FTP 业务，两发射天线，宽带调度

表 2-8 给出了 FTP1 业务，文件大小为 0.1 MB 高负载情况下与 SU-MIMO 的性能（以 UPT 度量，User Perceived Throughput，用户感知吞吐量）对比情况。从表 2-8 中结果可以看出：资源利用率（RU）为 0.7 左右时，平均吞吐量方面，下行非正交传输相对正交传输有 10.7% 的增益；边缘吞吐量方面，下行非正交传输相对正交传输有 17.8% 的增益。RU 为 0.8 左右时，平均吞吐量方面，下行非正交传输相对正交传输有 15.54% 的增益；边缘吞吐量方面，下行非正交传输相对正交传输有 8.85% 的增益。相比 RU 为 0.7 左右时的增益，RU 为 0.8 左右时下行非正交传输边缘吞吐量的增益要小一些，原因是更多的数据包未能在规定的时间内传输完成而被丢弃。

系统性能的趋势可以从激活用户数、调度用户比例等统计结果来解释。图 2-23（a）给出了 RU 为 0.7 左右时，扇区中激活用户数比例，同时激活的用户数最多为 21 个。图 2-23（b）给出了 RU 为 0.8 左右时，扇区中激活用户数比例，同时激活的用户数最多为 24 个。激活用户越多，意味着被调度的用户数越多。

表 2-8　FTP1 业务宽带调度下的下行非正交传输性能

宽带调度	目标 RU	实际 RU	Mean UPT (Mbit/s)	5% UPT (Mbit/s)	50% UPT (Mbit/s)	95% UPT (Mbit/s)
SU-MIMO（正交）	0.7	0.7325	7.068	0.8827	4.572	21.68
下行非正交传输		0.696	7.825	1.039	5.362	22.57
性能增益		—	10.71%	17.80%	17.27%	4.11%
SU-MIMO（正交）	0.8	0.8715	4.458	0.6529	2.542	15.59
下行非正交传输		0.8402	5.151	0.7107	3.132	16.99
增益		—	15.54%	8.85%	23.21%	9.00%

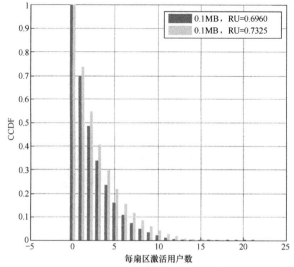

（a）RU 大约为 0.7

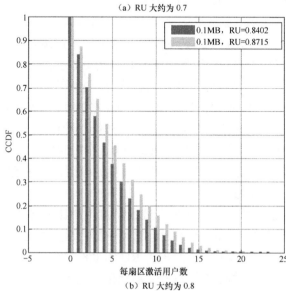

（b）RU 大约为 0.8

图 2-23　不同 RU 时，每个扇区的激活用户数的概率分布

图 2-24（a）给出了 RU 大约为 0.7 时，下行非正交传输时配对用户比例，将近 57% 的用户进行正交多址传输，13% 的用户进行下行非正交传输。图 2-24（b）给出了 RU 大约为 0.8 时，下行非正交传输时配对用户比例，将近 59% 的用户进行正交多址传输，25% 的用户进行下行非正交传输，这说明负载越高，配对成功的概率越高。这就解释了为什么非正交传输在小区平均体验速率、50% 体验速率和 95% 体验速率相比正交传输有明显的增益。

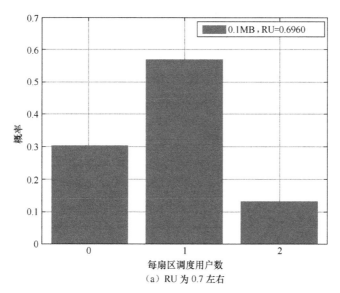

（a）RU 为 0.7 左右

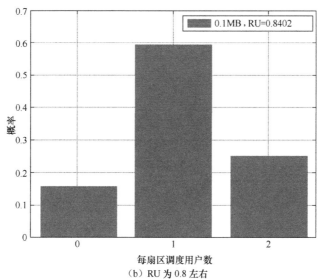

（b）RU 为 0.8 左右

图 2-24　不同 RU 时调度用户数的比例

不同负载下，非正交传输相对正交传输的性能增益不同。RU 越接近 1，其性能越接近 Full Buffer 的性能。在 3GPP MUST 研究当中，有多个厂家对 FTP 业务进行了宽带调度的仿真。当 RU 约为 60%和 80%时，非正交传输相比正交传输的增益范围如下。

- RU 约为 60%时，平均用户侧吞吐量增益为-9%～7.97%。用户侧平均吞吐量增益为-13%～15.89%。

- RU 约为 80%时，平均用户侧吞吐量增益为 1%～20.23%。用户侧平均吞吐量增益为 4.4%～25.37%。

3. FTP 业务，两发射天线，子带调度

图 2-25 是每个扇区内的同时进行子带调度的用户数的分布，相应的资源利用率在 76%左右。这个分布与调度器算法关系很大。大约有 27%的时间，一个扇区内只有一个用户被调度。

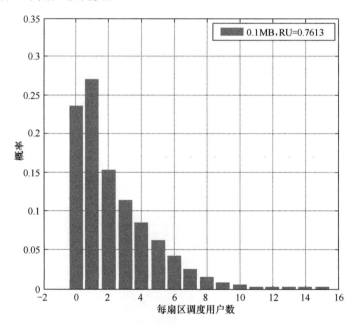

图 2-25 每个扇区的同时进行子带调度的用户数的概率分布

图 2-26 是系统仿真的用户感知的吞吐量分布。对比了正交传输的单用户 MIMO，基于镜像转换的非正交（也称 MUST Category 2）和比特分割的非正交（也称 MUST Category 3）的吞吐量。仿真中的基站侧和终端侧分别有两根天线，每个用户可以是一层（Rank = 1）或者二层传输（Rank = 2）。非正交配对的两个用户的空间预编码矩阵相同。在镜像转换的方案中，功率分配有 4 种，即 $\alpha =$

0.14，0.17，0.23，0.36。调度器可以动态地在正交传输和非正交传输之间切换，并且带有外环的链路自适应，用来补偿 CQI 估计不准确和信令延迟的影响。图中分别考察了 RU 在 60% 和 80% 左右的吞吐量。

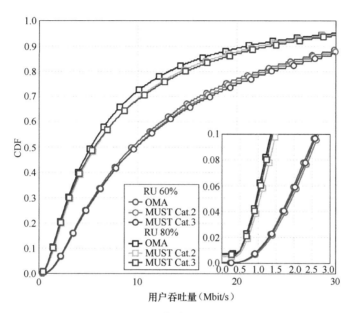

图 2-26　用户感知吞吐量分布

　　表 2-9 列举了当资源利用率在 85% 左右时，用户感知吞吐量的均值，95%、50%、5% 以及底部 5% 的均值。可以看出镜像转换方案的吞吐量在中等速率和小区边缘速率上较比特分割的方案要略好，公平性更好。这与之前的分析相符，即镜像转换方案可以支持更灵活的功率分配，以充分发挥非正交传输的潜在优势。

表 2-9　用户感知吞吐量的增益

吞吐量（Mbit/s）	OMA	Category 2		Category 3	
		NOMA	增益	NOMA	增益
均值	7.00	7.73	10.43%	7.78	11.09%
95%	24.24	25.81	6.45%	26.67	10.00%
50%	3.98	4.55	14.20%	4.35	9.24%
5%	0.76	0.86	13.61%	0.79	3.77%
底部 5% 的均值	0.42	0.55	29.35%	0.46	8.88%
RU	88.23%	86.99%	—	87.87%	—

|2.7 其他技术|

Tomlinson–Harashima Precoding（THP）*预编码*

考察一个简单的点对点信道，用 x 表示发射符号，y 表示接收符号，w 表示高斯白噪声~$N(0, \sigma^2)$，即

$$y = x + s + w \tag{2.24}$$

干扰信号 s 是基站在相同的时频资源发给另一个用户的信号。这个干扰信号是发射侧完全知道的，但接收侧并不知道。发射信号 x 需要满足功率限制。对于这个发射侧已知干扰的信道可以用图 2-27 表示[10]。用 u 来代表想要发送的调制符号的星座点，一种直接的发射方式是发 $x = u - s$，这样，接收侧的信号就变成 $y = u - s + s + w = u + w$。但这种做法的问题是发射信号的功率会随着干扰信号的功率 $|s|^2$ 增加而增大，从而违背了发射功率受限的前提。

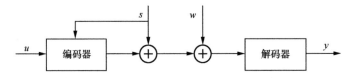

图 2-27 发射侧已知干扰的信道

THP 预编码的核心思想是将调制符号 u 的星座图复制，形成一个拓展的星座图，如图 2-28（a）所示，在每一个复制的小星座图中，原来的星座点的相对位置不变。再选择发射星座点 p，需要找与干扰符号 s 的星座点最为接近的，如图 2-28（b）所示，只发 $x = p - s$。当干扰符号的功率较大时，实际发送符号 x 的功率并不高。用数学表达，假设发射信号 u 为 QAM，即 $\{a_I + ja_Q \,|\, a_I, a_Q \in (\pm1, \pm3, \cdots, \pm\sqrt{M} - 1)\}$，对其取模，$p \in \{2\sqrt{M}(p_I + jp_Q) \,|\, p_I, p_Q \in Z\}$，其中 Z 为整数。在接收侧，检测器在拓展的星座图中寻找与接收符号 y 最近的星座对应点，如图 2-28（d）所示。

考虑更一般情况下的下行两用户 THP 传输，假设基站有多个发射天线，终端只有一根接收天线，它们接收到的信号分别为

$$y_1 = \boldsymbol{h}_1^H (\boldsymbol{u}_1 x_1 + \boldsymbol{u}_2 x_2) + w_1 \tag{2.25}$$

$$y_2 = \boldsymbol{h}_2^H (\boldsymbol{u}_1 x_1 + \boldsymbol{u}_2 x_2) + w_2 \tag{2.26}$$

其中，x_1 和 x_2 分别为用户 1 和用户 2 的发射信号，$\boldsymbol{u}_1$ 和 $\boldsymbol{u}_2$ 分别是用户 1 和用户 2 的空域预编码向量，$\boldsymbol{h}_1$ 和 $\boldsymbol{h}_2$ 分别是基站到用户 1 和用户 2 的空间信道向量，这里假设用户 1 为近端用户，即 $\left\|\boldsymbol{h}_1\right\|^2 \geqslant \left\|\boldsymbol{h}_2\right\|^2$。如果将 x_2 当成发射已知的干扰，并假定两个用户采用相同的空域预编码，即 $\boldsymbol{u}_1 = \boldsymbol{u}_2 = \boldsymbol{u}$，那么对用户 1 做 THP，即

$$y_1 = \boldsymbol{h}_1^{\mathrm{H}}\boldsymbol{u}(p_1 - x_2) + \boldsymbol{h}_1^{\mathrm{H}}\boldsymbol{u}x_2 + w_1 = \boldsymbol{h}_1^{\mathrm{H}}\boldsymbol{u}p_1 + w_1 \tag{2.27}$$

这里的 p_1 即用户 1 在拓展了的星座图中的星座点，与干扰 x_2 最为接近。可以看出，对于近端用户，由于发射侧已经做了干扰消除，在接收端感受到的干扰只有 AWGN，不存在任何来自用户 2 的干扰。

对于用户 2，因为是远端用户，其调制阶数一般不高，如 QPSK，所以在发射侧无须做特殊处理。则式（2.26）可以写成

$$y_2 = \boldsymbol{h}_2^{\mathrm{H}}\boldsymbol{u}x_2 + \left[\boldsymbol{h}_2^{\mathrm{H}}\boldsymbol{u}(p_1 - x_2) + w_2\right] \tag{2.28}$$

用户 2 的接收机可以将用户 1 的信号当成噪声。如图 2-28 所示，对于 s（用户 2 的 x_2），如果空域预编码与空间信道完全匹配（$\boldsymbol{h}_2^{\mathrm{H}}\boldsymbol{u} = 1$），它的干净信号对应于第二象限中的阴影三角形，其观测到的噪声是用户 1 的 x_1 与白噪声 w_2 的和。

式（2.25）和式（2.26）适用于两用户采用不同空域预编码的情形，换句话讲，THP 可以用于 MU-MIMO。这时，发射侧需要知道各个用户的空间信道 $\boldsymbol{h}_1$ 和 $\boldsymbol{h}_2$，才能正确地做发端的干扰消除。

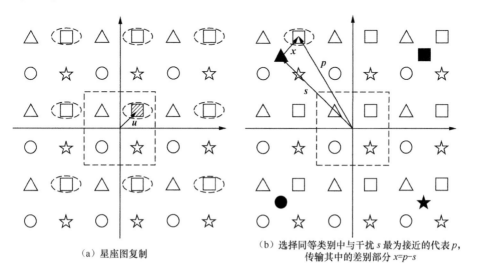

（a）星座图复制　　　　　　　　　（b）选择同等类别中与干扰 s 最为接近的代表 p，传输其中的差别部分 $x = p - s$

图 2-28　THP 的预编码和解编码过程示意

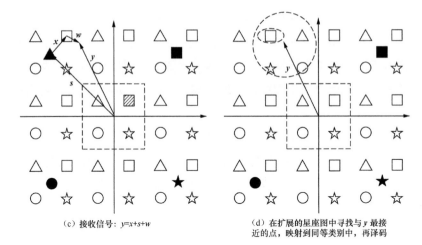

（c）接收信号：$y=x+s+w$

（d）在扩展的星座图中寻找与 y 最接近的点，映射到同等类别中，再译码

图 2-28　THP 的预编码和解编码过程示意（续）

| 参考文献 |

[1]　B. M. Hochwald, C. B. Peel, A. L. Swindlehurst. A vector-perturbation technique for near-capacity multi antenna multiuser communication-Part II: Perturbation. IEEE Trans. Commun. Vol. 53, No. 3, May 2005, pp 537-544.

[2]　D. Tse, and P. Viswanath. Fundamentals of Wireless Communication, Cambridge Univ. Press. 2005.

[3]　Y. Yuan, et. al. Non-orthogonal transmission technology in LTE evolution. IEEE Commun. Mag., Vol. 54, No. 7, July 2016, pp. 68-74.

[4]　3GPP, TR 36.859. Study on Downlink Multiuser Superposition Transmission (MUST) for LTE (Release 13).

[5]　3GPP, TR 36.866. Study on Network-Assisted Interference Cancellation and Suppression (NAICS) for LTE (Release 12).

[6]　3GPP, R1-157609. Description of MUST Category 2, ZTE, RAN1#83, Nov. 2015, Anaheim, USA.

[7]　3GPP, R1-154454. Multiuser superposition transmission scheme for LTE, MediaTek, RAN1#82, Aug. 2015, Beijing, China.

[8]　3GPP, R1-152806. Multiuser superposition schemes, Qualcomm, RAN1#81, May 2015, Fukuoka, Japan.

[9]　3GPP, R1-152493. Candidate schemes for superposition transmission, Huawei, RAN1#81, May 2015, Fukuoka, Japan.

[10]　3GPP, R1-154701. Candidate schemes for superposition transmission based on dirty paper coding, Xinwei, RAN1#82, Aug. 2015, Beijing, China.

第 3 章

下行广播/多播的非正交传输

下行非正交传输可以应用在广播/多播场景。系统级的性能评估表明，基础速率业务和增强速率业务可以叠加传输，通过调节两种业务的发射功率分配，能够得到多种的增强速率和其覆盖范围的组合，在不显著影响基础速率业务的前提下，为运营商提供了更多的部署选择。

| 3.1　应用场景 |

下行广播/多播在电视业务、应急通信、车联网和机器间通信等场景有广泛应用。

（1）电视多媒体和娱乐：超高清晰的电视节目和虚拟现实、360 度视角、Push-to-Talk/Video。

（2）车联网：自动驾驶、驾驶信息、安全驾驶、交通标识提示。

（3）机器间通信：软件更新、公共控制信息。

（4）应急通信：灾难（地震、海啸、台风等）的预警、Amber 预警、化学/放射性物质泄漏预警。

在很多应用中，广播/多播所服务的对象是覆盖范围内所有的签约用户。与单播业务不同，广播/多播业务的物理层通常不支持信道状态信息的实时反馈，发射端无法实施有效的预编码以及链路自适应和 HARQ。再加上发给每个多播组的所有用户的数据都是相同的，其性能衡量指标通常是对应于某一数据速率所能覆盖的范围，而不是每个小区的吞吐量。众所周知，蜂窝通信覆盖的薄弱区域一般是小区的边缘，原因有两个：第一，小区边缘用户离基站较远，有用信号衰减比较严重；第二，小区边缘离邻区的基站相对较近，受到的干扰也更强。

广播/多播可以是单小区的，如 Single-cell PTM，此时不同小区广播/多播不同的内容。但在很多情况下，为了弥补小区边缘的覆盖空洞，广播/多播采用单频网络（Single Frequency Network，SFN）的部署，即多个相邻小区保持精确的时钟同步，同时同频向覆盖区域的用户发送相同的数据，采用同样的调制编码方式。在用户终端接收侧，从多个相邻小区发来的信号是相同的，只不过经历了不同的路损、阴影衰落、小尺度衰落和时延。SFN 情况下，如果是码分复用（Code Division Multiple Access，CDMA），则需要较为复杂的先进接收机来消除由于传播时延的差异造成的信号间的干扰。在第四代的蜂窝系统中，下行采用正交频分复用（Orthogonal Frequency Division Multiplexing，OFDM），这十分有助于 SFN 方式的广播/多播网络，因为只要是信道的时延在循环前缀以内，理论上讲，信号在叠加过程中不会产生干扰。用数学公式来描述，假设终端能够收到从 N 个基站发送的广播/多播信号，其中从基站 i 传来的信号经历的大尺度衰落表示为 L_i，小尺度衰落 $H_i[k]$，传播时延为 τ_i，相干合并后的信道在频域中的响应为

$$H_{\text{comb}}[k] = \sum_{i=1}^{N} L_i \cdot H_i[k] \mathrm{e}^{\mathrm{j}2\pi k \tau_i} \qquad (3.1)$$

假设参与 SFN 的小区数足够多，干扰可以忽略不计，只有热噪声，类似"无影灯"式的多点"照射"，此时广播/多播信号在接收端的第 k 个子载波上的信噪比可以写成

$$\mathrm{SNR}[k] = \frac{P_{\mathrm{T}} \left| \sum_{i=1}^{N} L_i \cdot H_i[k] \mathrm{e}^{\mathrm{j}2\pi k \tau_i} \right|^2}{N_{\text{thermal}}} \qquad (3.2)$$

式（3.2）中的 P_{T} 是每个子载波上的发射功率，N_{thermal} 是在每个子载波上的热噪声功率。由于理论上不存在邻区干扰，UE Geometry 只取决于基站之间的距离（Inter-Site Distance，ISD）。随着基站间距的增大，UE Geometry 的 CDF 向左偏移，覆盖率变差。

3.2 LTE 物理多播信道（PMCH）简介

LTE R8 的广播/多播的信道设计思想是尽量重用单播业务的物理信道的设计，并且充分考虑广播/多播业务的特点。为了支持同一载波，即承载单播业务，也承载多播业务，一个无线帧（Radio Frame，10 ms）中规定最多只能配置 6

个子帧（Subframe，1 ms）作为多播子帧（Broadcast Single Frequency Network，MBSFN Subframe）。对于 FDD 系统，子帧#0，#4，#5 和#9 不能配置成 MBSFN 帧；对于 TDD 系统，子帧#0，#1，#5 和#6 不能配置成 MBSFN 帧。这些子帧承载单播或者多播的系统消息（System Information）和小区同步信号。

MBSFN 子帧的设计首先是要保证多个小区传来的信号之间的正交性，最直接的方法就是加长循环前缀（CP）。如果循环前缀的开销加大，但又不想改变子帧的长度，则只能减少一个子帧中的 OFDM 符号数。PMCH 支持两类部署：（1）单播与多播共用一个载波；（2）只承载多播业务的专用载波。对于混合载波，一个广播/多播 MBSFN 子帧内有 12 个 OFDM 符号，CP 的长度为 16.6 μs，这类多播子帧的子载波的间距与 LTE 的单播相同，都是 15 kHz；对于专用载波的 PMCH，一个广播/多播 MBSFN 子帧内有 6 个 OFDM 符号，CP 的长度为 33.3 μs，子载波间隔为 7.5 kHz，每个 OFDM 符号的长度（不含 CP）也加长到 0.133 ms。

LTE R14 对 PMCH 做了增强，引入了另一种 MBSFN 子帧结构，用于广播/多播的专用载波，以支持更广的覆盖和更大范围的 SFN 合并。具体地，子载波间隔减小到 1.25 kHz，因此一个 PRB 有 144 个子载波，时域上有 2 个 OFDM 符号，循环前缀加长到 200 μs，R14 的增强还包括采用子帧#0 承载广播/多播的系统消息和小区同步信号，使得 PMCH 彻底摆脱对单播系统的依赖，能够独立完成同步和系统消息的接收，进一步降低系统消息和控制信道的开销。

从式（3.1）可以看出，由于传输时延的不同，而且是相干合并，叠加后的信道的频率选择性更加显著，所以需要提高解调参考信号在频域上的密度，如图 3-1 所示。

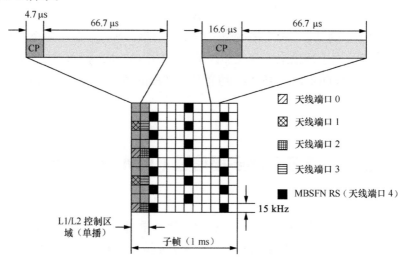

图 3-1　LTE 多播/广播子帧的三种结构

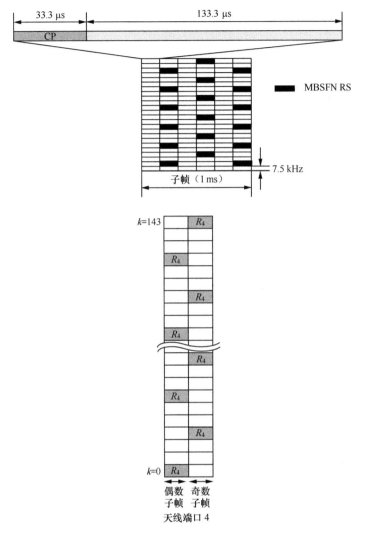

图 3-1　LTE 多播/广播子帧的三种结构（续）

图 3-2 是频谱效率与站间距的关系曲线[1]。这里假设 MBSFN 的系统带宽是 10 MHz，速率的计算包括了各种开销，如加长的循环前缀（Extended CP）、多播参考信号（MRS）、物理下行控制信道（PDCCH）等。可以发现当站间距为 500 m 时，95%覆盖区域能得到 3.6 bit/（s·Hz）的多播频谱效率；当站间距增加到 1732 m 时，95%覆盖区域的频谱效率只有 1 bit/（s·Hz）。总之，在 eNB 发射功率保持不变的条件下，要想实现高速率的广覆盖，就得增加 eNB 的部署密度。

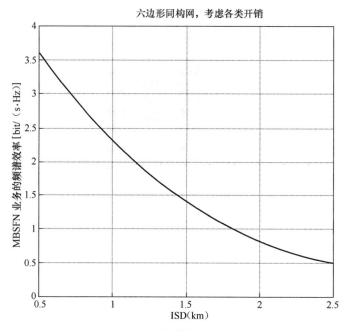

图 3-2　MBSFN 业务速率与站间距的关系

　　当然，增加基站的发射功率可以提高 MBSFN 的速率和覆盖，但这在许多情况下是不大现实的，无论从设备的成本、能耗和规范干扰的角度，或是从运营商的商业模式考虑。毕竟 MBSFN 是蜂窝通信的一类服务，与无线电视广播类的服务还是有差异的。电视台架设的发射塔远比基站要高，发射功率比一般的基站高一个数量级，所用的频段较低，穿透能力强，很容易用一两个站覆盖整个城市，这与纯广播的业务是相适应的，而 MBSFN 并非一定采用完全相同的运营模式。

| 3.3　广播/多播业务的非正交传输 |

　　非正交传输的原理可以用在下行的广播/多播业务上，也就是不同速率的业务在相同的时间、频率和空间域中传输。每一种速率的业务分别针对 UE Geometry 在一定范围的用户，如图 3-3 所示。其中速率较低（基本类）的业务是面向大多数用户的，可以覆盖小区边缘，而速率较高（或称增强类）的业务主要适用于离基站较近的用户。

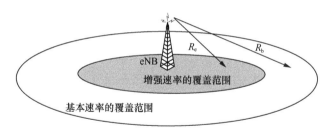

图 3-3　一个两层速率传输的广播/多播业务的例子

速率较低（基本类）的业务可以是音频类的节目或者是像素分辨率较低的图像和视频节目，签约费用较低，服务群体较大，需要覆盖区域内的多数用户。速率较高（增强类）的业务通常是像素分辨率较高的高清图像和视频节目，签约费用较高，服务群体不大，不必做到广域覆盖。增强类的业务还可以指临时在热点地区，如体育运动场馆、露天演出和集会的场景，覆盖范围仅仅局限于这些临时的热点，给观众以高质量的广播/多播服务。

|3.4　仿真性能分析|

广播/多播业务的物理层没有信道状态信息（CSI）反馈，也没有 ACK/NACK 反馈，因此无法进行链路自适应和 HARQ 的重传。从单链路角度而言，在有小尺度衰落信道上的传输速率远小于相应的香农容量界，用信道容量来描述广播/多播的性能没有很大意义。一般常用的链路评估方法是考察在某一个平均信噪比下的误块率。这里的平均信噪比是反映一段时间内，小尺度衰落信道的平均功率。误块率是长期的统计。

广播/多播业务是"一对多"的传输，接收用户数不限，不存在系统容量的含义。性能通常以某种业务速率的覆盖率来评定。在蜂窝系统，广播/多播业务一般在同构网络（Homogeneous Networks）中部署，参加广播/多播的单频网络（MBSFN）的基站组成"簇"（Cluster），基站簇的大小可以配置[2]。如图 3-4 所示，（a）的簇由中心基站及它周围的一圈 6 个基站组成，（b）的簇由中心基站及它周围的两圈基站组成，共（1+6+12）=19 个基站。基站簇越大，边缘效应越不明显，信噪比总体来讲更高，覆盖更好，但对系统的要求更高，如簇内基站之间的同步精度、回传网络的信号传输时延等。为了能更好地反映 MBSFN 较好部署时的状况，可以假设图 3-4（b）中的配置，并且环绕式重复

(Wrap-Around)。

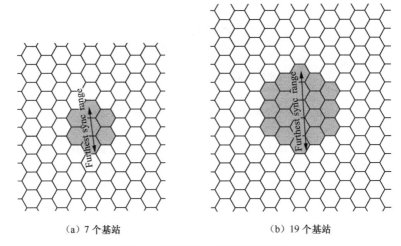

（a）7 个基站　　　　　　　　　（b）19 个基站

图 3-4　不同大小的 MBSFN 基站簇

由于广播/多播物理信道没有信道状态信息反馈，发射端无法计算有效的预编码矩阵来进行闭环多天线空间复用（Closed-Loop MIMO）。终端也不能反馈秩（Rank）信息，所以开环多天线空间复用（Open-Loop MIMO）也难以使用。一般就假设单天线或者两天线端口，用 Rank = 1 来传输广播/多播的业务。链路到系统的映射是基于误块率与长期平均的信噪比的曲线，即满足 1%误块率下，所需要的平均信干噪比。链路曲线充分考虑 MBSFN 传输给小尺度衰落带来的额外频选特性。对于增强层的传输，假设来自基本层传输的干扰可以完全消除，平均信干噪比的计算公式为

$$\mathrm{SINR}_{\mathrm{enh}} = \frac{\alpha P_t \sum_{i=1}^{N} L_i^2}{N_{\mathrm{thermal}}} \tag{3.3}$$

式（3.3）中的系数 α 是增强层发送功率占总发射功率的比例。对于基本层的传输，假设来自增强层传输发射功率较低，调制等级和码率较高，其干扰难以消除，平均信干噪比的计算公式为

$$\mathrm{SINR}_{\mathrm{base}} = \frac{(1-\alpha)\sum_{i=1}^{N} L_i^2}{N_{\mathrm{thermal}} + \alpha \sum_{i=1}^{N} L_i^2} \tag{3.4}$$

表 3-1 是广播/多播物理信道系统仿真参数[3]。

表 3-1　广播/多播物理信道系统仿真参数

仿真参数		取值
系统拓扑		同构网，19 个基站环绕式重复，每个基站包含 3 个六边形的小区
载波频率		2 GHz
系统带宽		10 MHz
站间距		500 m
路损模型		ITU UMa
室内用户比例		80%
基站发射功率		46 dBm
每个小区的用户数		平均 10 个，均匀分布
天线配置		基站发射天线数目：2 终端接收天线数目：2
基站天线高度		25 m
终端天线高度		1.5 m
基站天线增益+电缆损耗		14 dBi，方向性
终端天线增益		0 dBi
噪声系数		9 dB
阴影衰落相关度	基站间	0.5
	小区间	1.0
阴影衰落的相关距离		50 m
终端与基站的最小距离		25 m

仿真有两种情形：（1）只有一层的广播/多播传输，即所有的发射功率都分配给了低速率（基本类）业务；（2）两层的广播/多播传输，高速率（增强类）业务和低速率（基本类）业务的发射功率比值有 5 种：[10% : 90%]、[20% : 80%]、[30% : 70%]、[40% : 60%]和[50% : 50%]。图 3-5 显示的是单层广播/多播传输情形的下行宽带信干噪比（Signal to Interference and Noise Ratio，SINR）的 CDF 曲线。因为只有热噪声，大多数用户的信干噪比在 15 dB 以上。

图 3-6 是在不同的功率分配下，增强层的下行宽带信干噪比的 CDF 曲线。与直观经验相符，当分配给增强层的功率增大后，信干噪比的 CDF 曲线向右移动。

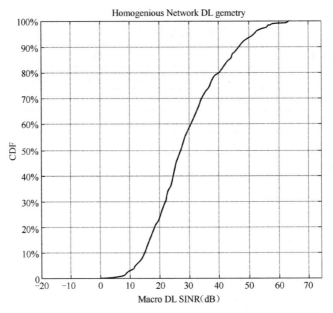

图 3-5　单层广播/多播传输情形的下行宽带信干噪比的 CDF 曲线

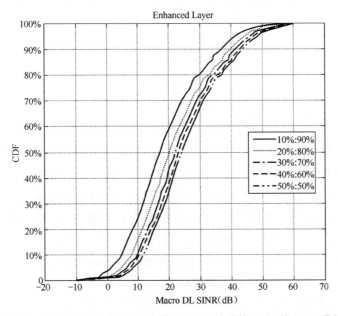

图 3-6　增强层在不同功率分配条件下的下行宽带信干噪比的 CDF 曲线

　　图 3-7 是在不同的功率分配下，基本层的下行宽带信干噪比的 CDF 曲线。注意到当分配给基本层的功率从 90% 降低到 50% 后，基本层的信干噪比的 CDF 曲线向左有较大的移动。

图 3-8 是频谱效率与基本层发射功率比率的一系列曲线，分为三类。粗线代表单层传输的性能。因为全部功率都分给了基本层，曲线不随功率分配的不同而有变化，在 95%覆盖下能保证 4 bit/（s·Hz）的频谱效率。

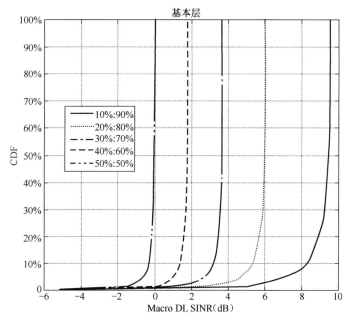

图 3-7　基本层在不同功率分配条件下的下行宽带信干噪比的 CDF 曲线

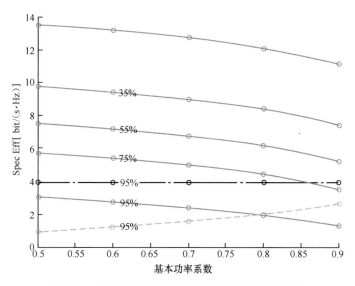

图 3-8　不同发射功率分配下的各种频谱效率的覆盖

虚线代表基本层的性能，而实线代表增强层的性能。当只有50%功率分给基本层时，基本层在95%覆盖下只能保证0.8 bit/（s·Hz）的频谱效率，但此时增强层在95%覆盖下能保证3.1 bit/（s·Hz）的频谱效率，在15%覆盖下竟然能够保证13.5 bit/(s·Hz)的频谱效率。当更多功率分给基本层时，例如80%，则基本层在95%覆盖下只能保证2.1 bit/（s·Hz）的频谱效率，而增强层在15%覆盖下能保证12.2 bit/（s·Hz）的频谱效率。这也确实反映了当有基本层和增强层存在不同覆盖要求时，远端用户（多半为基本层）与近端用户（多半为增强层）构成远近效应，从而可以增加总的频谱效率。图3-8给广播/多播的蜂窝运营商一个参考，帮助在覆盖和业务质量之间做好权衡。

▎参考文献▎

[1] 袁弋非. LTE-Advanced 关键技术和系统性能[M]. 北京：人民邮电出版社，2013.

[2] 3GPP, RP-150860. Motivation on the study of PMCH using MUST, MediaTek, RAN#68, June 2015, Malmo, Sweden.

[3] 3GPP, RP-150979. Multi-rate superposition transmission of PMCH, ZTE, RAN#68. June 2015, Malmo, Sweden.

第 4 章

下行叠加传输的标准化

非正交传输方案的标准化融合了灵活功率比的格雷叠加的生成方式以及比特分割中的功率比取值，既有利于基带处理的实现，也降低了射频器件的 EVM 要求。物理控制信令方面，对于相同预编码场景（Case 1 和 Case 2），标准化只限于近端用户，主要是功率分配的指示；对于不同预编码场景（Case 3），主要是辅助信息的指示，用于消除配对用户的干扰。

LTE MUST 在 3GPP R13 的研究阶段于 2015 年 12 月结束[1],接下来在 R14 的标准化于 2016 年 4 月开始[2]，其应用场景有所扩展，包括以下几个方面。

Case 1：配对用户必须采用相同的空间预编码，这种比较适合发射天线数较少的场景。

Case 2：配对用户必须采用空间发射分集，这种比较适合发射天线数为 2 的场景。

Case 3：配对用户可以采用不同的空间预编码，这种比较适合发射天线数较多的场景。

Case 1 是研究阶段最为关注的场景。Case 2 指空间分集的 TM，即 TM3，相对于 Case 1，只是 MUST 支持的另一种传输模式，其 Gray 实现方法和 Case 1 是一样的，所以通常把它和 Case 1 放在一起讨论。注意，Gray 映射只有在 Case 1 和 Case 2 才有意义。Case 1 和 Case 2 的标准化重点有两点：（1）发送侧的标准化，即如何保证复合星座图满足 Gray 映射；（2）下行物理控制信令，以有效支持 MUST。

Case 3 是在标准化阶段新加的。由于每个用户的星座点经过不同的预编码，叠加后的复合星座图的形状千差万别。虽然说也在功率域上复用多个用户，但其本质已经和 Case 1 的 Gray 映射相去甚远。Case 3 的重点在于和 MIMO 的结合，有信令支持，可以理解成是对 MU-MIMO 的一种增强，这从第 2 章的介绍也能体会出 MU-MIMO 与 NOMA 的强耦合特性。由于 Case 3 不考虑 Gray 映射，其标准化的侧重点在下行物理控制信令方面，与 Case 1 和 Case 2 有较大差别，在后面的章节中分开论述。

在 MUST 的研究阶段，曾讨论过 Channel State Information（CSI）反馈的增强，从而更加精确地反映 MUST 用户在有远端/近端同信道用户干扰下的信干噪比。但是由于 CSI 反馈的标准化通常在 MIMO 议题中处理，这部分的内容在 MUST 当中的优先级较低，也没有再在标准化阶段考虑。

4.1 下行非正交传输方案的融合

1. MUST Category 2 的统一

MUST Category 1，即直接叠加方案，不能保证复合星座图具有 Gray 映射的性质，需要结合码块级 SIC 接收机，才能达到要求的性能。然而，码块级接收机带来的复杂度、时延、信令开销对终端来说难以接受，因此在 R14 MUST 的研究阶段，对其关注度较低。

由于具有 Gray 映射的性质，对终端先进接收机的要求较低，性能也较佳，MUST Category 2 和 MUST Category 3 方案在研究阶段很快成为主流。MUST Category 2 可以支持较为灵活的功率分配比，为资源调度提供了更多的优化空间，使得系统容量最大化。MUST Category 3 是一种比特分割方案，其功率比的分配不如 MUST Category 2 的灵活，在它的两种小类中，第一小类采用 1 种功率比（对于一种调制方式组合），使得最终合成星座为 LTE 标准的 16QAM、64QAM、256QAM，因此可以看成是 MUST Category 2 的一种特例；而第二小类则侧重于比特映射的实现方式，即部分远端比特和部分近端比特在某种功率比下联合映射到复合星座图中。尽管 MUST Category 2 在叠加时对星座图有一定的调整，但并没有彻底改变远端和近端用户原本的星座点分布，对标准的影响不是很大。而 MUST Category 3 的第二小类需要重新定义复合星座图，难以基于传统的调制星座图，对已有标准的改动很大，所以没有进入 R14 MUST 标准立项。

R14 MUST 的标准化，在发射侧的重要内容是在 Case 1 如何实现 MUST Category 2，包括 MUST Category 3 的第一小类。候选方法主要有镜像变换、比特异或以及查表等。

2. **对于 Case 1 和 Case 2，远端用户的调制等级仅限于 QPSK**

大量的系统仿真发现，绝大多数情形远端用户的调制等级为 QPSK。如在 3 种功率比区间下，系统调度的远端用户调制方式统计如表 4-1 所示。

表 4-1 远端用户调制方式统计

远端功率占比范围	远端调制方式 QPSK	远端调制方式非 QPSK
0.65～0.7	100.00%	0.04%
0.75～0.8	96.00%	0.04%
0.85～0.9	97.61%	2.39%

远端用户的正确译码不仅对远端用户有利，也有助于近端用户做干扰消除。如果远端用户采用 QPSK，近端用户可以采用较简单的 SLIC 即可以正确解出远端用户的调制符号，这样会显著加强 NOMA 系统运行的顽健性。远端用户限于 QPSK，可以大大简化发射侧的实现，从第 2 章的介绍可以看出，无论是用镜像变换还是用比特异或的方法，MUST Category 2 的表达式会简洁许多。远端用户采用 QPSK 对下行物理控制信令的设计也有影响。远端用户和近端用户的调制方式的组合只有 3 种：QPSK+QPSK、QPSK+16QAM、QPSK+64QAM。

对于 Case 3，因为用户之间可以用不同的预编码区分，其远端用户的调制等级没有限制。

3. **Case 1/Case 2 功率比，发射方案的确定**

因为功率分配比与最终传输的复合星座密切相关，所以发射方案的功率比的讨论，既有技术性因素，也有商业利益的考虑。从技术上考虑，较为灵活的功率比分配对系统性能优化有利，图 4-1 的仿真对比了单一功率比与灵活功率比对 MUST 系统性能的影响[3]。单一功率比指的是对于每一种调制方式的配对只有一种功率配比；灵活功率比的情形下，对于每一种调制方式的配对，其选择范围可以是[0.7，0.99]，步距为 0.02。结果可以看出，在单一功率比条件下，相对于正交传输，MUST Category 2 在平均体验速率和 5%体验速率的增益分别为 12.5%和 18%；而对于灵活的功率比分配，平均体验速率和 5%体验速率的增益分别可达 16%和 28%。

尽管灵活的功率分配对系统性能的提高有帮助，但过于灵活的功率配比不仅不会明显增加系统的频谱效率，而且还会带来以下几方面的问题。

• 物理控制信令的开销较大。一般情况，功率比如果是多个值，则应该通知终端，否则终端需要盲检功率分配比，增加了接收机的复杂度，工程上不可取。

• 调度算法的复杂度与功率比的灵活度有直接关系，从 2.2.4 节可以看出，调度器需要遍历各种功率组合。而 MUST 多数情况下又与 MU-MIMO 联合考虑，加重发射侧的计算负担。

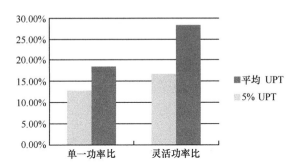

图 4-1 单一功率比与灵活功率比条件下，MUST Category 2 相对于正交传输的系统性能增益

● 当功率比的灵活度达到一定程度以后，复合星座图的图样会变得十分丰富，很难用有限的查表的方式来表达。换句话来讲，只能用镜像变换或者比特异或的方式来进行标准化。这对一些厂家来说增加了知识产权上的风险，难以通过表格方式绕开基于镜像变换或者比特异或的专利。

经过讨论，标准协议采取了折中的方式，即对于每一种调制的组合支持多个功率比分配，但数目限制在 3 个。这样就只要 2 个比特就可以通知功率比信息。在 2.4 节曾列了一个功率比的大致范围，可以确保任何情况下，合成星座图都不会出现混叠的情况，而且更方便符号级接收机解调。在标准化阶段，通过一些仿真发现，在和容量界上，适合的工作区域是远端用户速率比较高且近端用户速率也不差，因此功率比的范围可以进一步缩小，而且对于所有的调制方式的组合可以采用相同的范围，如 0.7~0.95 这个区间。

接下来需要对每一种调制方式的组合，确定 3 个功率比。有两种方法，第一种，在功率比范围区间挑选特殊的值，使得复合星座点为等间距的图样的子集[4]。其基本思想是从一个超等距网格中挑选若干个星座点，形成多个子集，每个子集对应一种复合星座图形，如表 4-2 所列。因为近端用户的最高调制等级为 64QAM，远端用户的调制阶数固定为 QPSK，所以复合星座图最多有 256 点，因此超等距网格为 16×16 的方阵。

第二种，从功率比的性能角度出发，不限制复合星座图必须在超等距网格上。如挑选等间隔分布的 3 个功率比，使得其性能接近最优性能。此外，还可以从硬件定点数实现的角度进行微调，即在不影响性能的前提下，尽量使用更易硬件实现的功率比值。

表 4-2　采用等间距图样选取的方式（功率比的取值被标准采纳，
但该表格枚举的方式没有被标准所采纳）

LTE 星座图	符号叠加后的调制阶数	近端用户的调制阶数	远端用户的调制阶数	沿一个维度上的星座点子集	归一化的功率比例	合成星座图的缩放因子
16QAM	4	2	2	± 1，± 3	0.8/0.2	$\sqrt{10}$
64QAM	4	2	2	± 3，± 7	0.86207/0.13793	$\sqrt{58}$
64QAM	4	2	2	± 3，± 5	0.94118/0.058824	$\sqrt{34}$
64QAM	4	2	2	± 1，± 5	0.69231/0.30769	$\sqrt{26}$
64QAM	6	4	2	± 1，± 3，± 5，± 7	0.7619/0.2381	$\sqrt{42}$
256QAM	6	4	2	± 5，± 7，± 9，± 11	0.92754/0.072464	$\sqrt{138}$
256QAM	6	4	2	± 3，± 5，± 7，± 9	0.87805/0.12195	$\sqrt{82}$
256QAM	6	4	2	± 1，± 5，± 9，± 13	0.71014/0.28986	$\sqrt{138}$
256QAM	8	6	2	± 1，± 3，± 5，± 7，± 9，± 11，± 13，± 15	0.75294/0.24706	$\sqrt{170}$

　　图 4-2 是采用以上两种功率比的选取方法的小区性能增益[5]。这里的业务模型为 Full Buffer，采用宽带调度。可以看出，从等间距星座图里选取的方法对小区平均频谱有微弱的优势，而功率比值的等间距对小区边缘吞吐量有比较明显的优势。从 EVM 角度来看，第一种方法合成的星座，是现有 LTE 星座的一部分，从等间距的星座图中选取子集，能够保证星座点的最小距离不比 LTE 256 QAM 的小，发射侧的合成星座不需要考虑星座的 EVM 问题。而第二种方法合成的星座更加自由，在某些场景下需要重新评估新型星座 EVM 对性能的影响，如当每簇星座更聚集时，虽然有利于提高边缘用户性能，但 4% 的 EVM 可能使得小簇星座的偏移很大，从而降低中心用户的性能。因此，等间距星座点的方法所得到的功率比取值被标准所采纳，如表 4-3 所示。但是该方法本身要对协议做较大的改动，尤其是十分基础的调制符号到比特星座映射表，并没有被标准采纳。注意到表 4-3 中的比值的表达方式与 TS 36.211[6]相关章节的相仿，均采用精确值（例如，分数或者根式），而不是近似成有限位的小数。

　　在复合星座图中实现 Gray 映射的方法最终在标准协议中是如下公式定义的。

$$x = e^{j\phi_0\pi}c(I-d) + e^{j(\phi_1+1/2)\pi}c(Q-d) \tag{4.1}$$

　　式中 I 和 Q 分别为近端用户调制星座图的实部和虚部分量，也就是经典的 QPSK、16QAM 或者 64QAM 的星座图。$\phi_0,\phi_1 \in \{0,1\}$ 是与远端用户的比特相关的数值，隐含指 QPSK 调制，$e^{j(\phi_1+1/2)\pi}$ 实现了沿数轴的翻转。系数 c 和 d 取决于远近用户的功率分配。更具体的，c 反映每个星座簇中的星座点间的距离（近端用户的功率开方），而 d 与远近用户的调制方式组合以及 c 有关。TS 36.211 定义了 c 和 d 的值，如表 4-4 所示。

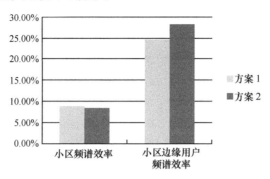

图 4-2　MUST Category 2 相对于正交传输的性能增益，等间距星座图子集方法
与功率比值等间距方法的比较

表 4-3　R14 MUST 标准所采纳的功率比的取值

功率比索引	调制等级		
	QPSK	16QAM	64QAM
01	8/10	32/42	128/170
10	50/58	144.5/167	40.5/51
11	264.5/289	128/138	288/330

表 4-4　标准协议中的系数 c 和 d 的取值

功率比索引	调制等级					
	QPSK		16QAM		64QAM	
	c	d	c	d	c	d
01	$\sqrt{1/5}$	$\sqrt{2}$	$\sqrt{5/21}$	$2\sqrt{2/5}$	$\sqrt{21/85}$	$4\sqrt{2/21}$
10	$2/\sqrt{29}$	$5/(2\sqrt{2})$	$3\sqrt{5/334}$	$17/(3\sqrt{10})$	$\sqrt{7/34}$	$3\sqrt{3/14}$
11	$7\sqrt{1/578}$	$23/(7\sqrt{2})$	$\sqrt{5/69}$	$4\sqrt{2/5}$	$\sqrt{7/55}$	$2\sqrt{6/7}$

　　如功率比索引为 01，中心用户调制等级为 QPSK 时，若边缘用户 2 比特为"00"，中心用户 2 比特为"01"，参数 $\varphi_0, c, I, d, \varphi_1, Q$ 分别为 1，$\sqrt{1/5}$，$1/\sqrt{2}$，$\sqrt{2}$，1，$-1/\sqrt{2}$，代入公式（4.1）计算可以得到 $x = 1/\sqrt{10} + j \cdot 3/\sqrt{10}$。

　　因此，协议在 MUST 发射侧的标准化主要是以镜像变换的方式表达的。可以说这个结局很好地兼顾了 MUST Category 2 原本有的灵活功率比的性质，又

融入了 MUST Category 3 第一小类的工程便利性，做到了系统性能、控制信令开销、资源调度复杂度、射频指标要求以及标准协议的精炼性之间的良好折中。

其实，根据表 4-3 中的功率比值，可以推导出公式(4.1)中系数 c 和 d 的取值。如功率比索引为 01，中心用户调制等级为 QPSK 时，边缘用户比特"00"对应星座点配对中心用户比特"11"对应星座点，得到 16QAM"0011"对应星座图，即 $\sqrt{1-c^2} \cdot 1/\sqrt{2} + c \cdot 1/\sqrt{2} = 3/\sqrt{10}$，解得 $c = \sqrt{1/5}$。将 $\varphi_0, c, I, \varphi_1, Q$ 代入公式（4.1）计算可以得到 $d = \sqrt{2}$。但表 4-4 是在 TS 36.211[6]的另一个章节定义的。为了方便协议的阅读，在 TS 36.211 还是将 c 和 d 的值列出。

|4.2 支持 MUST 传输的下行物理控制信令的概述|

在 MUST 的研究阶段，各类 MUST Category 都在考虑范围之内，对接收机类型、资源调度以及远端用户的调制等级没有限制，因此，支持 MUST 传输的下行物理控制信令可以包括很多的潜在辅助信息（Assistance Information）。MUST 的研究项目在 3GPP 立项时与在它之前的网络辅助的干扰消除（Network Assisted Interference Cancellation，NAIC）功能有较大联系，所以很多名词概念都是沿用 NAIC 中的，不少设计思想也受 NAIC 的影响。

1. 研究阶段识别出的潜在的辅助信息

首先，最基本的，对于远端用户，即使采用最简单的接收机，如 MMSE-IRC，也最好知道远端用户与近端用户的 PDSCH 信道的发射功率分配。

此外，Reduced ML 或者 SLIC 接收机可以用于远端用户或者近端用户，这类接收机可能需要的辅助信息如下。

- 是否存在另一个配对用户的干扰，这个有可能是针对每一层的传输。
- 配对用户的调制符号等级。
- 配对用户的资源分配。
- 配对用户的 DMRS 信息。
- 配对用户的传输方式（如果一个用户采用发射分集，则另一个用户采用闭环空域复用）。
- 配对用户所使用的预编码。

对于近端用户，还可以考虑码字级别的干扰消除（Codeword Level IC，CWIC）。对于此类接收机，除了以上所列的潜在辅助信息，还需要如下的信息来对配对用户的信息比特进行译码并且重构其发送的调制符号，从而消除干扰。

- 配对用户所用的 TBS。
- 配对用户的 HARQ 信息。
- 配对用户的有限缓冲速率匹配（Limited Buffer Rate Matching）假设。
- 配对用户 PDSCH 的扰码参数。

对于 MUST Category 3 的第二小类，除了以上的信息，还需如下的辅助信息。

- 复合星座图的调制等级。
- 复合星座图中的比特映射。

2. 下行控制信令的设计准则

进入标准化阶段，MUST 下行物理控制信令的设计遵循以下几项准则。

准则 1：对于远端用户透明

近端用户所分配的发射功率明显低于远端用户的，远端用户无须采用先进接收机，来消除近端用户造成的干扰。在 MUST 的初期部署中，网络中必然存在大量的传统终端，它们不具有 MUST 的功能。为了能有更多的用户，包括传统用户也参与非正交传输，可以将传统用户与另一个具有 MUST 功能的近端用户配对，共享物理资源，这样将大大增大 MUST 的用户池，更容易配对，提高系统的吞吐量。所谓的用户透明，即指远端用户沿用传统的下行控制信令，它并不知道在某时某刻是否有另一个用户与它配对。

准则 2：支持正交传输和 MUST 传输的动态切换

每个用户的快衰落信道是动态变化的，干扰在每一个子帧上也可能不同，用户的业务也是动态到达的，所以是否有 MUST 配对用户，或者与哪一个用户配对，这些都是动态变化的。从第 2 章中的调度算法的介绍也可以看出，并不是在每时每刻，在每一个子带，正交单用户传输就总是比非正交多用户传输的容量要低。动态的配对使得远近用户的功率比也在动态变化，这意味着用户配对信息、功率比分配需要在下行控制指示（Downlink Control Indication，DCI）中承载。

准则 3：远端用户与近端用户采用各自的 DCI

在通常情况下，远端用户和近端用户的宽带下行信噪比相差很大，如果配对的远近用户共享一个公共的 DCI，这个 DCI 的承载势必比传统 DCI 的要高很多。而对于远端用户，这个公共 DCI 中的许多辅助信息并不需要，会造成浪费。尤其考虑到远端用户的信噪比较低，基站需要用较多的物理资源和功率来发送一个承载公共 DCI 的 PDCCH/EPDCCH，而这个公共 DCI 又包含较多的控制信息比特。而采用各自的 DCI 则可以使下行控制信令的设计更加灵活。

准则 4：不引入新的传输模式（TM）

非正交传输是一个比较通用的技术，可以与传输模式（分别对应不同的多天线技术）配合使用，无论是 Case 1、Case 2 或者是 Case 3。非正交传输无须绑定某一种多天线技术。另外，LTE 已经定义了十余种传输模式，分别对应各自的 DCI 格式，要把这么多种 DCI 格式融合到一个新的 DCI 格式，专门用于MUST，也是不大现实的，所以不需要为 MUST 定义一个新的传输模式，即一个全新的 DCI 格式，而是将其附加在已有的各类 DCI 格式上。当高层信令指示系统工作在 MUST 模式时，便会使用这些增强了的 DCI。在此之前的 NAIC 功能的标准化，也采用了类似的方式：不引入全新的 DCI 格式。

有两种方式可以将辅助信息加到各类 DCI 格式上，如图 4-3 所示，第一种是将辅助信息作为一个新的比特域额外地附加在传统 DCI 上，新增的比特域包括功率比的索引，干扰用户的一些信息等。这种方式的优势在于设计简单，而且对于传统的各类 DCI 格式都一样。它的缺点是开销稍大；第二种是对传统的各类 DCI 格式的一些比特域重新定义，其优点是信令开销小。如果存在比特域所指示的状态有缺省不用时，几乎无须增加任何开销。该方法的缺点是设计相对复杂，需要考察每一种传统 DCI 的比特域定义，确定哪些可以重新定义。因为不同 DCI 格式的定义差别很大，无法套用统一的模式重新定义。标准还是采用将辅助信息附加在传统 DCI 上的方式。

近端用户的传统 DCI　　　　　　　辅助信息

（a）辅助信息额外附加在近端用户的传统 DCI 上，不改变原有的比特域

（b）辅助信息嵌在近端用户的传统 DCI 内，更新定义一些比特域

图 4-3　将辅助信息加到传统 DCI 的两种方式

对于图 4-3 中的方式（b），对于 DCI 2 的 PMI 域可以被重用，来指示 MUST 干扰存在信息。表 4-5 为传统的 PMI 指示域，表 4-6 所示为重新定义的 PMI 指示域。

当 1 个码字开启时，只存在 1 个传输层，如果有干扰，只会在那一层。

当 2 个码字开启时，"比特域的映射索引"为 0～2，该域除了指示预编码信息，同时指示干扰在第一层。

表 4-5　传统的两发射天线预编码指示域的内容

单码字流： 码字 0 使能， 码字 1 关闭		双码字流： 码字 0 使能， 码字 1 使能	
比特域的映射索引	指令	比特域的映射索引	指令
0	两层：发射分集	0～2	两层：预编码信息
1～6	一层：预编码信息	3～7	预留
7	预留		

表 4-6　重新定义了两发射天线预编码指示域的内容（备选方案，未标准化）

单码字流： 码字 0 使能， 码字 1 关闭		双码字流： 码字 0 使能， 码字 1 使能	
比特域的映射索引	指令	比特域的映射索引	指令
0	两层：发射分集	0～2	两层：预编码信息，第一层
1～6	一层：预编码信息	3～5	两层：预编码信息，第二层
7	预留	6～7	两层：预编码信息，第一层和第二层

同理，Format 2A 的 4 端口下预编码指示域，Format 2C 的 "Antenna Port(s), Scrambling Identity and Number of Layers Indication" 指示域，也可以通过重新定义来额外指示 MUST 信令。

以上的 4 项设计准则也是相互依存的，如准则 1 的对远端用户透明使得准则 2 的正交与非正交模式的动态切换更容易实现。准则 1 也预示着准则 3，即远端用户不会与近端用户共用一个 DCI。这几项准则都暗示了控制信令对于远端用户不做新的设计，而辅助信息的设计集中在近端用户上。

在以上准则之外，当时也研究了一些方案，例如，给近端 UE 两个 DCI，除了盲检自己传统的 DCI 以外，还要盲检一个小 DCI（图 4-4 中深色部分）[7]，这个小 DCI 可以指示辅助信息的位置、大小等，其位置可以是在公共搜索空间，也可以是 UE 专有搜索空间。该方案的特点是能以较小的额外开销，允许指示较多的辅助信令，但我们知道 MUST 需要的辅助信令其实很少。

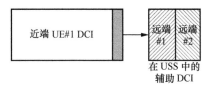

图 4-4　两步 DCI

此外，可以设计一个 Group Companion DCI，包含该时刻所有配对远端用户的辅助信息，辅助信息包括：

- RB 分配；
- TM/RI/PMI 索引；
- 功率比索引。

这个 Group Companion DCI 被广播出去。该方案认为小区中会出现复杂的配对情况，如一个近端 UE 在不同 RB 上配对不同远端 UE，相应的也设计出比较复杂的新 DCI 方案[8]。

3. 潜在辅助信息的精简

到了标准化阶段，发射侧的传输方案聚焦于 MUST Category 2 和 MUST Category 3 的第一小类。对于近端用户，多数的终端芯片厂商认为码字级干扰消除接收机（CWIC）过于复杂。所以潜在的辅助信息局限于第一组中的 6 条以及远端/近端用户的功率分配。

随着标准的进展，这 7 条中的一部分也被精简。例如，由于远端用户的调制符号等级在 Case 1 和 Case 2 只能是 QPSK，对于近端用户而言，如果配置成 Case 1/2，则其配对用户的调制符号等级无须通知。

配对（远端）用户的资源分配与目标（近端）用户的资源共享有多种形式，如图 4-5 中的例子所示，左边的图表示远端用户和近端用户所分配的资源完全对齐，这种方式虽然不是很灵活，但可以简化控制信令，即对于近端用户，本小区只有一个配对（干扰）用户。这种方式也是第 2 章的调度算法中所常用的。中间的图表示两个远端用户分享同一个近端用户的资源，此种方式较左边的灵活，但对于近端用户，辅助信息需要包含两个配对（干扰）用户，信令开销增大，调度的复杂度更高。右边的方式最为灵活，但所需的信令在这 3 个例子中开销最大，调度的复杂度也最高。综合考虑 3 种方式的信令复杂度、系统性能和调度复杂度，标准最后选择了左边的方式，即 MUST 配对的远近用户的资源完全对齐，尤其从频域角度，换句话说，配对用户的资源分配无须指示。

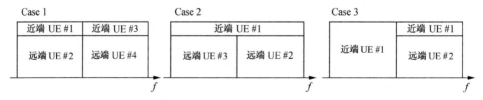

图 4-5 远端用户与近端用户资源共享方式（左边的方式被标准采纳）

资源分配还有一个细节，即 PDSCH 的起始符号。在通常情形下，远端用户和近端用户在同一个子帧中配对调度，它们解析同一个 PCFICH 得到 PDSCH 的起始符号，并不存在互相指示的必要。但 MUST 的部署有可能是在载波聚合的场景，而载波聚合支持跨载波调度，此时会出现一个用户的 PDSCH 的起始符号是通过 PCFICH 指示，而与它配对的另一个用户的 PDSCH 的起始符号是通过高层信令通知的。这两者可能不同，造成资源在时域上不能完全对齐。为了简化信令，降低接收机的处理复杂度，协议 TS 36.213[9]明确要求配对的远端用户和近端用户的 PDSCH 的起始符号对齐。

关于远近配对用户是否可以一个使用 Case 1，另一个使用 Case 2，从运营而言，这种混用的第一个问题是不常用的，因为各自的场景不同，典型的发射天线数也不尽一样，而且所在的 MUST Case 不会动态变化；第二，这会使得辅助信息膨胀，控制信令开销明显增大；第三，调度算法的复杂度也变大。所以，在进入标准化阶段之初，就达成共识：配对用户使用相同的 MUST Cases，无须通过动态信令来指示。

Case 1 和 Case 2 的远端用户和近端用户必须采用同样的预编码或者发射分集，但是多用户 MIMO（MU-MIMO）恰恰需要依赖空间相关度较低的预编码来区分在相同时频资源上调度的不同用户，这两者的应用场景是相互排斥的。因此，Case 1 和 Case 2 只能用于闭环的单用户 MIMO（SU-MIMO）和发射分集。例如，基于小区公共参考信号（Common Reference Signal，CRS）的传输模式（TM2、TM3、TM4），不需要配对用户的 DMRS 信息。

Case 3 的用户配对多数是在空域预编码不同的用户中挑选的，不一定基于远近效应，复合星座图比较任意，因此不需要指示功率比分配。但是，Case 3 的配对用户的调制等级没有限制，而如果只依靠终端的盲检来判断调制等级，接收机的复杂度偏高，因此需要指示。

对于 MUST 的 Case 1/2 和 Case 3，针对"干扰存在性"的辅助信息是否需要，曾有公司建议采用盲检的方式。但考虑接收机的复杂度，盲检的性能，最后还是决定通过信令来显示指示。

经过以上的简化，最终需要标准化的辅助信息，对于 Case 1 和 Case 2，包含：

- 远端用户与近端用户的 PDSCH 信道的发射功率分配；
- 是否存在另一个配对用户的干扰，这个有可能是针对每一层的传输。

对于 Case 3，需要标准化的辅助信息包含：

- 是否存在另一个配对用户的干扰，这个有可能是针对每一层的传输；
- 配对用户的调制符号等级；

- 配对用户的 DMRS 信息。

| 4.3 MUST Case 1/2 信令 |

Case 1 和 Case 2 信令部分相对简单，即在现有 DCI Format 基础上额外增加少量的信令开销来指示 SLIC 解调需要的辅助信息。在标准协议中，并没有直接定义 Case 1 和 Case 2。这两种场景间接地反映在 TS 36.212 对 DCI Format 1，Format 2A，Format 2（分别对应于 TM2，TM3，TM4）的新添的比特域定义上。因为这三种传输模式不支持 MU-MIMO，如果做叠加传输，配对用户只能采用相同的预编码。

从系统仿真的结果来看，如表 4-7 所示，当发射天线数为 4 时，采用 TM4 传输模式，MUST 的性能增益比在第 2 章和本章前几节中的 2 个发射天线情形要低很多。因此，协议中 Case 1 和 Case 2 所支持的发射天线数，即 CRS 的天线端口数最多为 2。这也意味着每个用户最多的空域层数为 2。

表 4-7　MUST 在 TM4，4 发射天线下的系统性能增益

传输方式	资源利用率	平均 UPT（Mbit/s）	5% UPT （Mbit/s）	50% UPT（Mbit/s）
SU-MIMO	0.8278	6.2457	0.7739	3.7425
MUST	0.8122	6.57985	0.82995	4.0695
增益		5.35%	7.24%	8.74%

注意到"功率比"有 3 种取值，而"没有干扰存在"是一种状态，一共有 4 个状态，正好用 2 比特联合编码指示。从这也可以推断出之前确定 3 个功率比的寓意：有效而不浪费。联合指示在协议中体现在 TS 36.211 的 6.3.3 节，"MUST Interference Presence and Power Ratio (MUSTIdx)" = "00" 时，代表"没有干扰存在"。而其他 3 种状态如表 4-3 所示。

为了与以前的协议兼容，MUST 协议规定，如果近端用户或者远端用户采用两（空域）层的传输，每层的功率对半等分。这个也是在 TS 36.211 的 6.3.3 节中体现，即每层的缩放系数 "$\alpha^{(j)}$" 与空域层的索引 "j" 无关。

这个联合指示是可以每一层独立配置的，图 4-6 是一个独立配置的场景，近端用户的两层传输分别与两个单层传输的远端用户配对。由于这两个远端用户的信噪比不一定相同，远近用户的功率分配比可能不同。在有些时刻，有可

能其中一个远端用户不被调度，使得近端用户只有一层受到干扰。这一点在 TS 36.211 的 DCI Format 2 的新比特域中体现，即 "Transport Block 1" 和 "Transport Block 2" 中都加入了 "MUST Interference Presence and Power Ratio (MUSTIdx)" 的指示。

在 LTE 协议中，PDSCH 的发射功率与 CRS 发射功率满足一定关系，用高层的配置参数 P_A 来表示。这个值是用来调整 PDSCH 的邻区干扰以及每一个用户的平均工作点，是用户专有的高层信令，每个用户可以不一样，P_A 通常的取值为 {–6.00, –4.77, –3.00, –1.77, 0.00, 1.00, 2.00, 3.00} dB。在 MUST 情形下，如果仍然沿用 P_A 的取值，会使得远端用户的信噪比工作点过低。因此高层协议为 MUST 引入了一个新的参数 $P_{A\text{-MUST}}$，如图 4-7 所示，在 TS 36.213 中用 "p-a-must-r14" 表示。为确保远端用户与近端用户 PDSCH 实际发送功率符合 DCI 中配置的比值，配对的远近用户的参数 $P_{A\text{-MUST}}$ 取值应该是相同的。

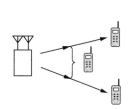

图 4-6 两个单层传输的远端用户与一个两层传输近端用户的配对

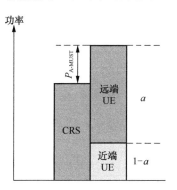

图 4-7 协议高层新引入的 PDSCH 发射功率参数

4.4 MUST Case 3 信令

MUST Case 3 的标准化只涉及信令部分。控制信令优化的主要目的是降低终端在 MU-MIMO 传输模式下的消除层间干扰的复杂度，减少对干扰所做的盲检，包括有无干扰、干扰来自哪一个天线端口、干扰的调制阶数，从而提高系统性能和顽健性。MUST Case 3 的标准进展开始比较缓慢，进行了一系列的系统仿真，目的有两个：（1）验证 Case 3 的性能增益；（2）识别适合 Case 3 的系统配置。

表 4-8 和表 4-9 是 MUST Case 3 与 Case 1 的系统性能比较，分别对应 2 发射天线和 4 发射天线。假设 Full Buffer，采用宽带调度。需要指出的是，MUST Case 1 是 Case 3 的一种特例，即采用相同的空间预编码，而正交传输（SU-MIMO）是 MUST Case 1 的一种特例，即不配对用户。对于 MUST Case 3 的系统仿真，在做资源调度和用户配对时，要从和容量的角度判定是否 Case 3 一定是最优的。如果在某个时刻、对于某些用户采用 MUST Case 1 或者正交传输更优，则回退到那两种传输方式之一。

表 4-8　MUST Case 3 与 Case 1 的系统性能比较，2 发射天线，Full Buffer

Case	User 吞吐量(bit/s)	基线(SU-MIMO)	MUST Case 3	增益	MUST Case 1	增益
2Tx	Cell 平均	1.3240	1.6002	**20.85%**	1.3886	**4.87%**
	Cell 边缘	0.0241	0.0268	**11.31%**	0.0287	**19.19%**

从表 4-8 和表 4-9 可以看出，相对于正交传输（SU-MIMO），MUST Case 3 可以显著增加小区的平均吞吐量，而对小区边缘吞吐量的增益不是很显著；MUST Case 1 可以显著增加小区的边缘吞吐量，而对小区平均吞吐量的增益不是很显著。

表 4-9　MUST Case 3 与 Case 1 的系统性能比较，4 发射天线，Full Buffer

Case	频谱效率 bit/（s·Hz）	基线（SU-MIMO）	MUST Case 3	增益	MUST Case 1	增益
4Tx	Cell 平均	1.5722	2.1235	**35.06%**	1.6091	**2.35%**
	Cell 边缘	0.0337	0.0358	**6.24%**	0.0394	**17.07%**

表 4-8 和表 4-9 中的性能比较可以通过表 4-10 和表 4-11 中的统计数据来解释。在 MUST Case 3，多数情况下采用不同预编码，随着发射天线数的增多，这个比例会增加到 80%左右。这也意味着多数的用户是采用 MU-MIMO 的模式传输。而 MU-MIMO 通常对小区中心或者中等 SNR 的用户有性能增益，故小区平均吞吐量有较明显的提高。从这些表格，可以看出 MUST Case 3 适合 MU-MIMO 的场景，而在 LTE 的各类传输模式中，TM8、TM9 和 TM10 是基于 DMRS 解调 PDSCH，能够很好地支持 MU-MIMO。因为基于 CRS 解调的传输模式不能有效支持 MU-MIMO，所以协议中不在 TM2、TM3 和 TM4 中支持 MUST Case 3。

在 LTE，传输模式是高层半静态配置的，不同传输模式之间不能动态切换，由于 MUST Case 1/2 只在 TM2、TM3 和 TM4 中支持，而 MUST Case 3 只在 TM8、TM9 和 TM10 中支持，因此，表 4-8 到表 4-11 系统仿真中的 MUST Case 3 与

Case 1 的动态切换在工程中是无法实现的，这些仿真仅反映了系统容量的上界。

表 4-10　MUST Case 3 与 Case 1 的比例，2 发射天线

Case	传输模式	MUST Case 3	MUST Case 1
2Tx	SU-MIMO	5.88%	40.00%
	MUST 使用不同预编码	**64.05%**	—
	MUST 使用相同预编码	30.07%	60.00%

表 4-11　MUST Case 3 与 Case 1 的比例，4 发射天线

Case	传输模式	MUST Case 3	MUST Case 1
4Tx	SU-MIMO	2.13%	57.68%
	MUST 使用不同预编码	**80.76%**	—
	MUST 使用相同预编码	17.12%	42.32%

根据 3GPP RAN4 的一些性能分析，如果 DMRS 的天线端口不正交，将会严重影响 MUST Case 3 的系统性能。在 MUST 协议中，配对的 MUST Case 3 用户各自的 n_{SCID}、$n_{ID}^{(n_{SCID})}$ 以及 OCC 长度都是相同的。TS 36.213 对此作了明确的规定。

由于种种原因，直到标准后期，即最后一次会议才讨论 MUST Case 3 控制信令的具体设计，参与的公司不多，过程也非常快。Case 3 所需要的辅助信息的指示，如 "有无干扰存在" "干扰天线端口" 和 "干扰的调制阶数"，将根据各个 DCI 格式的具体比特域而定。

对于 DCI Format 2B（对应于 TM8，双流波束赋形），由于正交的 DMRS 天线端口数较少，能够支持的可以指示的干扰层的数量有限，最大值为 1。沿用 MUST Case 1/2 的控制信令的思路，将 "干扰存在" 与 "调制阶数" 用 2 比特联合编码指示，在 TS 36.212 中定义，如表 4-12 所示，添加到 DCI Format 2B 当中。这个指示是对每一个目标层而言。DCI Format 2B 只有可能用到 2 个天线端口，即端口 7 或端口 8，所以采用了隐含的方式，用户可以知道自己使用的端口的另外一个端口，即干扰的端口。注意到，比特 "11" 指示了两种调制阶数，考虑使用 256QAM 的概率很低，这样的双指示可以大大节省信令开销。

表 4-12　"干扰存在" 与 "调制阶数" 的联合指示

比特域	信息
00	不存在干扰
01	干扰为 QPSK 符号

续表

比特域	信息
10	干扰为 16QAM 符号
11	干扰为 64QAM 或者 256QAM 符号

对于 Format 2C, Format 2D (分别对应 TM9, TM10), 情形稍微复杂, 具体分成两种情形: 干扰消除层数为 1, 或干扰消除层数为 3。干扰消除层数由 UE 的能力决定, 由 RRC 信令 (高层信令为 "must-Config-r14") 半静态配置。

当干扰消除层数为 1 时, 新增 4 个比特联合编码, 其中, 2 个显著比特 (MSB) 用来指示干扰存在和干扰使用的天线端口号, 如表 4-13 所示, 在 TS 36.212 中定义。要说明的是, 可选的天线端口号集合为 {7, 9, 11, 13}。若目标用户自己使用的端口号为 7, 则 2 比特可以指示 4 个状态为, "干扰不存在" 以及剩余的 3 个端口, 即端口 9、端口 11、端口 13。表格形式如表 4-14 所示。

表 4-13 "干扰存在"与"干扰天线端口号"的联合指示

比特域	信息
00	不存在干扰
01	干扰来自第一天线端口
10	干扰来自第二天线端口
11	干扰来自第三天线端口

表 4-14 "干扰存在"与"干扰天线端口号"的对应指示

目标 UE 的天线端口	辅助信息中的端口			
	B=00	B=01	B=10	B=11
7	无辅助信息	8	11	13
8		7	11	13
11		7	8	13
13		7	8	11

注意: 当 B=00, UE 将忽略辅助信息

另外, 2 个不显著比特 (LSB) 用来指示干扰信号的调制方式。如表 4-15 所示, 也是在 TS 36.212 中定义的。

当干扰消除层数为 3 时, 新增 6 个比特来指示, 其中每 2 个比特指示其中 1 个干扰端口中的 Modulation Order。如目标用户自己使用端口号为 7, 则 2 比

特指示端口 9 的调制方式，2 比特指示端口 11 的调制方式，2 比特指示端口 13 的调制方式，如表 4-16 所示。其实，6 个比特是一个上限，在一些情形下是不能用满的。当目标用户只有一层传输，且 OCC 的长度为 4 时，干扰的层数可以为 3，每一层在用两个比特指示调制阶数，正好有 $2^2 \times 2^2 \times 2^2 = 64$ 种状态。而如果目标用户的传输为 2 层，且 OCC 的长度为 4，则只有两层干扰，状态数为 $2^2 \times 2^2 = 16$。如果目标用户的传输只有一层，且 OCC 的长度为 2，则与 DCI Format 2B 有些类似，只有 4 种状态（对应 4 种调制阶数）。

表 4-15　"干扰的调制阶数"的指示

比特域	信息
00	QPSK
01	16QAM
10	64QAM
11	256QAM

表 4-16　"干扰天线端口号"的指示

目标信号的空域层数为 1，OCC 长度为 2		目标信号的空域层数为 1，OCC 长度为 4		目标信号的空间层数为 2，OCC 长度为 4	
目标用户的天线端口	辅助信息中所对应的端口	目标用户的天线端口	辅助信息中所对应的端口	目标用户的天线端口	辅助信息中所对应的端口
7	8	7	8, 11, 13	7, 8	11, 13
8	7	8	7, 11, 13	11, 13	7, 8
		11	7, 8, 13		
		13	7, 8, 11		

┃参考文献┃

[1]　3GPP, TR 36.859. Study on Downlink Multiuser Superposition Transmission (MUST) for LTE (Release 13).

[2]　3GPP, RP-160680. New Work Item proposal: downlink multiuser superposition transmission (MUST) for LTE, MediaTek, RAN#71, March 2016, Gothenburg, Sweden.

[3]　3GPP, R1-164281. Multiuser superposition transmission scheme for LTE,

ZTE. RAN1#85, May 2016, Nanjing, China.

[4]   3GPP, R1-1609616. On standardization of the composite constellations for MUST Case 1 and 2, Nokia. RAN1#86bis, October 2016, Lisbon, Portugal.

[5]   3GPP, R1-1608678. MUST system performance with different power ratio choices, ZTE. RAN1#86bis, October 2016, Lisbon, Portugal.

[6]   3GPP, TS 36.211. E-UTRA Physical channels and modulation.

[7]   3GPP, R1-167688. On network assistance and operation for MUST, Nokia, RAN1#86, August 2016, Gothenburg, Sweden.

[8]   3GPP, R1-166278. Mechanisms for efficient operation for MUST, Qualcomm, RAN1#86, August. 2016, Gothenburg, Sweden.

[9]   3GPP, TS 36.213. E-UTRA Physical layer procedures.

第 5 章

上行非正交接入概述

兔　调度上行非正交接入可以大大简化接入的环节，降低控制信令的开销、接入时延和终端的功耗。性能仿真评估包含 eMBB、URLLC 和 mMTC 场景，它们的评定指标和业务模型有较大的不同。传输方案和接收机算法也有多种。

| 5.1 免调度接入 |

5.1.1 场景分析

第一代和第二代蜂窝通信以语音业务为主，速率较低且恒定，采用电路交换（Circuit Switch），无线物理资源的调度仅在无线资源控制（Radio Resource Control，RRC）层面，属于半静态的配置（Semi-Static），因此，物理控制信道本身所占资源很少 。半静态配置的缺点是资源利用率不高，无法开展快速及时的链路自适应（Link Adaptation）。第三代和第四代蜂窝通信以数据业务为主，尤其是第四代中的 OFDMA，将物理资源的动态调度做到了极致，能够灵活地适应信道的小尺度衰落、数据业务的突发特性（Bursty）、用户间的干扰等，大大提高系统的频谱效率和数据吞吐量。

动态调度下的高谱效的一个重要前提是数据分组足够大，远远大于物理控制信道所承载的信令。对于大数据业务，如文件传输、高逼真视频/音频等，这个前提是成立的。但对于其他数据业务，其包大小有限，则物理控制信道的开销对整个系统的数据吞吐量产生显著影响。图 5-1 和图 5-2 是一个简单的上行系统仿真结果[1]，分别是下行物理控制信道（PDCCH）所占资源的累积概率密度分布（CDF）和上行数据信道（PUSCH）的资源利用率。仿真的业务模型为 FTP Model 3，符合泊松分布，数据分组的大小固定，均为 600 字节（Byte）。仿真的带宽中有 36 个物理资源块（PRB），每个小区有 20 个用户。调度采用比例公平（Proportional Fair），支持 MIMO 多用户和子带调度（粒度为 6 PRB）。

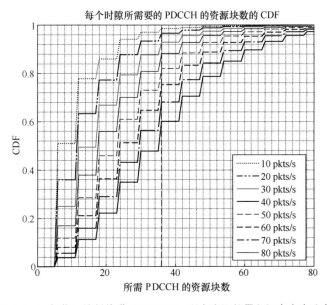

每个时隙所需要的 PDCCH 的资源块数的 CDF

图例：
10 pkts/s
20 pkts/s
30 pkts/s
40 pkts/s
50 pkts/s
60 pkts/s
70 pkts/s
80 pkts/s

图 5-1　下行物理控制信道（PDCCH）所占资源的累积概率密度分布

从图 5-1 看出，随着系统的负载由每秒平均 10 个包的到达率增加至每秒 40 个包时，承载调度信令的下行物理控制信道有 12% 的情形需要占用整个 36 个 PRB，而此时，如图 5-2 所示，上行数据信道的资源利用率只有 50%。从以上仿真的例子可以得出，当数据分组不大时，负载的增加会显著提高调度信令的开销，对系统的数据吞吐量产生负面影响。

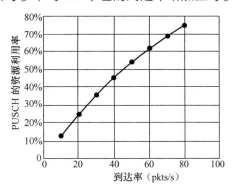

图 5-2　上行数据信道（PUSCH）的资源利用率

在第四代蜂窝系统 LTE 中支持一种调度：半持续式调度（Semi-Persistent Scheduling，SPS），目的是降低小数据分组业务的物理控制信令开销，十分适用于周期性的业务，如 Voice-over-IP（VoIP）。VoIP 在连续通话（Talk

Spurt）时的数据速率基本恒定，每 20 ms 产生一个语音包。每个连续通话的时间平均在 1～2 s，包含 50～100 个语音包，其间的小尺度衰落通过闭环的功率控制来补偿，以保证接收侧信号的信噪比（SNR）基本恒定。因此，在此段时间内的调制编码方式（MCS）可以保持不变，所分配的物理资源或者不变，或者根据固定的规则跳变，因此，无须动态信令。SPS 可以看成是半静态配置的一种增强形式，主要用于周期性的、包大小恒定的小包业务。

SPS 一般工作在连接态（RRC Connected），即终端已经完成初始接入过程。尽管调度的频次远远低于数据分组到达的频率，但基本都是非竞争式的，不同用户不会发生资源的碰撞。在 5G 系统中，SPS 可以用于低时延高可靠（URLLC）的场景，一方面保证高可靠，另一方面降低用户面的时延。此时的 SPS 被称为 Configured Grant，与 LTE 的 SPS 机制类似，增加了一些额外的功能，如无须物理层的控制信令来激活或去激活 SPS 及其配置。Configured Grant 也被算作一种特殊的免调度方式，因为其可以免去每次数据传输的"动态的调度申请"，所以实质是"免动态调度"。需要指出的是，这种 SPS 式"免动态调度"，不同用户的传输资源实质上还是基站预配置的，并不是用户通过"竞争式"获取的，因而可以说是"非竞争的"。进一步，对于此类非竞争式的免调度，数据信道的物理时频资源是可以叠加或"碰撞"的，但数据解调相关的传输资源是可以通过基站的预配置来避免"碰撞"的，例如，可以通过基站的预配置来保证在相同时频资源上传输的用户的参考信号是正交的，以及这些用户 ID 是不同的。

虽然 SPS 或者 Configured Grant 可以降低物理控制信令的开销，但存在以下问题。

（1）SPS 或者 Configured Grant 都需要物理资源的预配置，只有在连接态下才能工作，对于非周期的、偶发的小包业务，其资源利用率很低。尤其当系统中存在海量的用户/终端时，让每一个终端一直处于连接态是不现实的。

（2）在 SPS 或者 Configured Grant 机制下，数据首传发生错误后，重传的实现并不简单。例如，某个用户的首传可能因为信道经历了深度衰落，而导致其参考信号没有被基站检测出来，则基站是不知道有这个用户接入的，也就不能给这个用户反馈重传指示（NACK）以及重传分组的时频资源。

（3）对于业务包大小不是固定的场景，SPS 机制也有一些问题，因为一旦业务包超过一次 SPS 机会传输大小，则需要切割。一个包的多个切割包如果通过多个 SPS 机会传输，则意味着传输时延大大增加。

（4）在 SPS 或者 Configured Grant 机制下，如果用户发生越区切换，则需要向进入小区申请 SPS 资源。对于海量、偶发小包场景，为了提高效率，SPS

机会的间隔通常会比较长，这意味着越区切换的影响会提高，这会降低系统效率，增加系统的复杂度。

为了减轻系统的负担和终端的功耗，终端在多数时间处于空闲态（RRC Idle），只有当有数据要发送时才进入连接态，然后再在调度的方式下传输。但这种方式存在的问题是：传统的随机接入过程通常经历 4 个步骤：前导（Preamble）的发送、随机接入响应（RAR）、L2/L3 控制信息的发送以及消息 4（Message 4）的发送，如图 5-3 所示。这套流程不仅耗时而且耗费终端的电能，对于偶发小包业务不是有效的。

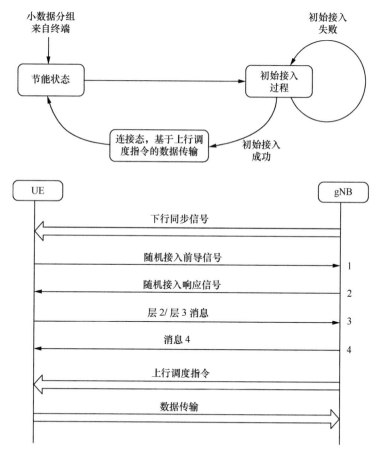

图 5-3　传统的多步随机接入过程以支持从空闲态向连接态的转换，以及连接态下的数据传输

如果终端能够一直处于空闲态，但一旦有数据到达，就可以立即自主地（Autonomously）发起传输，无须与基站的多步骤交互；数据传输完又马上进入节能的空闲状态，如图 5-4 所示，则无须经历烦琐的 4 步随机接入过程转换到连接态以及传输资源的授权（Grant）申请，从而大大降低系统信令开销、终端功耗和控制面时延。这种上行传输很适合海量物联网（mMTC）和增强的移动宽带（eMBB）小包业务，因为它们的特点都是偶发小包。这种空闲连接态下数据的免调度传输能实现极简的上行传输，但同时由于没有基站的协调安排，所有传输相关的资源，包括参考信号、扩展序列等签名（Signature），都是每个用户自主决定的，本质上是"竞争式"获取的，所以不可避免会存在传输资源的"碰撞"。这会给传输性能以及多用户检测带来很大的挑战。第 8 章会重点讨论这种自主的、"竞争式"的免调度传输。

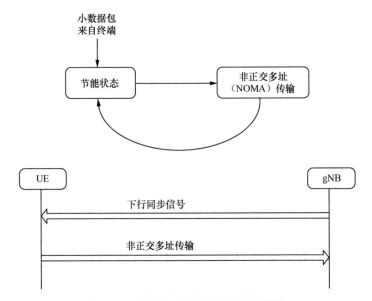

图 5-4　空闲连接态下数据的免调度传输

从上面的叙述可以看到，上行免调度大致有两种模式，如图 5-5 所示。第一种是处于连接态，与基于调度的传输有不少类似之处，例如，通过发射定时提前量的调整，保证严格的上行同步；通过闭环的功率控制，保证接收端的瞬时信噪比基本恒定；通过预配置/SPS/Configured Grant，保证一个小区内的不同用户的前导/参考信号或者签名不发生碰撞。这种模式从本质上讲仅是"免动态调度"，是非竞争式的，比较适合用户接入数比较小的情形，例如，URLLC。

而第二种免调度模式则与调度传输有本质的区别，体现在以下几个方面。

（1）由于终端始终处于空闲态或者非激活态（RRC Inactive），无法对上行发送进行定时调整（TA），所以基站接收侧的不同用户的信号在时间上不一定能保证同步。小区半径越大，用户之间的时间差越有可能超出循环前缀的长度，造成用户间干扰。

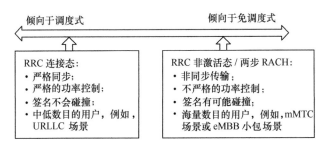

图 5-5　上行免调度的两种模式

（2）终端只能做开环的功率控制，即基于下行信道的长期宽带信噪比的测量及设定的目标接收功率。因为无法做闭环功率控制，基站接收侧的各个用户的信噪比随着信道的小尺度衰落而变化，难以保持恒定。再考虑到小区边缘用户有可能受限于最大发射功率，接收侧不同用户的平均信噪比也不一定相同，总的来说，无论是从大尺度还是小尺度衰落方面，用户之间在每个时刻都存在显著的"远近效应"。

（3）当一个终端处于空闲态或者非激活态时，系统侧一般不会为它预配置物理资源或者签名，否则过于浪费资源。如果终端需要发送数据，则只能随机挑选一个资源或者签名。当多个终端在同一时刻都要发送数据时，就会产生资源/签名的碰撞，这对性能会产生很大影响。

第二种免调度模式本质上是"竞争式"的，非常适合 mMTC 和 eMBB 小包业务。这些业务的特点是对时延要求不高，但对终端的功耗有较严格的要求，尤其是 mMTC。面对如此大量的终端在网络中，系统无法预配置每一个终端的时频资源和物理签名。

在免调度的情形下，无论是"非竞争"还是"竞争式"的，其数据传输可以采用非正交多址技术来提高系统的频谱效率或接入用户数。下面我们再来看一个系统仿真[2]，对比采用传统的基于调度（随机接入+资源动态调度）与基于免调度（采用"竞争式"的免调度过程+非正交传输）的性能。所考察的是 eMBB 的背景业务，通常呈现小包、偶发的特性。业务模型如文献[3]描述，该模型基于实际网路的数据测量拟合而成，具有较高的真实性。根据背景业务的不同，分为"轻"（Light Background Traffic）和"重"（Heavy Background Traffic）背景业务两类。图 5-6 是这两类业务数据分组到达时间间隔的累积概率密度分布。可以看到，数据分组到达时间间隔的中值，对于"轻"业务大约为 2 s，而"重"业务的时间间隔大约为 0.1 s。

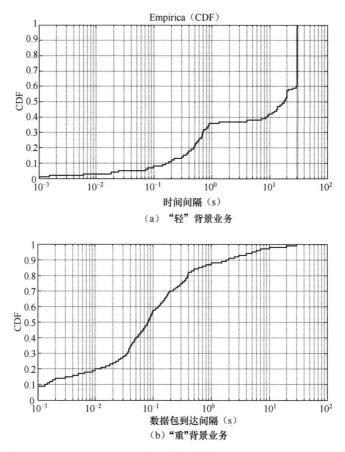

（a）"轻"背景业务

（b）"重"背景业务

图 5-6 "轻"和"重"两种背景业务的数据包到达时间间隔的统计分布

基于免调度和调度的两种传输方案见表 5-1。在基于免调度方案中，当上行缓冲区数据量低于某个阈值时，用户不启动随机接入过程，即一直保持空闲态或者非激活态，并直接进行数据传输，注意此时有可能有多个用户相互竞争，造成冲突；当上行缓冲区数据量高于某个阈值时，用户则启动两步随机接入（2-Step RACH）过程，其中，发送第一个消息时采用"竞争式"的非正交多址方式。免调度方案只在空闲态或者非激活态进行数据传输。在基于调度的方案中，不管上行缓冲区的数据量有多大，均采用传统的 4 步随机接入（4-Step RACH）过程，且数据可以由消息 3 和消息 5 承载。建立连接后，用户进入连接态，如果此时缓冲区仍然有数据，则通过动态的上行调度来传输，直到缓冲区的数据被清空，然后用户从连接态退回空闲态，等待下一个新的数据包的到来。

表 5-1 基于免调度和调度的两种传输方案

方案/条件	免调度传输	调度传输
上行缓冲区数据量低于某个阈值	不启动随机接入过程，直接传输	不设阈值。采用 4 步随机接入过程，数据可以在消息 3 和消息 5 中携带
上行缓冲区数据量高于某个阈值	两步随机接入过程（2-Step RACH），发送第一个消息时采用"竞争式"的非正交多址	
连接态下的数据传输	无	动态的上行调度

仿真结果如表 5-2 所示，可以看出，对于"轻"背景业务，基于免调度相比于基于调度的方案，在平均时延、信令开销和终端功耗等方面都有显著的优势。然而随着业务更加频繁，系统负载加大，基于调度的方案的优势逐渐显露。对于"重"背景业务，其信令开销反而低于基于免调度的方案，但在平均时延和终端功耗方面，仍逊于免调度方案。

表 5-2 基于免调度和调度的仿真结果

方案/结果	"轻"背景业务		"重"背景业务	
	免调度	调度	免调度	调度
平均时延（ms）	4.4	9.1	5.2	5.9
信令开销	15%	53%	11%	7%
终端功耗（J/s）	47	677	321	2142

除了以上所列的 mMTC，eMBB 的小包业务（例如，背景业务）和低时延高可靠（URLLC）场景，非正交传输还可以用在车联网（V2X）中。车与车之间的通信目前以广播/多播为主，各个车都是自主地在资源池中随机挑选资源，进行广播/多播，没有主控节点来集中式地调度车辆的数据，用户之间存在碰撞的可能，进而影响传输速率和覆盖范围。如果采用非正交多址，即使发生碰撞，接收侧仍然有很大概率正确译码，大大提高车与车之间数据传输的可靠性。

5.1.2 基本过程

在现有的 5G NR 系统中，上行免调度的数据发送与传统的基于调度的数据发送最大的区别在于，在免调度模式下，基站通过用户专有的高层配置信令（如 RRC）将进行上行传输所需要的传输配备等通知给用户，后续的上行传输均按照提前预留的资源进行。其优势在于相比传统的动态调度，节省了上行动态测量以及调度开销，该方式保证了上行传输的可靠性，适用于上行并发传输用户

数少且业务 QoS 要求高的场景，如 URLLC。

但是，这一类传输方案的资源利用率很低，且传输配置所需的信令开销比较大，尤其是在有大量并发接入需求的 mMTC 场景，以及用户业务具有随机不可控特征的场景中，如 eMBB 小包场景下，如果为每个用户都预留了上行发送资源，会造成大量的资源浪费。进一步，随着用户业务更迭，这类方式必然会导致频繁的高层重配置。与此同时，如图 5-7 所示，该类方式与基于调度的传输类似，UE 要进行数据传输首先需要将连接态转换为 RRC 激活态。该过程一般通过终端发起随机接入流程实现，因此，对于需要及时发送少量数据的用户来讲，额外的 RRC 状态转换所造成的信令开销、功率损耗和时延也是不可忽视的一部分。

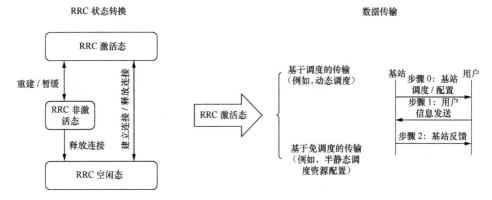

图 5-7　用户状态切换及数据传输流程

考虑到上述问题，针对上行非正交传输，我们可以采用图 5-8 所示的流程，使用户能够按需完成上行传输。

进一步，考虑到省去用户进行状态转换的开销，上述方案按照传输内容和使用场景差异具体分为 RRC-非激活态数据传输和 2-步接入传输。

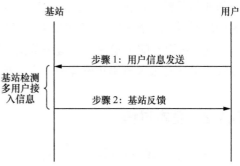

图 5-8　免调度上行数据传输

1. RRC-非激活态数据传输

相较于传统的基于调度或者免调度的数据传输，该方法支持处于从 RRC-非激活态的用户直接进行数据传输，有效地节省了系统开销和传输时延。其中在该应用下，步骤 1 中所述的用户的信息发送模块可以由复用传统的传输信道设计，并结合第 6 章中所述的非正交接入发送技术，将相应的用户信息，如 UE-ID、业务信息等传递给基站。

其中，该数据块发送所采用的信道结构可以根据使用场景有不同的设计，如图 5-9 所示。

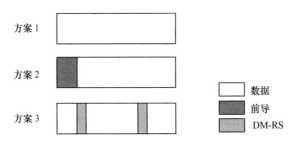

方案 1

方案 2

方案 3

数据
前导
DM-RS

图 5-9　RRC-非激活态下用户信息发送的物理层承载模块

基于现有的流程，用户在进入 RRC-非激活态之前已经历了通过 RACH 等进入 RRC-激活态的过程，相应的上行传输定时调整已经完成。在随后的非激活态数据传输时，其对应的上行定时变化基本由终端移动引起，因此，对于大多数场景，例如，物联网终端、低速 eMBB 用户等，其定时偏移基本可控。因此，基站在收到相应传输之后，如图 5-9 所示，主要进行相应的用户检测和识别以及后续数据解调。一般情况下用户检测指基站通过在潜在的参考信号等检测出当前是否有用户传输，随后通过解读上行传输中所承载的用户 ID，完成用户识别，具体方式如下。

（1）当用户用于传输的参考信号/资源在网络中唯一确定，则该 ID 相当于与用于用户检测的参考信号或资源在基站侧一一对应。

（2）当用户用于传输的参考信号/资源在网络中非唯一确定，则在用户检测之后还需要通过后续数据解读完成用户识别。此时用户的 ID 可以作为 UCI、MAC CE 信息、数据加扰 ID 等被基站获取。

随后，基站会依照是否成功完成用户检测识别，或者是否成功解调该用户数据发送相应的指示给用户端。

2. 2-步接入传输

相比上面提及的处于 RRC-非激活态的用户信息传输，基于 2-步 RACH 的免调度接入的数据传输应用场景更为广泛。作为传统 4-步 RACH 的增强方案，2-步 RACH 需要至少能够通过图 5-8 中的两个步骤完成整个 RACH 的接入，具体如下。

（1）考虑广泛的使用 RACH 接入的场景，用户很有可能缺乏有效的定时信息，如初始接入，或者上行失步触发的 RACH，因此，在图 5-8 所示的步骤 1 中，用于传输用户信息的物理层承载模块需要包含相应的前导序列，以便基站

侧能够完成用户检测/识别和 TA 估计。具体来讲，当分给 UE 的前导序列为专有时，则用户检测与识别过程均可以通过前导检测一体化实现；反之，基站还需要解调后续数据完成用户识别。

目前，常用的物理层承载模块的设计主要包含图 5-10 中所示的方案。

其中，在传统的地面蜂窝网络场景中，方案中所使用的前导序列可沿用当前 4-步 RACH 的序列设计。对于其他场景，如卫星通信和非授权载波业务，考虑到大频偏或 LBT 机制的影响，额外的前导设计也可以被使用。

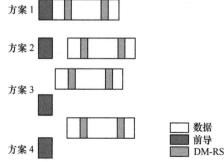

图 5-10　2-步 RACH 中用户信息发送的物理层承载模块

（2）如前所述，为了承载 4-步 RACH 功能/用户业务数据传输功能（如图 5-10 所示），该承载模块还需要包含用户数据传输相应的资源和参考信号等。为了更好地与现有 4-步 RACH 结合，该物理层承载模块中的前导一般会复用现有资源位置，而数据部分需要进一步针对不同的 RACH 格式进行适配。例如，在接入容量有限的情况下，数据可以复用之前用于传输前导的资源模块，但在支持高容量接入时，数据部分资源需要重新定义。

与此同时，考虑到不同的应用场景，上行数据传输中所要承载的用户信息大小不同，如可能包含如下元素。

① 公共控制信道信息。该控制信道信息内容按照 UE 所处的状态进一步可以划分为 RRC 建立信息、RRC 重建信息、RRC 系统小区请求和 RRC 回复信息。消息大小一般在 50 bit 或者 70 bit 左右。

② 专用控制信道信息。该控制信道信息内容包含了特定 UE RRC 状态变更的确认信息、UE 能力等。

③ MAC CE 层相关业务需求。例如，为了支持后续的快速调度，可以在数据传输中对 UE 缓存状态进行上报。

④ 用户业务数据。这部分主要是为了支持快速的用户数据传输，具体传输能力的大小可以根据潜在可用资源和信道状况进行配置；与此同时，传统的上行控制信息（UCI）也可以与业务数据同时传输，有助于快速的 ACK/NACK 反馈与 CSI 上报。

因此，在实际资源配置中，系统一般可以定义多套数据资源，以便能够更好地适配需求。且针对上述方案中前导和数据部分的资源选择和配置，一般可以选择以下两种方案。

方案 1：前导和数据部分的资源以配对的方式定义，用户将直接选取可供传输的组合。

方案 2：前导和数据部分的映射关系由基站定义，用户在选取前导之后按照相应的映射关系索引到用于数据传输的资源块。

与此同时，数据与前导之间的对应关系也可以按照需求从一对一、多对一和一对多中进行选择。其中，当数据与前置之间为一对多映射时，即该资源块被多个潜在用户共享，此时，用户数据在传输时除了采用传统的正交参考信号端口分配等方式以外，还可以使用第 6 章中提到的上行非正交多址技术，以提升资源复用下多用户的解调性能。考虑到该方案在高频场景的应用，为了保证前导和数据接收的统一性，其发送所使用的端口和空间参数配置需要保持一致。

进一步地，如果方案 1 和方案 2 中数据与前导部分所经历的信道变化不大时，该数据部分对应的 DM-RS 可以缺省，已提升数据发送效率。

（3）基站侧在完成上行数据接收后，会依照相应的 UE 检测、识别和数据解调等结果，如图 5-8 中步骤 2 所示，发送相应的反馈信息给终端。具体来看，包含如下潜在场景。

① 前导检测失败。在这种情况下，基站侧无法确定当前是否有用户进行数据传输，将不会发送任何响应，此时用户会采用类似 4-步 RACH 的场景，当在特定响应接收窗内无法获取反馈时，会进行下一次传输。

② 数据检测失败。在这种情况下，基站虽然无法确定当前数据是来自哪个用户，但可以采用广播的方式，将相应的前导对应的 NACK 消息或者回退指示发送给所有 UE。当用户检测到该信息后，如果之前使用了指定前导，那么该 UE 可以直接进行下一次传输；或者当接收到回退指示时，传输机制回退到传统的 4-步 RACH。

③ 前导和数据均接收成功。在这种场景下，基站的反馈又可以分为以下两个分支。

• 基站采用广播的方式发送反馈信息，例如，反馈信息由 RA-RNTI 加扰的 DCI 调度。此时反馈信息中会包含用户指示冲突解决的 ID（例如，被成功检测的用户 ID）。这类应用的主要作用是当多用户共享前导发送未成功检测用户时，方便更快地进行下一次传输。

• 基站采用单播的方式发送反馈信息，例如，反馈内容由基于 C-RNTI 加扰的 DCI 调度。对于被成功检测出来的 UE，该反馈消息中可以包含 ACK/NACK 消息，也可以包含基站对于该用户后续的上下行调度信息。进一步地，为了支持后续上行传输，UL Timing Advanced 调整信息也需要指示给终端。依照该方法，如果某个特定用户未能在预设时间内接收到相应的反馈，则默认该用户之

前的发送失败，原因可能为前述的数据检测失败或竞争接入失败。

在无线通信系统中，当基站在进行上下行调度时，考虑到网络整体的性能，往往会对多个用户依照其地理位置、传输信道特征、业务类型等方面的特征进行联合调度，例如，典型的 MU-MIMO 用户配对。对于用户间的非正交传输，进一步引入该类操作方式也能够通过有效提升多用户之间资源共享效率、抑制多用户间干扰、提升基于 IC 类接收机下的用户检测性能等方式提升系统性能。

【用户分组准则】

在具体操作中，通常的实现方法/准则如下。

（1）基于传输信道特征进行分组。在该种方式下，对于多个用户的数据来看，由于所经历的传输环境具有一定的差异性，最终的数据无论从功率域还是衰落特征上均有一定的区分度。因此，在接收端引入了先进接收机后，多个重叠用户的检测和解调能够比较快速地收敛。如图 5-11 所示，终端-1 与终端-2 因为传输远近问题，若按照相同功率发送，其收端 SINR 具有明显差异。此时，如果将终端-1 与终端-2 分在一组，在类似于 SIC 接收机的基础上，基站能够先解调出终端-1，随后通过 IC 过程检测出终端-2。

进一步地，基于接收功率差异决定的用户分组也可以通过基站的调度配置形成。例如，即使在正常传输过程中，图 5-11 所示的终端-1 与终端-3 之间的接收 SINR 相等，但为了促进用户解调，基站可以配置给终端-3 额外的发送功率差值，最终可以在接收功率域完成终端解调。在这种情况下，组内所使用的多址接入码字可以采用伪正交的方式，但组间可以使用正交资源。或者，该类方案也可以将功率接近的终端分为一组，组内使用的多址接入码字等采用正交的方案，但组间可以使用伪正交方式。

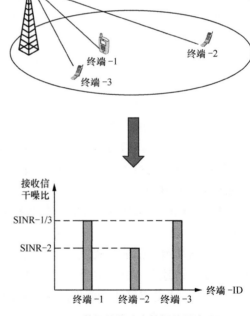

图 5-11 基于接收功率等级的用户分组

（2）基于业务类型分组。对于来自不同用户的数据传输，因为业务量有差异，如图 5-12 所示，在考虑相同资源和 MCS 时，其需要传输的比特数目也有所不同，最终会导致不同用户的等效码率不同。由于在相同误码率的基础上数据解调所需要的 SINR 与码率成正比关系，如果将码率差异较大的两个用户分为一组，使用相同的资源等传输，则基站可以优先检出业务量小的用户，并通过 IC 过程进行消除，进一步成功解调业务量大的用户。

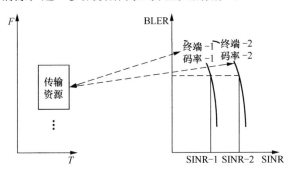

图 5-12　基于用户业务量的分组

（3）基于不同的传输假设。对于多用户非正交接入，如果特定用户群组在初始传输时失败，一般情况下后续依然会占用相同的传输资源和假设，这种情况下会导致在该资源上同时传输的用户数在特定时间内持续较高（重传用户与初传用户），进而导致大量用户性能恶化。进一步地，对于重传用户，为了提升发送成功率，系统往往会采用额外的传输配置，如低 MCS、功率攀升等方案，因此，将初传用户与重传用户分为不同的组，能够在保证所有初传用户性能稳定的情况下，更加灵活地对重传用户进行传输顽健性增强。

【用户分组实现】

用户分组的实现针对不同的场景，主要有以下两种模式。

（1）通过基站信令配置实现基于用户分组的传输。这种方案适用于所有用户都处于 RRC-激活状态。在这种情况下，基站可以依照实时测量等高效地完成用户分组。当用户接收到用于传输的配置信息或者所属分组对应的传输配置信息时，将会依照配置实现相应的数据传输。

（2）通过 UE 自组织方式实现用户分组传输。这种方式适用于免调度传输场景，且对用户所处的 RRC 状态无要求。在这种场景下，如图 5-13 所示，基站通过广播的方式将潜在的多套传输配置发送给服务区的用户，其中，该多套传输配置从基站角度来讲，隐式的对应不同的用户分组。当用户收到这些配置后，会进一步依照自身状况，选择最佳的传输配置进行上行数据传输，此时，特定用户对于服务区内其他用户的选择等是无感知的。随后，基站通过按照之前广播的多套传输配置逐一完成用户检测和相应数据解调，在相同配置下被检测的用户，从基站角度来看则归属为一组。在后续的传输中，进一步实现 UE

分组级别的调度。

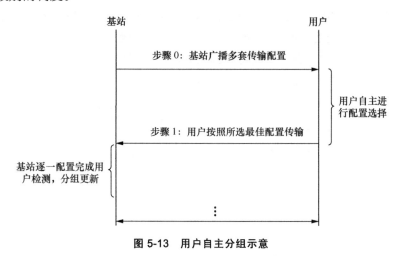

图 5-13　用户自主分组示意

|5.2　仿真评估方法简介|

5.2.1　链路仿真总体配置及评定指标

链路仿真的评定指标分为两个方面：性能评定指标以及与实现难度相关的评定指标。其中，性能评定指标至少包含以下 3 项。

（1）在给定单个用户的频谱效率以及用户数目的条件下，相对每用户 SNR 的总的 BLER。最终的呈现方式为一条 BLER vs SNR 的曲线，这一指标也是评判链路仿真性能的最常用指标。一般情况下，发射端设计和接收机算法是影响 BLER 性能的最大因素，另外，合适的调制阶数和码率也会对链路性能产生积极的影响。

（2）在给定单个用户的频谱效率以及用户数目的条件下，相对目标 BLER 处的 SNR 的总吞吐量。这一指标通常用来衡量小区的吞吐量速率，与 BLER vs SNR 指标可以相互转化。

（3）最小耦合损耗（MCL）。信号从终端到天线，从天线到基站接收机都存在损耗，它可以用来衡量基站的覆盖范围。

与实现难度相关的评定指标至少包含以下两项。

（1）峰均比/立方度量（PAPR/CM）。通常来说，功率放大器的动态范围是有限的，如果峰均比/立方度量的值比较大，对于终端来说实现的成本就会比较高。

（2）接收机的复杂度和处理时延。接收机的复杂度很显然是和成本息息相关的，复杂度越高实现的代价就越大，而处理时延则会对 QoS 产生较大影响，一些对 QoS 要求很高的场景，如无人驾驶，对处理时延有很高的要求。

5.2.2　系统仿真总体配置及评定指标

上行非正交多址接入的系统级评估将考虑 mMTC、eMBB 小包、URLLC 这 3 个场景，在各个场景下采用的业务模型、评估方法、性能指标具体描述如下。

1. mMTC 场景

（1）业务模型

mMTC 场景下采用的业务模型参考了 NB-IoT 容量评估中采用的业务模型[1]，每个 UE 的业务包大小同样为 20~200 byte 的帕累托分布，成形参数 $\alpha = 2.5$，并且需要额外考虑 29 byte 的高层协议开销，不同的是，在 mMTC 场景的业务模型中，每个 UE 的业务到达情况服从到达率为 λ 的泊松分布。

每个 UE 在进行业务传输时，可以建模无线链路控制（Radio Link Control，RLC）层的分段功能，也就是将业务包分为多个传输块（Transmission Block，TB），但是，需要额外考虑 RLC 层和 MAC 层的头开销，总共可以假设为 5 byte。

（2）评估方法

基于免调度传输方式进行性能评估，首选的是采用 5G NR 中定义的基于 Configured Grant Type 1 或 Configured Grant Type 2 的上行传输机制。在该方式下，基线方案可以半静态地配置各个 UE 使用的时频资源和 DMRS，不采用扩展等 NOMA 发射端处理，也就是说发射端处理与现有系统一致，用于性能对比。对于上行 NOMA，各个 UE 使用的时频资源、DMRS 以及签名序列同样是半静态配置的。通过半静态配置，通常可以保证 DMRS 不发生碰撞，如果签名序列集合足够大，也可以保证签名序列不发生碰撞。

其次，还可以考虑基于随机选择的免调度传输方式。在该方式下，基线方案中各个 UE 可以随机选择其使用的时频资源、导频或 DMRS，发射端处理与现有系统一致，用于性能对比。对于上行 NOMA，各个 UE 的传输资源、导频或 DMRS 以及签名序列同样是随机选择的。对于这种传输机制，需要在仿真评估中考虑和建模碰撞的影响。

（3）性能指标

在 mMTC 场景下，主要关注的一个性能指标是在一定的业务包到达率（Packet Arrival Rate，PAR）时的丢包率（Packet Drop Rate，PDR），或者可以反过来讲，即当丢包率 PDR 达到指定值（如 1%）时支持的 PAR。其他还可以关注的性能指标包括传输时延、干扰噪声比（Interference over Thermal，IoT）、资源利用率（Resource Utilization，RU）等。

这里，丢包率定义为丢弃的业务包与生成的业务包的比值，其中，丢弃的业务包指的是：当丢包计时器溢出时，业务包仍然没有被接收机成功译码，则认为该业务包丢包；或者，当超过最大 HARQ 传输次数后，业务包仍然没有被接收机成功译码，则认为该业务包丢包，其中，最大 HARQ 传输次数可以设置为 1 或 8 等。

2. eMBB 小包场景

（1）业务模型

eMBB 场景下采用的业务模型可以参考 3GPP 在 LTE eDDA（Enhancements for Diverse Data Applications）议题中的研究成果，该议题对典型小包业务进行了调研，包括后台业务、即时消息业务等。根据 LTE eDDA 中得到的业务包大小的分布情况（已经包含了高层协议开销），通过分析可以发现，这些业务的数据分组大小统计上也是服从帕累托分布的。因此，进一步通过拟合和修正，在 eMBB 场景下，每个 UE 的业务包大小可以采用 50～600 byte 的帕累托分布，成形参数 $\alpha = 1.5$，并且不再考虑额外的高层协议开销。每个 UE 的业务到达情况服从到达率为 λ 的泊松分布。

另外，与 mMTC 场景类似，在每个 UE 进行业务包传输时，可以建模 RLC 层的分段功能，也就是将业务包分为多个 TB，但是，需要额外考虑 RLC 层和 MAC 层的头开销，总共可以假设为 5 byte。

（2）评估方法

与 mMTC 场景类似，基于免调度传输方式进行性能评估，首选的是采用 5G NR 中定义的基于 Configured Grant Type 1 或 Configured Grant Type 2 的上行传输机制。基线方案可以半静态地配置各个 UE 使用的时频资源和 DMRS，发射端处理与现有系统一致，用于性能对比。对于上行 NOMA，各个 UE 使用的时频资源、DMRS 以及签名序列同样是半静态配置的。通过半静态配置，通常可以保证 DMRS 不发生碰撞，如果签名序列集合足够大，也可以保证签名序列不发生碰撞。其次，也可以考虑基于随机选择的免调度传输机制。

eMBB 场景下除了采用免调度方式还可以采用基于动态调度的传输方式进行性能评估，此时需要关注信令开销，因此，一般需要采用同时包含下行传输过程和上行传输过程的仿真平台进行系统级评估。

（3）性能指标

在 eMBB 场景下，采用免调度传输方式时，主要关注的性能指标同样与 mMTC 场景类似，即在一定 PAR 时的 PDR，或者，当 PDR 达到指定值（如 1%）时支持的 PAR。其中，丢包率的定义与 mMTC 场景相同。另外，还可以关注传输时延、干扰噪声比（IoT）、资源利用率（RU）等性能指标。

采用动态调度传输方式时，主要关注的性能指标是用户体验速率，即在一定的 PAR 时的用户体验速率，或者，当 PDR 达到指定值（如 1%）时的用户体验速率。另外，还可以关注信令开销、干扰噪声比（IoT）等性能指标。

3. URLLC 场景

（1）业务模型

URLLC 典型业务的数据包通常比较小，因此，URLLC 场景下可以采用业务包较小并且固定的业务模型，每个 UE 的业务包大小可以设置为 60 byte 或 200 byte，不考虑额外的高层协议开销，每个 UE 的业务到达情况服从到达率为 λ 的泊松分布或者是周期的。在本书后续的仿真评估中，将采用泊松分布的业务模型。

URLLC 业务的主要需求是高可靠性和低时延传输。在上行 NOMA 的系统级评估中，可靠性目标为 99.999%。当业务包大小为 60 byte 时，传输时延目标为 1 ms；当业务包大小为 200 byte 时，传输时延目标为 4 ms。

（2）评估方法

基于免调度传输方式进行性能评估，采用 5G NR 中定义的基于 Configured Grant Type 1 或 Configured Grant Type 2 的上行传输机制。基线方案可以半静态地配置各个 UE 使用的时频资源和 DMRS，发射端处理与现有系统一致，用于性能对比。对于上行 NOMA，各个 UE 使用的时频资源、DMRS 以及签名序列同样是半静态配置的。通过半静态配置，通常可以保证 DMRS 不发生碰撞，如果签名序列集合足够大，也可以保证签名序列不发生碰撞。

由于 URLLC 的可靠性目标是 99.999%，在使用上述业务模型进行系统仿真时，为了达到这一可靠性目标，仿真复杂度会非常高，仿真时间会很长。因此，可以考虑一种简化的评估方法：将一个 UE 传输的各个业务包的 BLER 的平均值作为该 UE 的传输可靠性。

（3）性能指标

在 URLLC 场景下，如上所述，主要关注的性能指标是可靠性和时延，因此，按照上述简化的评估方法，可以将满足可靠性和时延需求的用户的比例作为一个主要性能指标，即在一定的业务包到达率时满足可靠性和时延需求的用

户比例；或者，当满足可靠性和时延需求的用户比例达到指定值（如95%）时支持的 PAR。另外，还可以观察各个 UE 的可靠性分布、干扰噪声比（IoT）、资源利用率（RU）等。

| 5.3　发射侧方案和接收机类型简介 |

上行非正交多址在发射侧的方案大致有 3 类，如图 5-14 所示。在图中，白色底的图框代表目前协议（基于正交多址）已经支持的信号处理模块，它们依次为信道编码、传统的比特交织、传统的比特扰码、NR 传统的调制方式、变换预编码（如采用 DFT-s-OFDM 波形）、资源映射。为了支持非正交多址技术，可以引入新的处理模块，如灰色底的图框[4]，包括如下几类。

- 符号级线性扩展类。在传统调制之后进行符号级别的扩展，以便区分不同用户的调制符号。传输速率与扩展长度有关，一般地，扩展系数越大，传输速率越低，扩展序列之间的相关度越小。

- 比特级处理类。在信道编码之后，对编码序列进行每个用户专用的比特级交织（UE Specific Interleaving）。注意，这里的比特交织器与传统的比特交织的区别在于前者是用户专用，而后者是用户公用，即当不同用户的码率和码长都相同时，所有用户的比特都采用同样的交织图样进行交织。

- 多维调制类。信号调制与符号扩展联合设计，用一套码本，将编码比特直接映射成调制符号的扩展序列。

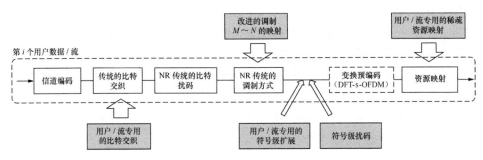

图 5-14　NOMA 发射侧方案在处理模块框图中的体现

在图 5-14 中还标有稀疏性的资源映射，与现有的协议有所区别，稀疏映射也可以通过符号级线性扩展和多维调制的码本来等效实现，所以在此并不单独列为一类方案。另外，以上 3 类方案的处理模块不仅可以用于一个用户，还可以用于一个用户的每一数据流（Branch）。关于 Multi-branch 的传输在第 6 章有详细叙述。

　　传统的移动通信系统以正交传输为主，因此，信道编码的设计通常都是基于单用户的。对于多用户的非正交叠加传输，学术界有一些相应的研究[5]。在 3GPP NOMA 研究的初始阶段，也有公司提出通过优化 NR 的 LDPC 码来提高非正交传输的系统容量[6]。但考虑到 NOMA 研究项目的主要对象还是信号的扩展、调制、交织、加扰等处理，所以并没有在 NR 的 R16 对信道编码作任何增强。

　　发射侧方案是 NOMA 的一个基础，但要达到满意的性能，还需接收侧的配合。NOMA 传输通常需要配有先进接收机。接收机的通用结构框图如图 5-15 所示，主要由解调器、译码器和干扰消除 3 个模块构成。解调器主要完成信号的解调，其输出的是每个编码比特的对数似然比，即编码软比特（Soft Bit）；译码器主要完成信道编码的译码，输出信息硬比特（作为最终的判断）或者信息软比特（以待进一步更新和改良）；干扰消除模块这里用虚线框的原因是对于基于软比特迭代的接收机，其干扰消除经常融于解调器当中。

图 5-15　NOMA 先进接收机的一般框图

　　传统的单用户正交传输的接收机通常只包含解调器和译码器，很少带有干扰消除模块，也不需要解调器与译码器之间做迭代。在 3GPP，此类传统接收机在上行链路中习惯被称为最小均方误差的干扰抑制合并（Minimum Mean Squared Error–Interference Rejection Combining，MMSE-IRC），注意这里的 MMSE 是特指多个接收天线之间的空域 MMSE。IRC 通过空域 MMSE 线性处理的方式，抑制用户间的干扰，而不是以非线性的方式彻底消除干扰。

　　NOMA 先进接收机大体分以下 3 类。

　　（1）MMSE-Hard IC。在检测器中采用扩展码域和空域的联合 MMSE，抑制用户间的干扰，输出似然比；译码器输出硬比特。在干扰消除模块中，用译码器输出的硬比特来重构干扰信号，并从接收信号中剔除出去。多个用户的干扰消除可以是串行的逐个进行，或者是并行的同时进行，或是混合式的。这类接收机的典型应用是符号线性扩展类的传输方案。MMSE Hard IC 接收机的整

体架构与传统接收机（如 MMSE IRC）有较多的共同点，其计算复杂度和实现成本比其他两类先进接收机低。

（2）ESE + SISO。在解调器中做空域的 MMSE 和比特级的 ESE 算法。译码器输出软比特信息，反馈至解调器，通过 ESE，经过解调器与译码器之间的多次外迭代，逐渐提升调制符号的似然比。此类接收机适合比特级处理的传输方案，计算复杂度较高。

（3）EPA + SISO。在解调器中做空域的 MMSE 和 EPA 算法，需要多次内迭代。译码器输出软比特信息，反馈至解调器，通过 EPA 内迭代，再经过解调器与译码器之间的多次外迭代，逐渐提升编码比特的似然比。此类接收机适合多维调制的传输方案，但计算复杂度很高。

NOMA 接收机与发射侧方案的典型配对见表 5-3，这些发射方案将在第 6 章做全面介绍。

表 5-3　NOMA 接收机与发射侧方案的典型配对

发射侧方案类型	发射侧方案	典型接收机
符号级线性扩展	多用户共享接入（Multi-User Shared Access，MUSA）	MMSE-Hard IC（通常） EPA + SISO（高频谱效率情形）
	非正交码接入（Non-Orthogonal Code Access，NOCA）	
	Welch 界扩展的多址接入（Welch-Bound Spreading Multiple Access，WSMA）	
	资源共享的多址接入（Resource-Shared Multiple Access，RSMA）	
	非正交码的多址接入（Non-Orthogonal Coded Multiple Access，NCMA）	
	用户分组的多址接入（User Grouped Multiple Access，UGMA）	
	模式分组的多址接入（Patten Division Multiple Access，PDMA）	
比特级处理	低码率扩展（Low Code Rate Spreading，LCRS）	ESE + SISO（通常） LCRS 也可用 MMSE-Hard IC
	交织分组的多址接入（Interleaver-Division Multiple Access，IDMA）	
	异步扩展的多址接入（Asynchronous Spreading Multiple Access，ASMA）	
	交织网格的多址接入（Interleaved Grid Multiple Access，IGMA）	
多维调制	稀疏码分多址接入（Sparse Coded Multiple Access，SCMA）	EPA + SISO

符号级线性扩展其实在 3G 的 CDMA 上行中已被用到，但那里的扩展码通常比较长，如 16、32、64，适合低速率类的语音业务，对于长的扩展码，结构性设计的要求降低，一般使用随机序列，便能够达到较好的性能。长码具有较高的处理增益（Processing Gain），接收端可以采用简单的 Rake 接收机，即一种最大比例合并（MRC）接收。在此情形下，不同用户的到达功率应该尽量相近，以保证系统容量的最大化。这就需要做闭环的功率控制，并且工作在 RRC 连接态。而这些部署条件都是与 5G 上行的免调度 NOMA 中的第一类方案（符号级扩展）的设计有很大区别的。

┃参考文献┃

[1]　3GPP, R1-1809437. System level performance evaluation for NOMA, Qualcomm, RAN1#94, August 2018, Gothenburg, Sweden.

[2]　3GPP, R2-1701932. Quantitative analysis on UL data transmission in inactive state, ZTE, RAN2#97, February 2017, Athens, Greece.

[3]　3GPP, TR 36.822. LTE radio access network (RAN) enhancements for diverse data applications.

[4]　3GPP, TR 38.812. Study on non-orthogonal multiple access (NOMA) for NR.

[5]　Y. Zhang, K. Peng, and J. Song. Enhanced IDMA with rate-compatible raptor-like quasi-cyclic LDPC code for 5G, in Proc. IEEE Globecom Workshops, Singapore, December 2017, pp. 1-6.

[6]　3GPP, R1-1801888. Spectral efficiency of NOMA-optimized LDPC code vs. LTE turbo code for UL NOMA, Hughes, RAN1#92, February 2018, Athens, Greece.

第 6 章

上行发射侧方案和接收机算法

発 射侧方案有三大类：① 基于短码的线性扩展，其典型接收机是MMSE 的硬干扰消除（Hard IC）；② 基于比特级的处理，其典型接收机是 ESE+软入软出译码器（SISO）；③ 基于多维调制的扩展，其典型接收机是 EPA+软入软出译码器。3 种接收机的性能潜力依次有所提高，但复杂度也明显增加。多流传输有助于提高每个用户的频谱效率，但代价是并发用户数的减少。

| 6.1　基于短码的线性扩展和典型接收算法 |

　　基于符号级线性扩展的 NOMA 方案，其处理流程如图 6-1 所示。与传统的基于正交资源的传输相比，基于扩展的 NOMA 方案进一步挖掘码域和功率域的资源以及先进接收机的能力。该类 NOMA 方案在发射端通过对调制后的数据符号进行扩展，不同用户选用非正交的扩展码本，将扩展后的数据叠加在同一份时频资源上进行传输。而在接收端，通常采用干扰消除算法进行串行或者并行译码，其主要原理是利用各用户对应的扩展序列进行相关解扩，达到抑制用户间干扰的效果，从而使强用户（接收信干噪比较高）的信号能够优先译码，接着将译码正确的用户数据进行重构并从叠加的接收信号中消去，进而可以提升剩余弱用户数据的信干噪比，然后对弱用户进行译码尝试。为了取得高过载，基于短码的符号扩展，通常接收机都会比基于长码的要简单，尤其是在基站有多根接收天线的场景。

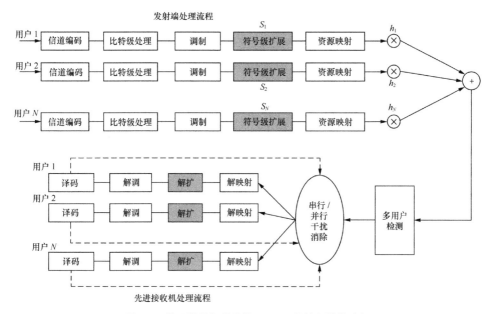

图 6-1　基于符号级扩展的 NOMA 发射和接收流程

6.1.1　设计的基本原理

追求过载接入，是基于短码的线性扩展接入的主要目的。所以扩展码设计的主要目标就是要支持高效灵活的过载接入，这会对码本的互相关、大小、嵌套性、稀疏性等提出要求。在实现这个主要目标的前提下，再追求低峰均比，收发机实现简化这两个特性。

这里一个码本是指包含若干条"能量归一化"的扩展码（或序列）的集合，而一个包含 K 条 L 长 "能量归一化" 的扩展码的码本 $\{s_k\}$，$s_k \in C^L$，$\|s_k\|^2 = 1$，$k = 1, \cdots, K$，可以简记为 C（L，K）。

就码本本身而言，互相关是最重要的属性。码本大小和码字互相关有一个定性的约束：码本越大，则码字的互相关就越大。在应用码本的非正交多址接入场景，码本越多，可支持的非正交用户就越多，但用户间的干扰越大。

Welch 界是关于码本 C(L, K)中码字互相关的最基本的界，其详细的推导可以参考文献[1]。这里根据文献[1]定义两类 Welch 界相关的码本。

1. TBE（TSC Bound Equality）码本

这类码本的设计准则为最小化码字相关平方和（TSC，Total-Squared-Correlation）$T_c \triangleq \sum_{i,j} |s_i^H s_j|^2$。注意，这个 TSC 的定义是包含自相关的。具体

而言，对于 $C(L, K)$ 码本，其 TSC 有一个下界，即 $T_c \geqslant K^2 / L$，所以将满足 TSC 边界条件 $T_c = K^2 / L$ 的码本称为 TBE 码本。

TBE 码本仅取得"码字相关平方和"的最小化，但对任意两个码字的互相关并没有约束。所以有些满足 TBE 准则的码本，其码字互相关的范围是很大的，即有些码字互相关很小，但有些码字互相关很大，甚至互相关为 1。举一个简单又极端的例子，将一个 $L \times L$ 酉阵重复 R 次，可以构成一个包含 $L \times R$ 条 L 长码字的 $C(L, L \times R)$ 码本。显然这样的码本没有任何意义和价值。其码字互相关范围也最极端：有些码字互相关为 0，有些码本互相关为 1。但是，这个由酉阵重复而成的码本的 $T_c = L \times R^2 = \dfrac{(L \times R)^2}{L}$，所以是满足 TBE 准则的，因而是 TBE 码本。

从这个极端的例子可以看出，实用的 TBE 码本还要追求码字最大互相关尽量小，也即码字互相关的范围不能太大。下面简单介绍几种实用的 TBE 码本：

- ECMU（Equal Cross-correlation Multiple Unitary Matrix）码本；
- LCMU（Low Cross-correlation Multiple Unitary Matrix）码本；
- 计算机生成（Computer Generating）码本，即 CG-TBE 码本。

下面详细说明这几种码本。

（1）ECMU 码本

由重复的酉阵构成的码本是无意义的，但由不同的酉阵构成的码本是很有意义的，这种码本这里定义为"多酉阵码本"。不难证明，多酉阵码本是 TBE 码本。

ECMU 码本是一类重要的多酉阵码本，此类码本不同的 $L \times L$ 酉阵序列互相关都是 $1/\sqrt{L}$，最多可以包含（$L+1$）个 $L \times L$ 酉阵。著名的 ZC（Zadoff-Chu）序列能量归一化后，就构成一个 ECMU 码本。因为 ZC 序列同根的 L 条序列是正交的，可以构成一个 $L \times L$ 的酉阵。而 ZC 序列有 $L-1$ 个不同的根，不同根的 ZC 序列互相关则是 $1/\sqrt{L}$。所以 ZC 序列能量归一化后，可以生成一个包含（$L-1$）个 $L \times L$ 的酉阵的 ECMU 码本。

ECMU 码本的互相关属性是非常好的，原因如下。

- 由（$L+1$）个不同的 $L \times L$ 酉阵构成的 ECMU 码本，其不同酉阵的序列互相关值 $1/\sqrt{L}$ 是理论最小的。
- 使用 ECMU 码本作为多用户接入码本，其实可以达到"用户分组"的效果。具体地，每个 $L \times L$ 酉阵都可以分给 L 个用户作为一组。这样组内用户是正交的，组间用户的互扰是最小的。可以有以下 3 个地方利用这种"用户分组"。

① 可以将功率相当的用户归为一组，分配一个酉阵内的正交序列，而给不同功率的用户分配不同酉阵的序列。这样可以联合利用码域和功率域，获得

最优的接入性能。当然要获得这个好处，不仅需要基站的调度，还需要准确及时的功率信息。这两点对某些系统来说并不容易实现，例如，追求免调度的系统或者终端有一定移动速度的系统。

② 可以简化 SIC 的多用户检测。因为 SIC 迭代中每一轮可以并行解调当前最强的一组正交用户，这样可以减少 SIC 处理链的迭代次数，从而简化实现难度。同样，这个也需和上面类似，不仅需要基于基站的调度，还需要准确及时的功率信息。

③ 如果用户是递增接入的，也就是接入用户是先来几个，然后再来几个，逐渐增加的。这样的情况，使用 ECMU 码本可以给先来的用户尽量分配一组正交序列，这样可以取得最优性能，后面再来用户时，再分配不同组的序列。ECMU 序列可以较好地支持"递增接入"场景。

（2）LCMU 码本

虽然 ECMU 码本的互相关属性很好，但 ECMU 码本的大小有一个上限，即 $K \leqslant L^2 + L$。对于短码来说，L 较小，则 K 也不是很大，这会限制 ECMU 码本在一些高过载场景的应用。而且有些码字长度为 L，到目前为止还找不到（$L+1$）个码字互相关值为 $1/\sqrt{L}$ 的酉阵。例如，长度为 6 的码字，目前为止只找到 3 个 6×6 的酉阵能满足不同酉阵的序列互相关值 $1/\sqrt{6}$。这两点会限制 ECMU 码本的适用面或灵活性。

适当放宽酉阵之间的互相关约束，即允许酉阵序列的互相关大于 $1/\sqrt{L}$，则可以找到多于（$L+1$）个 $L \times L$ 的酉阵，也就是找到比 ECMU 码本更大的"多酉阵码本"。当然比 ECMU 大的"多酉阵码本"要具备实用性，就不能走重复酉阵的老路，而是需要酉阵序列的互相关尽量小。这里将比 ECMU 大，且不同酉阵序列的互相关尽量小的"多酉阵码本"称为 LCMU 码本。

多于（$L+1$）个 $L \times L$ 的酉阵，其酉阵序列最大互相关的最小化问题，目前还有待解决。现在从应用角度举例说明，可以找到比 ECMU 码本大得多的 LCMU 码本。

表 6-5 实际是一个由 16 个 4×4 酉阵构成的 LCMU（4，64）码本，不同酉阵码字的互相关最大是 0.7906。如果加上单位阵，就可以构成一个包含 17 个 4×4 酉阵 LCMU（4，68）码本，不同酉阵码字的互相关最大也是 0.7906。而 $L = 4$ 的 ECMU 码本，最多只有 5 个 4×4 酉阵，也就是 20 条码字，简记为 ECMU（4，20）。显而易见，MUSA 序列构成的 LCMU 码本要比 ECMU（4，20）码本大得多。但 MUSA 的 16 个酉的序列互相关最大是 0.7906，大于 ECMU（4，20）码本的组间 $1/\sqrt{4}$ 的互相关。虽然如此，MUSA 序列构成的 LCMU 码本由于可以比 ECMU 大得多，这对于一些场景来说，如高过载或基于竞争的免调度

有更大的应用价值。

进一步，如果将 MUSA 码本 16 个酉阵等分成 2 份，每份 8 个酉阵的序列互相关最大是 $1/\sqrt{2}$，再加上一个单位阵，就可以构成一个 LCMU（4，36）码本，显然比 ECMU（4，20）码本要大得多。LCMU（4，36）的互相关最大是 $1/\sqrt{2}$，比 $1/\sqrt{4}$ 稍大，所以也很有应用价值。

再进一步，如果将 MUSA 码本 16 个酉阵分成 4 份，每份 4 个酉阵的序列互相关都是 $1/\sqrt{4}$，所以每份 4 个酉阵再加上单位阵后，都是一个 ECMU（4，20）码本。

最后指出，类似 MUSA 这样的 LCMU 码本，除了比 ECMU 码本大得多之外，还能完全继承前述的 ECMU 序列实现"用户分组"所带来的 3 个优点：① 最优利用码域和功率域；② 简化 SIC 的实现；③ 更好地支持"递增接入"。

（3）CG-TBE 码本

ECMU 码本和 LCMU 码本都是由低互相关酉阵构成的 TBE 码本，可以说是有一定结构性的 TBE 码本，也有一定程度的解析设计方法。但有些 L 和 K，只能通过计算机生成满足 TBE 条件的码本，这类码本这里统称为 CG-TBE 码本。有两类方法可以产生 CG-TBE。

① 码字元素取自有限集合的短码，可以通过计算机遍历所有码字，并以一定准则排除互相关高的码字，留下互相关低的码字。通过合理的准则和门限，这种方法通常可以生成 TBE 码本。

② 迭代构造法，有很多种迭代方法可以构造 TBE 码本，例如，文献[2]中的 IA（Interference Avoidance）方法，文献[3]中基于 MMSE Filter 的方法，都属于迭代构造 TBE 码本的方法。

2. Welch Bound **码本和** ETF（Equiangular Tight Frame）**码本**

Welch 界（Welch Bound）限定了 $C(L, K)$ 码本的最大互相关的下界，也即 $\max\{|\,s_i^H s_j\,|\} \geqslant \sqrt{\dfrac{K-L}{L(K-1)}}$。所以，满足 Welch 界等式条件，即 $\max\{|\,s_i^H s_j\,|\} = \sqrt{\dfrac{K-L}{L(K-1)}}$ 的 $C(L, K)$ 码本可称为 WBE 码本。有些文献将该类码本称为 MWBE（Maximum Welch-Bound-Equality）码本。

WBE 码本有一个特性：即 $|\,s_i^H s_j\,| = \sqrt{\dfrac{K-L}{L(K-1)}}$，也就是说任意两个码字的互相关是全等的。所以 WBE 码本又被称为 ETF（Equiangular Tight Frame）码本。WBE 码本肯定是 TBE 码本，但反过来 TBE 码本很多都达不到 WBE 条件。从上面介绍的各种 TBE 码本也可以看出这一点。可以说 WBE 是码本互相关的"紧

界"(Tight Bound)，与此相对，TBE 可以认为是"松界"(Loose Bound)。

对于基于短码线性扩展的接入来说，WBE/ETF 码本还有以下两个重要特点。

（1）WBE/ETF 码本数量有一个上限，即 $K \leqslant L^2$。这点与 ECMU 码本类似，但 WBE/ETF 码本通常比 ECMU 码本还要小。这就意味着为了采用 WBE/ETF 序列，系统过载率也会有一个上限，即 $\frac{K}{L} \leqslant L$。对于短码来说，这个上限意味着系统过载不高。当 $K=L^2$ 时，ETF 码本的任意两个码字的互相关都是 $1/\sqrt{L+1}$。例如，$L = 4$ 的 ETF 码本，最多可以有 16 条码字，码字互相关都是 $1/\sqrt{5}$。

（2）WBE/ETF 码本是稀疏的[4]。也就是说，大部分(L, K)配对，都是不存在 ETF $C(L, K)$码本的，如表 6-1 所示，"—"表示对应的(L, K)配对是设计不出 ETF 码本的，"R"代表存在实数的码本，"C"代表存在复数的码本。例如，一个包含 12 条长为 4 的扩展码的 ETF 码本是不存在的。但是一个包含 13 条长为 4 的扩展码的 ETF 码本是存在的。这个特性给系统灵活性带来一些制约。

表 6-1　ETF 的 C(L, K)码本的存在性

K	L					K	L				
---	2	3	4	5	6		2	3	4	5	6
3	R	R	—	—	—	20	—	—	—	—	—
4	C	R	R	—	—	21	—	—	—	C	—
5	—	—	R	R	—	22	—	—	—	—	—
6	—	R	—	R	R	23	—	—	—	—	—
7	—	C	C	—	R	24	—	—	—	—	—
8	—	—	C	—	—	25	—	—	—	C	—
9	—	C	—	—	C	26	—	—	—	—	—
10	—	—	—	R	—	27	—	—	—	—	—
11	—	—	—	C	C	28	—	—	—	—	—
12	—	—	—	—	C	29	—	—	—	—	—
13	—	—	C	—	—	30	—	—	—	—	—
14	—	—	—	—	—	31	—	—	—	—	C
15	—	—	—	—	—	32	—	—	—	—	—
16	—	—	C	—	R	33	—	—	—	—	—
17	—	—	—	—	—	34	—	—	—	—	—
18	—	—	—	—	—	35	—	—	—	—	—
19	—	—	—	—	—	36	—	—	—	—	C

需要指出的是，由于种种原因，有些文献和标准提案将满足 TSC 边界条件 $T_c = K^2/L$ 的码本称为 WBE 码本（Welch Bound Equality Codebook）或 WB 码本（Welch Bound Codebook）。严格来说，这不够贴切 Welch Bound 原本的思想，因为 Welch Bound 起初是研究 "Lower Bounds on the Maximum Cross Correlation of Signals" 的，并不是研究 Total-Squared-Correlation 的。所以这里再次进行强调：这里，WBE 码本就是上面满足 $\max\{|s_i^H s_j|\} = \sqrt{\dfrac{K-L}{L(K-1)}}$ 的码本。而满足 TSC 边界条件 $T_c = K^2/L$ 的码本，这里称为 TBE 码本。

3. 结合具体场景的码本设计准则

追求高性能的过载接入（Overloading Access）是非正交线性扩展的主要目标，而过载接入严格意义上可以分为以下 3 种情况。

（1）基于调度的固定过载率接入，同时接入的 K 个用户是基站通过动态调度安排好的，或者通过半静态调度预先安排好的，基站给每个用户分配一条长度为 L 的序列，$K > L$。这种情况系统需要一个包含 K 条长度为 L 的扩展码集合，也即扩展码本。如果是通过半静态调度机制预先安排的 K 个用户，那么其到达率或者激活率是 1。

（2）基于半静态调度的可变过载率接入，潜在接入的 K 个用户是基站预先调度安排好的，基站给每个用户预先分配一条长度为 L 的序列，$K>L$。但 K 个用户并不是每次都接入，也即到达率或者激活率是小于 1 的。这种情况系统也需要一个包含 K 条长度为 L 的扩展码本。这种接入下"过载"的定义严格来说可以有两种，假设 K 个用户的平均激活率或到达率是 λ，则第一种过载定义，只要 $K > L$ 即为过载，而不用要求 $\lambda K > L$；相对地，第二种过载定义，要求 $\lambda K > L$。

（3）免调度过载接入，每次接入是用户自主（Autonomously）发起的，扩展码也是用户自主选择从一个包含 K 条长度为 L 的扩展码本中选择的。这种接入的过载，意味着平均每次发起接入的（激活的）用户数大于扩展长度 L。由于用户是自主地从扩展码集合中选择扩展码，因此，会发生不同用户选择了相同扩展码的情况，也即扩展码的碰撞。为了减少扩展码碰撞的概率，通常 K 会数倍于 L。

显然，前两种方式的扩展码都是基站调度安排好的，也即通过"非竞争式"获得的。进一步，前两种都涉及的半静态调度机制，由于可以免去"动态的调度申请"，因此，有时也可以称为"免调度"。所以，前两种方式应用于半静态调度时，实质就是第 5 章及第 7 章所述的"非竞争式免调度接入"。相对地，第三种接入方式中，不同用户的扩展码是自主地去一个预设扩展码集合中选择的，这个过程是"竞争式"的。因此，第三种接入也就是第 5 章及第 8 章所述的"竞争式免调度接入"。

可见，上述 3 种过载接入方式虽然都要求非正交过载接入，但各自也有一些特点，因此，对码本的要求不尽相同，下面结合这 3 种具体场景再进一步讨论码本的设计准则。

为了叙述方便，第一种方式中的"K"后面记为"K_1"，第二种方式中的"K"后面记为"K_2"，第三种方式中的"K"后面记为"K_3"。

（1）面向基于调度的固定过载率接入的码本设计准则

这种方式的主要特点如下：

K_1 个分配了扩展码的用户都会接入，不会出现其中一些用户不接入的情况，也即接入码本就是分配的码本，所以接入码本可以预先设计好。

如果接入用户数 K_1 和扩展序列长度 L 满足一定的关系，即（L，K_1）的配对满足一定的关系，则可以采用性能最优的码本（如 WBE/ETF 码本）来作为接入码本。如果基站只有一根接收天线，且各用户到达率相等，则采用互相关最优的 WBE/ETF 码本，可以转化为最优的接入性能。因为在这种情况下，没有空域和功率域的多用户分辨能力，而 WBE/ETF 码本是互相关全等且最小的码本，用户间干扰最小化，可以提供最优的码域多用户分辨力。

但由于 WBE/ETF 码本是稀疏的，如表 6-1 所示，因此，有些接入用户数是找不到 ETF 码本的。例如，如果系统需要长度为 4 的扩展码，而且刚好有 12 个用户申请接入，但系统没办法找到（4，12）的 WBE/ETF 码本。所以，即使是基于调度的固定过载率接入，WBE/ETF 的适用面和灵活性也有一定问题，这是采用 WBE/ETF 码本的代价。

另外，如果基站有多根接收天线，或者存在远近效应（不同用户的到达功率有强有弱），或者两者都有，则由于空域和功率域也有一定的多用户分辨能力，这样能减轻对码本互相关最优性的需求，如前面所述，ECMU 码本和 LCMU 码本，都能利用其组内正交组间低互相关的多酉阵码本特性实现"用户分组"的两个优点：① 最优利用码域和功率域；② 简化 SIC。所以这种情况下使用 ECMU 或 LCMU 会更有利。

（2）面向基于半静态调度的可变过载率接入的码本设计准则

这种接入方式主要的特点是：

● 潜在接入的用户数 K_2 往往比较大；

● K_2 个分配了扩展码的潜在接入用户，不是每次都接入。

第一个特点需要（L，K_2）码本比较大，这给最优码本设计带来困难。例如，一旦 $K_2 > L^2$，则不存在 WBE/ETF 码本；一旦 $K_2 > L^2 + L$，则不存在 ECMU

码本。进一步，K_2 较大时，有些（L，K_2）码本即使能满足 TBE 准则，码字互相关也会比较大。

第二个特点意味着每次接入的码本只是分配的（L，K_2）码本的一个子集。所以，这会让码本设计面临一个困难，因为即使设计出一个最优的（L，K_2）码本，也难以保证这个码本的任意一个子集是最优的。

所以，这种场景会导致 WBE/ETF 码本的互相关最小这个优势丧失，而且会突显 WBE/ETF 码本小这个缺点。ECMU 码本比 WBE/ETF 码本稍大一点，但也不能支持太多的潜在用户。这种场景可以考虑使用比 ECMU 码本大得多，且能继承 ECMU 码本优点的 LCMU 码本。当然如果 CG-TBE 方法能构造出较大的，且序列互相关较小的 CG-TBE 码本，则也可以用于这个接入场景。

（3）面向免调度过载接入的码本设计准则

这种接入方式的主要特点是：大量用户自主地从码本中选择扩展码。

码本的大小和扩展码碰撞率的高低直接关联。而扩展码的碰撞又直接影响数据分离的性能。所以，这种场景如果应用 WBE/ETF 和 ECMU 码本，往往会由于碰撞率过高，导致性能严重下降。碰撞率高这点完全减弱了 WBE/ETF 和 ECMU 码本在低互相关方面的优点。

这种场景主要考虑使用互相关尽量小的、比较大的码本，和上面第二个场景类似，可以考虑使用比 ECMU 码本大得多，又能继承 ECMU 码本优点的 LCMU 码本，或者使用较大的且码字互相关特性较好的 CG-TBE 码本。

4. 其他的码本设计准则

（1）峰均比

上行接入对发射信号的峰均比提出一定的要求，所以会使用低峰均比的 SC-FDMA。符号扩展技术的引入应该尽量不要增加 SC-FDMA 发射信号的峰均比。而通过对码本以及扩展方案的设计，如下两点，也确实能达到这一目标。

① 首先，要求扩展码的元素是恒模的。

② 其次，扩展方法是"整 SC-FDMA 符号扩展法"。

以长度为 4 的扩展码为例，假设长度为 4 的扩展码是 [1，-1，j，$-j$]，是恒模的。进一步，假设一个 SC-FDMA 符号为 x。"整 SC-FDMA 符号扩展法"是指将一个 SC-FDMA 符号 x 重复 4 次，然后分别乘以扩展码的 4 个元素，最终得到 4 个 SC-FDMA 符号 x, $-x$, $j \times x$, $-j \times x$。而一个 SC-FDMA 符号乘以一个恒模标量，是不会改变其峰均比的。

当然这种"整 SC-FDMA 符号扩展法"可以有多种实施方法，其中一种通过对调制符号的扩展来实现，所以与图 6-1 并不矛盾。

（2）收发机实现简便

扩展技术的引入需要引入扩展/解扩相关的运算以及对码本的存储。

首先，扩展的引入需要发射机增加"扩展"运算，接收机则要增加"解扩或相关"运算，尤其是多用户检测接收机，需要较多"相关"运算。而面向免调度高过载的 Data-only 盲检接收机[5-6]则需要非常多的扩展码"相关"运算。

"扩展"和"相关"都涉及与扩展码的每个元素做乘法。如果扩展码是复数元素构成的，则"扩展"和"相关"都要涉及复数乘法运算，比较复杂。

因此，在满足互相关要求的前提下，为了简化实现，最好设计由简单元素构成的扩展码。以 MUSA/NOCA 为代表的码本，就是可以满足互相关要求的最简复数码本。这两种码本的共同特点就是码字元素的实部和虚部都从{1, 0, –1}中选取，因此，序列运算完全不用乘法。当然常用的二值 PN 序列（序列元素从{1, –1}中选取）也是运算最简单的序列。但是需要短码扩展的场景，这样的二值 PN 序列数量太少或者互相关太差，不可用。

6.1.2　各类具体码本的介绍

符号级线性扩展的关键在于码本（扩展序列）的设计，为了降低 NOMA 用户之间的干扰，通常采用低互相关或者低密度的扩展序列集合，不同用户复用相同的时频资源但采用不同的扩展序列，以实现非正交传输。由于 5G 业务对用户频谱效率的要求相对较高，抑或是在海量连接的系统需求下，系统过载率往往是比较大的，因此，基于短码（如扩展长度小于 12）的复数扩展序列要比长码（如 CDMA 系统用到的长 PN 序列）在收发端的复杂度和处理时延方面更有优势。本节将针对几种典型的短扩展序列及其设计原理进行详细介绍。

1. 量化的复数扩展序列（MUSA、NOCA）

相比于常用的二值 PN 序列（序列元素从{1, –1}中取值），相同长度的复数序列可以提供更大的扩展序列集合。如图 6-2 所示，序列中每个元素的实部和虚部取值分别从{–1, 0, 1}中挑选，对应 9-QAM 星座点；或者从{–1, 1}中挑选，对应 QPSK 星座点。

理论上长度为 L 的 9-QAM 序列集合共有 9^L 条，QPSK 序列集合共有 4^L 条。在实际应用中，需要综合考虑序列集合的大小和检

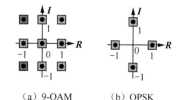

(a) 9-QAM　　(b) QPSK

图 6-2　复数扩展序列元素星座图示例

测的复杂度，筛选出部分互相关性较好的子集分配给 NOMA 用户使用。如表 6-2 所示，序列间互相关性要求越严格，满足条件的子集中可用的序列数量越少。最大互相关的要求越宽松，可用的序列越多，但用户间干扰越严重。总的来说在同等相关性约束条件下，复数序列比 PN 序列支持的序列数目多，也就是说更适合多用户共享接入的情形。

表 6-2　长度 $L = 4$ 的 QPSK 序列和 PN 序列资源池对比

集合内序列间最大互相关 $\max\{\|s_i^H s_j\|\}$	满足条件的集合序列数目	
	QPSK 复数序列	PN 序列
0.5	20	8
0.7071	64	8
0.7906	156	8

典型的基于量化的复数扩展序列有 MUSA 序列和 NOCA 序列等，其生成方式及具体示例如下。

（1）MUSA 序列

MUSA 序列[7]可以由正交或非正交的基序列扩充得到，例如，长度为 L 的序列集合至少包括 L 个基序列（如 Hadamard 序列集合、Walsh 序列集合、单位矩阵序列集合、离散傅里叶变化序列集合、包含指定数量的 0 元素的序列集合等），在此基础上，将每个序列元素分别进行相位旋转（如乘以 1、j、−1、−j，或者 $e^{j\alpha\pi}$）或是置 0，可以得到扩充后的非正交序列集。

如表 6-3、表 6-4（b）、表 6-5、表 6-6 都是由正交基序列扩充而成的，这 3 组 MUSA 序列实际上是 LCMU 码本，进一步，表 6-3 和表 6-4（b）还是 ECMU 码本。再如表 6-4（a）中基序列设置为[1, 1, 0]、[1, 0, 1]、[0, 1, 1]，将基序列的两个非零元素依次乘以 ω 和 ω^2，或者依次乘以 ω^2 和 ω，共可以得到 9 条互相关性很好的非正交序列集合。实际上，这个序列集合是 WBE/ETF 码本。

表 6-3　MUSA 序列示例，$L = 2$、$K = 6$

序列序号	元素 1	元素 2
1	1	1
2	1	−1
3	1	j
4	1	−j
5	1	0
6	0	1

表 6-4（a）　　MUSA 序列示例，$L = 3$、$K = 9$

$$\frac{1}{\sqrt{2}}\begin{bmatrix} 1 & \omega^2 & \omega & 1 & \omega^2 & \omega & 0 & 0 & 0 \\ 1 & \omega & \omega^2 & 0 & 0 & 0 & 1 & \omega^2 & \omega \\ 0 & 0 & 0 & 1 & \omega & \omega^2 & 1 & \omega & \omega^2 \end{bmatrix}, \omega = e^{j\frac{2\pi}{3}}$$

表 6-4（b）　　MUSA 序列示例，$L = 3$、$K = 12$

$$\frac{1}{\sqrt{3}}\begin{bmatrix} 1 & 1 & 1 & 1 & 1 & 1 & 1 & 1 & 1 & 1 & 0 & 0 \\ 1 & \omega & \omega^2 & \omega^2 & 1 & \omega & \omega & \omega^2 & 1 & 0 & 1 & 0 \\ 1 & \omega^2 & \omega & \omega^2 & \omega & 1 & \omega & 1 & \omega^2 & 0 & 0 & 1 \end{bmatrix}, \omega = e^{j\frac{2\pi}{3}}$$

表 6-5　MUSA 序列示例，$L = 4$、$K = 64$

序列序号	元素 1	元素 2	元素 3	元素 4	序列序号	元素 1	元素 2	元素 3	元素 4
1	1	1	1	1	21	1	1	−j	−j
2	1	1	−1	−1	22	1	1	j	j
3	1	−1	1	−1	23	1	−1	−j	j
4	1	−1	−1	1	24	1	−1	j	−j
5	1	1	−j	j	25	1	−j	1	−j
6	1	1	j	−j	26	1	−j	−1	j
7	1	−1	−j	−j	27	1	j	1	j
8	1	−1	j	j	28	1	j	−1	−j
9	1	−j	1	j	29	1	−j	−j	1
10	1	−j	−1	−j	30	1	−j	j	−1
11	1	j	1	−j	31	1	j	−j	−1
12	1	j	−1	j	32	1	j	j	1
13	1	−j	−j	−1	33	1	1	1	−j
14	1	−j	j	1	34	1	1	−1	j
15	1	j	−j	1	35	1	−1	1	j
16	1	j	j	−1	36	1	−1	−1	−j
17	1	1	1	−1	37	1	1	−j	1
18	1	1	−1	1	38	1	1	j	−1
19	1	−1	1	1	39	1	−1	−j	−1
20	1	−1	−1	−1	40	1	−1	j	1

续表

序列序号	元素 1	元素 2	元素 3	元素 4	序列序号	元素 1	元素 2	元素 3	元素 4
41	1	−j	1	1	53	1	1	−j	−1
42	1	−j	−1	−1	54	1	1	j	1
43	1	j	1	−1	55	1	−1	−j	1
44	1	j	−1	1	56	1	−1	j	−1
45	1	−j	−j	j	57	1	−j	1	−1
46	1	−j	j	−j	58	1	−j	−1	1
47	1	j	−j	−j	59	1	j	1	1
48	1	j	j	j	60	1	j	−1	−1
49	1	1	1	j	61	1	−j	−j	−j
50	1	1	−1	−j	62	1	−j	j	j
51	1	−1	1	−j	63	1	j	−j	j
52	1	−1	−1	j	64	1	j	j	−j

表 6-6　MUSA 序列示例，$L = 6$、$K = 16$

序列序号	元素 1	元素 2	元素 3	元素 4	元素 5	元素 6
1	1	1	1	1	1	1
2	1	1	1	1	−1	−1
3	1	1	1	−1	1	−1
4	1	1	1	−1	−1	1
5	1	1	−1	1	1	−1
6	1	1	−1	1	−1	1
7	1	1	−1	−1	1	1
8	1	1	−1	−1	−1	−1
9	1	−1	1	1	1	−1
10	1	−1	1	1	−1	1
11	1	−1	1	−1	1	1
12	1	−1	1	−1	−1	−1
13	1	−1	−1	1	1	1
14	1	−1	−1	1	−1	−1
15	1	−1	−1	−1	1	−1
16	1	−1	−1	−1	−1	1

（2）NOCA 序列

NOCA 序列[8]的生成方式与 LTE 中的 DMRS 十分相似。对于长度为 L 的序列，其生成公式为 $r_{u,v}(n) = \exp\left(\dfrac{\mathrm{j}\varphi(n)\pi}{4}\right)$，$0 \leqslant n \leqslant L-1$，其中，序列根的索引 u 和每个 QPSK 元素的相位 $\varphi(n)$ 由表 6-7 ~ 表 6-9 给出，主要是通过计算机搜索筛选出互相关特性和峰均比较好的集合。每个根序列对应有 L 种循环移位，总共可用的序列数目 K 为根的数目乘以循环移位的个数。

表 6-7 NOCA 根序列示例，$L = 4$、$K = 40$

u	$\varphi(0), \cdots, \varphi(3)$			
0	3	3	1	3
1	−3	−3	−3	1
2	−3	−1	−1	−1
3	−1	−1	−3	−3
4	1	3	−1	−1
5	1	−1	−1	−1
6	−3	1	−1	−3
7	1	1	3	−3
8	1	3	1	−3
9	−1	3	1	−3

表 6-8 NOCA 根序列示例，$L = 6$、$K = 180$

u	$\varphi(0), \cdots, \varphi(5)$					
0	−1	−3	3	−3	3	−3
1	−1	3	−1	1	1	1
2	3	−1	−3	−3	1	3
3	3	−1	−1	1	−1	−1
4	−1	−1	−3	1	−3	−1
5	1	3	−3	−1	−3	3
6	−3	3	−1	−1	1	−3
7	−1	−3	−3	1	3	3
8	3	−1	−1	3	1	3
9	3	−3	3	−1	1	3
10	−3	1	−3	−3	−3	−3
11	−3	−3	−3	1	−3	−3

续表

u	$\varphi(0), \cdots, \varphi(5)$					
12	3	-3	1	-1	-3	-3
13	3	-3	3	-1	-1	-3
14	3	-1	1	3	3	1
15	-1	1	-1	-3	1	1
16	-3	-1	-3	-1	3	3
17	1	-1	3	-3	3	3
18	1	3	1	1	-3	3
19	-1	-3	-1	-1	3	-3
20	3	-1	-3	-1	-1	-3
21	3	1	3	-3	-3	1
22	1	3	-1	-1	1	-1
23	-3	1	-3	3	3	3
24	1	3	-3	3	-3	3
25	-1	-1	1	-3	1	-1
26	1	-3	-1	-1	3	1
27	-3	-1	-1	3	1	1
28	-1	3	-3	-3	-3	3
29	3	1	-1	1	3	1

表 6-9　NOCA 根序列示例，$L = 12$、$K = 360$

u	$\varphi(0), \cdots, \varphi(11)$											
0	-1	1	3	-3	3	3	1	1	3	1	-3	3
1	1	1	3	3	3	-1	1	-3	-3	1	-3	3
2	1	1	-3	-3	-3	-1	-3	-3	1	-3	1	-1
3	-1	1	1	1	1	-1	-3	-3	1	-3	3	-1
4	-1	3	1	-1	1	-1	-3	-1	1	-1	1	3
5	1	-3	3	-1	-1	1	1	-1	-1	3	-3	1
6	-1	3	-3	-3	-3	3	1	-1	3	3	-3	1
7	-3	-1	-1	-1	1	-3	3	-1	1	-3	3	1
8	1	-3	3	1	-1	-1	-1	1	1	3	-1	1
9	1	-3	-1	3	3	-1	-3	1	1	1	1	1
10	-1	3	-1	1	1	-3	-3	-1	-3	-3	3	-1

续表

u	$\varphi(0), \cdots, \varphi(11)$											
11	3	1	−1	−1	3	3	−3	1	3	1	3	3
12	1	−3	1	1	−3	1	1	1	−3	−3	−3	1
13	3	3	−3	3	−3	1	1	3	−1	−3	3	3
14	−3	1	−1	−3	−1	3	1	3	3	3	−1	1
15	3	−1	1	−3	−1	−1	1	1	3	1	−1	−3
16	1	3	1	−1	1	3	3	3	−1	−1	3	−1
17	−3	1	1	3	−3	3	−3	−3	3	1	3	−1
18	−3	3	1	1	−3	1	−3	−3	−1	−1	1	−3
19	−1	3	1	3	1	−1	−1	3	−3	−1	−3	−1
20	−1	−3	1	1	1	1	3	1	−1	1	−3	−1
21	−1	3	−1	1	−3	−3	−3	−3	−3	1	−1	−3
22	1	1	−3	−3	−3	−3	−1	3	−3	1	−3	3
23	1	1	−1	−3	−1	−3	1	−1	1	3	−1	1
24	1	1	3	1	3	3	−1	1	−1	−3	−3	1
25	1	−3	3	3	1	3	3	1	−3	−1	−1	3
26	1	3	−3	−3	3	−3	1	−1	−1	3	−1	−3
27	−3	−1	−3	−1	−3	3	1	−1	1	3	−3	−3
28	−1	3	−3	3	−1	3	3	−3	3	3	−1	−1
29	3	−3	−3	−1	−1	−3	−1	3	−3	3	1	−1

2. 基于满足 TBE（Total-Squared-Correlation Bound）的序列

一些满足 TBE 的序列如 WSMA、RSMA 和 MUSA，其设计准则为最小化互相关平方和 $T_c \triangleq \sum_{i,j} | s_i^H s_j |^2$，从而优化 NOMA 用户间干扰。

给定任意的序列长度 L 和序列集合大小 K，由柯西-施瓦茨不等式可以得到序列互相关平方和的约束条件为 $K^2/L \leqslant T_c$。因此，将 Welch 边界定义为理论最小互相关平方和 $B_{\text{Welch}} \triangleq K^2/L$。

值得指出的是，文献[9]提出的 WSMA 虽然是 Welch Bound Equality Spread Multiple Access 的缩写，但是实际上，文献[9]中对 WSMA 的定义是这样的：

"The WBE sequences are designed to meet the bound on the total squared cross-correlations of the vector set with equality $B_{\text{Welch}} \triangleq K^2/N$. We call such sequences Welch bound equality spread multiple access (WSMA)."

可见，WSMA 使用的序列实质上只是满足 total squared cross-correlations equality 这个 Welch 松界，所以我们把 WSMA 归在满足 TBE 序列这一类。

满足 TBE 条件的序列 $T_c = B_{TSC}$ 通常来说，在给定序列长度和集合大小的情况下，可以有很多种解，如 WSMA 方案，其设计的思路见文献[9]，下面给出了文献[9]中的几种 WSMA 序列的示例，如表 6-10 和表 6-11 所示。

表 6-10　WSMA 序列示例，$L = 4$、$K = 8$

	序列序号	1	2	3	4
序列元素	1	−0.6617 + 0.1004i	−0.0912 + 0.4191i	0.4151 − 0.3329i	0.2736 − 0.4366i
	2	0.0953 + 0.4784i	−0.4246 − 0.0859i	0.2554 − 0.3140i	0.5452 + 0.2068i
	3	−0.4233 − 0.1399i	−0.4782 + 0.3752i	−0.3808 − 0.1569i	−0.4690 − 0.2225i
	4	−0.1265 + 0.3153i	0.4936 + 0.1233i	0.6130 − 0.0873i	−0.3399 + 0.0974i
	序列序号	5	6	7	8
序列元素	1	−0.4727 − 0.1234i	−0.3413 + 0.1257i	0.4216 + 0.1187i	0.4603 + 0.2142i
	2	0.0592 − 0.6432i	0.3671 − 0.1430i	−0.0241 − 0.5620i	0.0048 − 0.4244i
	3	0.3493 − 0.1988i	0.6514 − 0.0660i	−0.4507 + 0.0958i	0.4047 + 0.1601i
	4	−0.0975 − 0.4161i	0.2174 + 0.4864i	−0.5167 + 0.1116i	−0.4908 + 0.3629i

表 6-11　WSMA 序列示例，$L = 4$、$K = 12$

	序列序号	1	2	3	4
序列元素	1	−0.2221 + 0.3220i	−0.0690 − 0.5020i	−0.4866 + 0.3090i	0.4007 − 0.3034i
	2	0.1709 − 0.3679i	−0.2222 − 0.2729i	−0.4148 − 0.2589i	−0.3206 − 0.0231i
	3	0.4335 − 0.4253i	0.0875 − 0.3912i	0.5181 + 0.0067i	−0.6714 − 0.0514i
	4	−0.2877 + 0.4804i	0.6669 − 0.1183i	−0.3439 − 0.2048i	−0.2117 − 0.3819i
	序列序号	5	6	7	8
序列元素	1	0.0525 − 0.6492i	−0.3121 + 0.4136i	0.1887 − 0.5138i	0.3628 − 0.5556i
	2	0.2786 + 0.2173i	−0.5533 + 0.2843i	−0.5603 + 0.0403i	−0.2496 − 0.3482i
	3	0.4058 − 0.3688i	−0.3497 + 0.2042i	0.3714 − 0.0660i	0.4539 − 0.0605i
	4	−0.0586 − 0.3831i	0.4123 + 0.1027i	0.3124 + 0.3807i	−0.2014 − 0.3549i
	序列序号	9	10	11	12
序列元素	1	−0.4067 − 0.0166i	−0.2969 − 0.2084i	0.3160 + 0.0753i	0.3612 − 0.2061i
	2	0.5821 − 0.2559i	−0.5414 − 0.1665i	−0.7029 − 0.1267i	0.3525 − 0.0158i
	3	0.1316 − 0.2310i	−0.1075 + 0.6412i	0.3540 − 0.2274i	−0.4880 − 0.1396i
	4	0.5222 − 0.2944i	0.2613 − 0.2380i	−0.3490 − 0.2925i	−0.5884 − 0.3142i

而 RSMA 方案基于 Chirp 序列设计（一般用于雷达和水声通信中，近期也被一些低功耗的系统如 IEEE 802.15.4a 协议所采纳），给出了一种生成满足 TBE

序列的解析表达式。对于任意给定的序列长度 L，以及序列集合大小 K，RSMA 序列的生成公式如下。

$$s_k(l) \triangleq \frac{1}{\sqrt{L}} \exp\left(j\pi\left(\frac{(k+l)^2}{K} \right) \right); 1 \leqslant k \leqslant K, 1 \leqslant l \leqslant L \qquad (6.1)$$

根据式（6.1）计算出的序列互相关性如图 6-3 所示[10]。可以发现，当 $K > L \geqslant 2$ 时，所生成的序列集合满足互相关平方和最小的界。

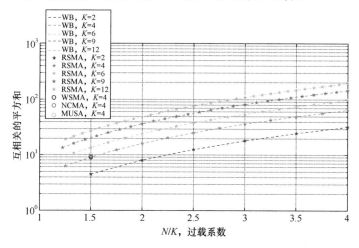

图 6-3　RSMA 所用的 Chirp 序列的相关特性

3. 循环差集 ETF 和 Grassmannian 序列（NCMA）

基于给定的 L 和 K，可以通过寻找循环差集的方式构造 ETF 序列集合。首先差集的定义如下。

以正整数 K 为模的 L 个互不同余的整数所组成的集合 $D \equiv \{d_1, d_2, \cdots, d_L\}$（$\bmod\ K$），如果对每一个 $a \neq 0$（$\bmod\ K$），恰好在 D 中有 γ 个有序对（d_i, d_j），使 $a \equiv d_i - d_j$（$\bmod\ K$），则称 D 是一个 (K, L, λ)-循环差集。

假设 $K = 13$，则 $D = (1, 2, 4, 10)$ 是一个 $(13, 4, 1)$-循环差集。可以在模 13 意义下作如下验证。

$1 \equiv 2 - 1$，$2 \equiv 4 - 2$，$3 \equiv 4 - 1$，$4 \equiv 1 - 10$，$5 \equiv 2 - 10$，$6 \equiv 10 - 4$，$7 \equiv 4 - 10$，$8 \equiv 10 - 2$，$9 \equiv 10 - 1$，$10 \equiv 1 - 4$，$11 \equiv 2 - 4$，$12 \equiv 1 - 2$。

再假设 $K = 11$，则 $D = \{2, 6, 7, 8, 10, 11\}$ 是一个 $(11, 6, 3)$-循环差集。可以验证模 11 下的差值如下。

$1 \equiv 7 - 6 \equiv 8 - 7 \equiv 11 - 10$；

$2 \equiv 8 - 6 \equiv 10 - 8 \equiv 2 - 11$；

$3 \equiv 10 - 7 \equiv 11 - 8 \equiv 2 - 10$；

$4 \equiv 6-2 \equiv 10-6 \equiv 11-7;$

$5 \equiv 7-2 \equiv 11-6 \equiv 2-8;$

$6 \equiv 8-2 \equiv 2-7 \equiv 6-11;$

$7 \equiv 2-6 \equiv 6-10 \equiv 7-11;$

$8 \equiv 10-2 \equiv 7-10 \equiv 8-11;$

$9 \equiv 11-2 \equiv 6-8 \equiv 8-10;$

$10 \equiv 6-7 \equiv 7-8 \equiv 10-11;$

得到差集 D 之后，ETF 序列集合由式（6.2）计算得到。

$$s_k(l) \triangleq \frac{1}{\sqrt{L}} \exp\left(j2\pi\left(\frac{d_l \cdot (k-1)}{K}\right)\right); 1 \leqslant k \leqslant K, 1 \leqslant l \leqslant L, d_l \in D \qquad (6.2)$$

另外，需要注意的是，差集存在的必要条件为 $\gamma(K-1) = L(L-1)$，因此，对于某些扩展长度 L 和集合大小 K，并不存在严格满足 ETF 的序列集合。

此外，NCMA 方案[11]给出的 Grassmannian 序列也满足 ETF 条件，其典型示例见表 6-12 和表 6-13。

表 6-12 NCMA 序列示例，$L = 4$

集合大小 K	序列集合（每列为一个序列）					
8	−0.3769−0.1993i	−0.4946+0.0729i	−0.0349−0.1744i	−0.4983−0.2361i		
	0.0071−0.4246i	0.0484+0.2172i	−0.4864+0.5118i	0.3678−0.0002i		
	−0.7438−0.2074i	0.1526−0.5642i	−0.1478+0.1545i	0.6445+0.1123i		
	0.0662−0.1932i	0.1281−0.5852i	−0.3512+0.5484i	−0.1883+0.3118i		
	…					
	−0.0589−0.2775i	−0.3141−0.2162i	−0.3118−0.2513i	−0.6128+0.4861i		
	0.6654−0.2483i	0.2752+0.0869i	−0.0147+0.3864i	−0.3671+0.3724i		
	−0.4067+0.4932i	−0.2122−0.4038i	−0.3986+0.2848i	−0.1428−0.0632i		
	0.072+0.0362i	−0.5858+0.4691i	0.5659−0.3604i	0.282+0.104i		
12	−0.1211+0.1742i	−0.1864+0.1486i	−0.4450−0.2565i	−0.1650+0.3506i	−0.4503+0.2070i	−0.3310−0.2575i
	0.5284−0.0028i	0.5630−0.0523i	−0.5537+0.0264i	0.2754+0.1722i	0.0650−0.1528i	−0.5335+0.6004i
	0.1518−0.5314i	0.2665−0.4503i	0.3965+0.2446i	−0.2259+0.3311i	−0.1173+0.3294i	−0.1120+0.2999i
	0.3043+0.5270i	0.2024−0.5556i	0.3116−0.3387i	−0.3280−0.6900i	0.6983+0.3420i	−0.1290+0.2449i
	…					

续表

集合大小 K	序列集合（每列为一个序列）					
12	−0.2344−0.1865i	−0.4251+0.0869i	−0.2091−0.5656i	−0.8263−0.3684i	−0.5363−0.1981i	−0.6964−0.1831i
	0.1663−0.2439i	0.6626−0.4120i	−0.1403−0.1177i	0.1024+0.0356i	0.3090−0.5397i	0.1029+0.2755i
	0.7183−0.0739i	−0.0365−0.0355i	−0.0380−0.3106i	0.2040−0.3275i	−0.1106+0.2210i	−0.0585+0.6228i
	−0.4388−0.3303i	−0.3826+0.2322i	−0.1052−0.7027i	0.1073+0.0961i	0.2328−0.4136i	−0.0382−0.0488i

表 6-13　量化后的 NCMA 序列示例，$L = 4$

集合大小 K	序列集合（每列为一个序列）											
8	−5−3i	−7+1i	−1−3i	−7−3i	−1−3i	−5−3i	−5−3i	−7+7i				
	1−5i	1+3i	−7+7i	5−1i	7−3i	3+1i	−1+5i	−5+5i				
	−7−3i	1−7i	−1+3i	7+1i	−5+7i	−3−5i	−5+3i	−1−1i				
	1−3i	1−7i	−5+7i	−3+5i	1+1i	−7+7i	7−5i	3+1i				
12	−1+3i	−3+1i	−5−3i	−3+5i	−5+3i	−5−3i	−3−3i	−5+1i	−3−7i	−7−5i	−7−3i	−7−3i
	7−1i	7−1i	−7+1i	3+3i	1−1i	−7+7i	3−3i	7−5i	−1−1i	1+1i	5−7i	1+3i
	1−7i	3−5i	5+3i	−3+5i	−1+5i	−1−3i	7−1i	−1−1i	−1−5i	3−5i	−1+3i	−1+7i
	3+7i	3−7i	5−5i	−5−7i	7+5i	−1+3i	−5−5i	−5+3i	−1−7i	1+1i	3−5i	−1−1i

4. GTBE(General Total Squared Correlation Bound Equality)序列(UGMA)

在实际的 NOMA 系统中，由于多用户的功率和信道变化，互相关平方和最小并不等同于用户间干扰和最低。因此，基于更为广义的 TSC 界的准则，提出了 UGMA 序列[12]。其目标函数考虑了用户功率的加权 $\min_{s_k^H s_k=1\forall k} R_x = \|S^H PS\|_F^2 = \sum_{i=1}^{K}\sum_{j=1}^{K} P_i P_j |s_i^H s_j|^2$，其中，$P_i$ 和 P_j 分别为用户 i 和 j 的接收信号功率。考虑功率加权的柯西-施瓦茨不等式为 $\sum_{i=1}^{K}\sum_{j=1}^{K} P_i P_j |s_i^H s_j|^2 \geqslant \dfrac{(\sum_{k=1}^{K} P_k)^2}{L}$，当等式成立时，可以认为序列满足广义 TSC 界准则。

对于给定的扩展序列长度 L、序列集合 K，以及各序列加权功率 $\{P_1, P_2, \cdots, P_K\}$，UGMA 序列的构造方法如下。

1. 寻找集合 $\mathcal{K}$，使得对任意 $k \in \mathcal{K}$，其功率满足 $P_k > \dfrac{\sum_{i=1}^{K} P_i \cdot \mathrm{sign}(P_i > P_k)}{L - \sum_{i=1}^{K} \mathrm{sign}(P_i \geqslant P_k)}$；

2. 根据广义 Chan-Li 算法或 Bendel-Mickey 算法，构造矩阵 $\boldsymbol{Q} \in \mathcal{C}^{(K-|\mathcal{K}|) \times (K-|\mathcal{K}|)}$，其中，对角线元素为 $\{P_i \mid i \notin K\}$，特征值为 $\left[\dfrac{\sum_{i \in K} P_i}{L - |\mathcal{K}|} \boldsymbol{I}_{L-|\mathcal{K}|}^{\mathrm{T}}, \boldsymbol{0}_{(K-L) \times 1}^{\mathrm{T}}\right]^{\mathrm{T}}$；

3. 对矩阵 $\boldsymbol{Q}$ 进行特征值分解 $\boldsymbol{Q} = \boldsymbol{UVU}^{\mathrm{H}}$；

4. 从特征值 V 中取其非零元素得到 $\breve{\Lambda} = \dfrac{\sum_{i \in K} P_i}{L - |\mathcal{K}|} \boldsymbol{I}_{L-|\mathcal{K}|}$，以及这些非零特征根对应的特征向量 $\breve{U} \in \mathcal{C}^{(K-|\mathcal{K}|) \times (K-|\mathcal{K}|)}$；

5. 构造向量 $\breve{\boldsymbol{S}} = \breve{\Lambda} \breve{\boldsymbol{U}} \breve{\boldsymbol{P}}^{-\frac{1}{2}}$，其中，$\breve{\boldsymbol{P}} = \mathrm{diag}\{P_i \mid i \notin K\}$；

6. 构造序列集合 $\boldsymbol{S} = \boldsymbol{C}_{\mathrm{orth}} \begin{bmatrix} \boldsymbol{I}_{|\mathcal{K}|} & \boldsymbol{0}_{|\mathcal{K}| \times (L-|\mathcal{K}|)} \\ \boldsymbol{0}_{(L-|\mathcal{K}|) \times |\mathcal{K}|} & \breve{\boldsymbol{S}} \end{bmatrix}$，其中，$\boldsymbol{C}_{\mathrm{orth}} \in \boldsymbol{C}^{L \times L}$ 为任意正交矩阵满足 $\boldsymbol{C}_{\mathrm{orth}} \boldsymbol{C}_{\mathrm{orth}}^{\mathrm{H}} = \boldsymbol{I}_L$。

几种典型的 GTBE 序列示例见表 6-14 ~ 表 6-17。

表 6-14 UGMA 序列示例，$L = 4$，$K = 8$，序列分为两组，组间功率差 6 dB

序列序号	高功率序列组		序列序号	低功率序列组	
1	−0.3068−0.4002i 0.2787+0.4238i	−0.1823−0.2575i 0.5287−0.3308i	5	−0.5 −0.5	−0.5 −0.5
2	−0.0229+0.3563i 0.0574+0.021i	0.869−0.2734i −0.0142−0.1965i	6	−0.8869−0.2366i 0.1991+0.2087i	0.1684−0.0164i −0.1898+0.0979i
3	−0.1936−0.4658i 0.0736+0.3716i	0.2822−0.0885i −0.7151+0.0569i	7	−0.118−0.1499i 0.377−0.381i	−0.0994−0.2647i −0.6336−0.4415i
4	−0.3066+0.3717i 0.7377+0.2445i	−0.2369−0.2155i 0.0236−0.2465i	8	0.5835−0.2329i 0.3753−0.453i	−0.407+0.0047i −0.2874+0.1048i

表 6-15 UGMA 序列示例，$L = 4$，$K = 8$，序列分为两组，组间功率差 6 dB，序列元素实部虚部均量化

序列序号	高功率序列组				序列序号	低功率序列组			
1	−1−i	−i	1+i	2−i	5	−1	−1	−1	−1
2	i	2−i	0	−i	6	−2−i	1	1+i	−1
3	−1−i	1	i	−2	7	0	−i	1−i	−2−i
4	−1+i	−1−i	−2+i	−i	8	2−i	−1	1−i	−1

表 6-16 UGMA 序列示例，$L = 4$，$K = 12$，序列分为两组，组间功率差 6 dB

序列序号	高功率序列组		序列序号	低功率序列组	
1	0.1904+0.0145i 0.2103−0.2594i	0.7272−0.514i 0.2418−0.024i	7	−0.5 0.5	0.5 −0.5
2	0.3224−0.3367i 0.1767+0.375i	−0.0836+0.6834i 0.3294−0.1684i	8	−0.4686−0.1212i 0.059+0.1422i	−0.3517−0.4534i 0.5211−0.3757i
3	0.1415+0.2701i 0.5172+0.3126i	0.3498+0.0601i 0.1143−0.6347i	9	0.1485+0.1008i 0.5555+0.3244i	−0.0978−0.1169i −0.5181+ 0.5121i
4	0.0739+0.3791i 0.4466+0.191i	0.4316+0.0877i −0.1158+0.6383i	10	−0.7443+0.2562i 0.017+0.0495i	−0.0277−0.3199i 0.4254−0.3058i
5	−0.4567+0.3433i 0.5939+0.4209i	0.0599+0.0521i 0.2542+0.2697i	11	−0.3393−0.0337i 0.1794−0.4201i	−0.0657−0.1985i −0.4464−0.6574i
6	0.0308 − 0.8351i 0.026 − 0.4612i	0.0303 − 0.0103i 0.0799+ 0.2843i	12	0.3945−0.0972i 0.1173−0.2804i	0.3061+0.5307i 0.0612−0.6028i

表 6-17 UGMA 序列示例，$L = 4$，$K = 12$，序列分为两组，组间功率差 6 dB，序列元素实部、虚部均量化

序列序号	高功率序列组				序列序号	低功率序列组			
1	1	2−i	−1−i	1	7	−1	2	2	−1
2	1−i	2i	i	1	8	−1	−1−i	i	2−i
3	1+i	1	−1+i	1−2i	9	1	0	−2+i	−1+2i
4	i	2	−1+i	2i	10	−2+i	−i	0	2−i
5	−1+i	0	2+2i	1+i	11	−1	0	1−i	−1−2i
6	−2i	0	−i	i	12	1	1+2i	−i	−2i

5. 稀疏扩展序列（PDMA）

稀疏扩展序列通过将扩展序列部分元素置为 0 来减少 NOMA 用户之间的干扰。

实现稀疏性的方法有很多，其中比较直观的是每个序列中只有 1 和 0 两种元素，并且 0 的数目是一致的。这种设计可以保证两两用户之间的干扰是一样的，但是序列集合大小受限，例如长度为 4、稀疏度为 50% 的序列只有以下 6 条。

$$
\begin{bmatrix} 1 \\ 1 \\ 0 \\ 0 \end{bmatrix},
\begin{bmatrix} 0 \\ 0 \\ 1 \\ 1 \end{bmatrix},
\begin{bmatrix} 1 \\ 0 \\ 1 \\ 0 \end{bmatrix},
\begin{bmatrix} 0 \\ 1 \\ 0 \\ 1 \end{bmatrix},
\begin{bmatrix} 1 \\ 0 \\ 0 \\ 1 \end{bmatrix},
\begin{bmatrix} 0 \\ 1 \\ 1 \\ 0 \end{bmatrix}
$$

稀疏序列的设计也可以相对灵活一些，其中，每条序列中 0 的个数可以变

化。如表 6-18 中的 PDMA 序列[13]，其设计原理在于通过将扩展后的符号在各个资源上设置不同的权重，使不同用户受到的干扰呈现一定的分布特性，有助于接收机做串行干扰消除。

表 6-18　PDMA 序列类型一示例，$L=4$，序列元素取值于 $\{0, 1\}$

集合大小 K	稀疏扩展码本（归一化前）
6	$G_{\mathrm{PDMA,Type1}}^{[4,6]} = \begin{bmatrix} 1 & 1 & 0 & 1 & 1 & 0 \\ 1 & 0 & 1 & 1 & 0 & 1 \\ 0 & 1 & 1 & 0 & 1 & 1 \\ 1 & 1 & 1 & 0 & 0 & 0 \end{bmatrix}$
8	$G_{\mathrm{PDMA,type1}}^{[4,8]} = \begin{bmatrix} 1 & 0 & 0 & 1 & 1 & 0 & 0 & 0 \\ 0 & 1 & 1 & 0 & 0 & 1 & 0 & 0 \\ 0 & 1 & 0 & 1 & 0 & 0 & 1 & 0 \\ 1 & 0 & 1 & 0 & 0 & 0 & 0 & 1 \end{bmatrix}$
12	$G_{\mathrm{PDMA,type1}}^{[4,12]} = \begin{bmatrix} 1 & 0 & 1 & 1 & 1 & 0 & 0 & 0 & 1 & 0 & 0 & 0 \\ 0 & 1 & 1 & 0 & 0 & 1 & 1 & 0 & 0 & 1 & 0 & 0 \\ 1 & 1 & 0 & 1 & 0 & 1 & 0 & 1 & 0 & 0 & 1 & 0 \\ 1 & 1 & 0 & 0 & 1 & 0 & 1 & 1 & 0 & 0 & 0 & 1 \end{bmatrix}$

此外稀疏扩展的非零元素也可以设置为复数，进一步扩展可用的非正交码本数量，见表 6-19。

表 6-19　PDMA 序列类型二示例，$L=4$，序列元素取值于 $\{0, 1, -1, j, -j\}$

k	g_k				k	g_k				k	g_k			
0	1	j	-1	-j	12	1	-j	j	-j	24	1	j	0	-j
1	1	-j	-1	j	13	1	-1	1	-j	25	0	1	-j	-1
2	1	-1	1	-1	14	1	0	-1	j	26	1	0	-1	-j
3	1	-1	-j	j	15	1	-j	0	j	27	1	-j	-1	0
4	1	-1	j	-j	16	1	j	-1	0	28	1	0	-1	0
5	1	-1	-1	-1	17	0	1	j	-1	29	0	1	0	-1
6	1	j	-j	-1	18	1	j	-1	1	30	1	-j	-1	1
7	1	-j	j	-1	19	1	-j	1	-1	31	1	-1	j	1
8	1	j	-j	j	20	0	1	-1	1	32	1	1	j	-1
9	1	-1	-1	-1	21	1	-1	1	0	33	1	1	-1	-1
10	1	j	0	-1	22	1	0	-j	-1	34	1	0	0	-1
11	1	0	j	-1	23	-j	0		-1	35	1	-j		-1

续表

k	g_k				k	g_k				k	g_k			
36	1	−j	−1	−1	56	1	j	1	0	76	1	−1	−j	−1
37	0	1	0	j	57	1	−j	1	0	77	1	1	−1	j
38	1	0	j	0	58	0	0	1	j	78	1	−j	j	j
39	1	1	0	−1	59	0	1	j	0	79	1	−1	0	−j
40	1	0	−1	−1	60	1	j	0	0	80	1	0	j	−j
41	1	j	j	−1	61	0	1	j	−j	81	1	1	−j	0
42	1	j	−1	j	62	0	1	−1	−j	82	0	1	1	−j
43	1	−j	1	j	63	0	1	−j	0	83	1	−j	−j	1
44	1	−1	0	1	64	1	−1	−j	0	84	0	1	−j	−j
45	1	0	−1	−1	65	1	j	−j	1	85	1	−1	−1	0
46	1	j	1	−j	66	1	−1	j	0	86	1	j	j	−j
47	1	−j	1	−j	67	1	0	−j	j	87	1	j	1	j
48	0	1	0	−j	68	0	1	−1	−j	88	1	j	j	0
49	1	0	−j	0	69	1	−j	j	0	89	1	−1	j	0
50	1	−j	−j	−1	70	1	−1	1	1	90	1	1	1	−j
51	1	−j	0	0	71	1	1	−1	1	91	1	1	1	j
52	0	0	1	−j	72	1	−j	j	1	92	1	−1	−j	−j
53	0	1	−j	0	73	1	−1	j	−1	93	0	1	−1	0
54	0	1	−j	1	74	1	j	1	1	94	1	−1	0	0
55	0	1	j	1	75	1	−j	1	−1	95	0	0	1	−1

6．小结

上述扩展序列主要是基于其设计准则进行的简单的分类。实际上在序列设计时通常会考虑多个准则，以取得解调性能和实现复杂度的折中。

例如，在对 MUSA 多元复数序列集合进行筛选时就考虑了 TBE 准则；而在设计 NCMA 或 UGMA 序列时，采用量化的序列元素取值会更利于系统实现，虽然其在互相关特性上不能严格满足 WBE/ETF 或是 TBE 准则。此外，稀疏码本和复数码元的结合也可以进一步扩充扩展序列的资源池。

表 6-20 总结了上述几种典型扩展序列集合的互相关特性，这里取长度为 4，集合大小分别为 8 和 12 作为示例，分别分析集合中任意两个不同序列之间互相关的取值范围以及平方和。互相关绝对值的累积分布函数见图 6-4。

表 6-20 几种典型扩展序列集合的互相关特性

扩展序列类型	［最小值，最大值］ *L*=4, *K*= 12 (WBE/ETF = 0.4264)	互相关平方和 *L*=4, *K*= 12 (TBE = 24)	［最小值，最大值］ *L*=4, *K*= 8 (WBE/ETF = 0.378)	互相关平方和 *L*=4, *K*= 8 (TBE= 8)
MUSA （取集合中前 *K* 条）	[0, 0.5]	24	[0, 0.5]	8
RSMA	[0, 0.8365]	24	[0, 0.6533]	8
WSMA	[0.035 0.7038]	24.003	[0.083 0.6166]	8.003
NOCA（选取最优根）	[0, 0.5]	24	[0, 0.5]	8
NCMA（64QAM 量化）	[0.1819, 0.5838]	26.2344	[0.2199, 0.5123]	8.3166
NCMA（原始序列）	[0.4233, 0.4491]	25.9995	[0.3801, 0.3917]	8.4754
UGMA	[0.0481, 0.9050]	26.2849	[0.036, 0.7362]	9.3788
PDMA（类型 2， 取集合中前 *K* 条）	[0, 0.8165]	32	[0, 0.7071]	10

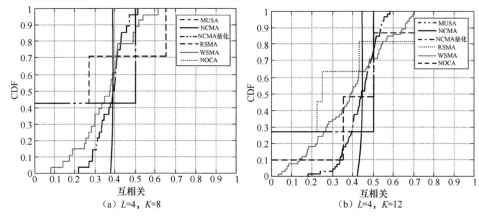

图 6-4 几种典型扩展序列互相关系数的累积分布函数

相应地几种典型扩展序列的链路性能在不同频谱效率和用户数下的性能对比如图 6-5 所示，该仿真结果基于同一个仿真平台，因此，可以体现出由序列设计的不同造成的性能差异。其中，各个仿真用例的参数设置见表 6-21，假设用户接收的平均功率相等，接收机采用实际信道估计的 MMSE-SIC。

表 6-21 链路级性能对比仿真用例

仿真用例	包大小	用户数	调制方式	信道模型	总谱效［bit/（s·Hz）］
（a）	10 byte	12	QPSK	TDL-A 30 ns	1.33
（b）	20 byte	12	QPSK	TDL-C 300 ns	2.67
（c）	60 byte	8	16QAM	TDL-C 300 ns	5.33
（d）	75 byte	8	16QAM	TDL-A 30 ns	6.67

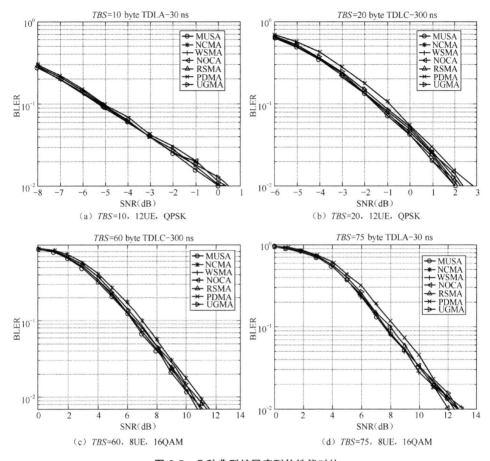

图 6-5　几种典型扩展序列的性能对比

　　总的来说，几种基于短码扩展的方案在较低的频谱效率下性能比较接近；但在高频谱效率下，由于译码性能对用户间干扰更为敏感，因此，在一些序列相关性特性不满足理论最优的情况下，会导致系统性能在 BLER = 0.1 处最多有大概 1 dB 的 SNR 差异。更多仿真用例下的结果见第 7 章。

6.1.3　符号级加扰

　　基于短码扩展的 NOMA 方案，其扩展可以有多种不同的实现方式，例如，频域扩展和时域扩展，对于频域扩展又可以采用 RE 级别的扩展或者是 RB 级别的扩展，对于时域扩展也可以是采用 OFDM 符号级别或者是子帧级别的扩展。其中，时域 OFDM 符号级别的扩展和频域 RE 级别的扩展如图 6-6 所示。

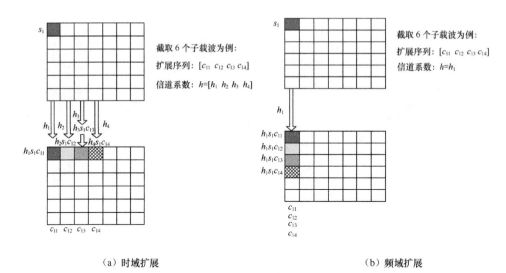

（a）时域扩展　　　　　　　　　　　　　　（b）频域扩展

图 6-6　不同扩展方式示意

频域 RE 级扩展较为常用，其优势在于接收机可以实时进行解扩展的处理。相比于时域扩展方式，可以节省收集多个扩展符号的等待时间。但频域 RE 级扩展的问题主要在于扩展后的符号映射在频域相邻的位置，会使相邻子载波符号间的相关性较高，从而导致信号的 PAPR 比正常的 OFDM 要高。

一种有效解决频域扩展后 PAPR 升高的方式是在扩展后再进行一次符号加扰的操作，如图 6-7 所示。其原理主要是采用（伪）随机生成的扰码序列对扩展后的符号进行加扰，可以随机化相邻符号之间的相位变化。

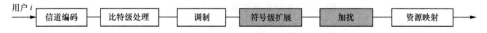

图 6-7　符号级加扰的发射端处理流程

类似地，如果不在扩展后加扰，而是将每个符号在扩展时采用不同的扩展序列也可以起到相位随机变化的效果。这种做法的一个好处是能够保持扰码之后的扩展序列之间的相关特性。即使每个小区的扰码序列不同，相邻小区用户之间的干扰在扩展码域上仍具有一定的结构性，能够通过 MMSE 接收机抑制邻区干扰，提高系统性能，详见第 7 章。

由图 6-8 可以看到，基于时域扩展的方案在 CP-OFDM 和 DFT-s-OFDM（SC-FDMA）波形下 PAPR 分布曲线与不扩展的基本重合。而频域扩展会导致 CP-OFDM 波形下的峰均比提升，不管是 QPSK 还是 64QAM 调制，在互补累计分布函数（CCDF）为 10^{-3} 处的波形峰均比提升约 5 dB。而在频域扩展后额外增加一个加扰的操作，可以将峰均比拉回到正常 CP-OFDM 波形的水平。

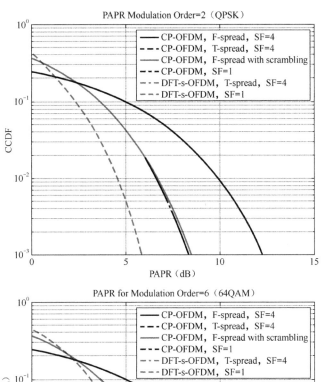

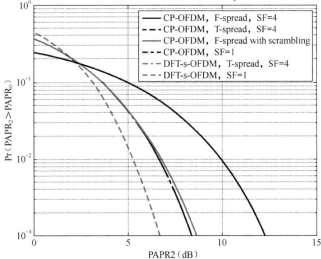

图 6-8　不同扩展方案 PAPR 统计分布图

6.1.4　MMSE Hard-IC 接收机算法及复杂度分析

1．MMSE（最小均方误差）硬消除接收机

此类接收机对于干扰采用 MMSE 检测进行抑制，并且对于干扰做了消除。

硬消除指的是干扰消除基于译码器的硬输出。干扰消除可以通过串行、并行或者混合（例如，一次挑选 SINR/SNR 最高的几个用户）译码的方式进行。

• 对于串行干扰消除，会对未译对的所有用户进行排序，每个成功译对的用户信号会被重构和消除，且从被检测用户的池子中剔除。

• 对于并行干扰消除，会对未译对的所有用户进行多轮的检测译码，每一轮译码正确的用户会被重构和消除，且从被检测用户的池子中剔除。

• 对于混合干扰消除，会对未译对的所有用户进行多轮的检测译码，每一轮检测的用户，可以通过对未译对的所有用户进行排序来挑选，每一轮译码正确的用户会被重构和消除，且从被检测用户的池子中剔除。

值得指出的是，对于串行干扰消除，可以考虑的一个增强是，当某个用户未能成功译码时，并不是直接终止解调译码，而是继续对 SINR 排序在其后面的用户逐个进行解调译码。这一增强可以让串行干扰消除接收机以更少的解调译码次数来获得与无限轮的并行干扰消除接收机的严格相同的性能。并行干扰消除和增强型串行干扰消除算法流程分别如图 6-9 和图 6-10 所示。

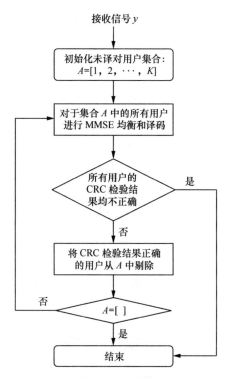

图 6-9　MMSE 并行硬消除接收机

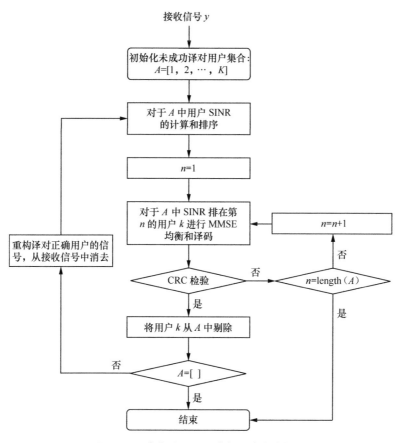

图 6-10　增强型 MMSE 串行硬消除接收机

此类接收机还有一些增强如下。

（1）从降低复杂度方面考虑，基于信噪比（SNR），而不是信干噪比（SINR）排序[14]。

对于某些存在功率差的场景，如文献[14]中的在发射侧采用分组多址（UGMA），接收侧采用基于 SNR 排序和基于 SINR 排序没有太大区别，但是，基于 SNR 排序只需要计算信道的能量，相对简单。

（2）从性能提升方面考虑，利用译码正确的用户，重新估计信道进行重构和干扰消除[5, 15, 16]。

可以采用已经译码正确的用户重构出来的符号，进行信道估计，改善信道估计的性能，降低干扰消除的残余误差，从而提升解调译码性能。

2. 计算复杂度分析

MMSE 硬消除接收机的复杂度模块包含三大部分，分别是检测模块、译码

模块和干扰消除模块。定性而言，译码模块的复杂度是要高于检测和干扰消除模块的。定量而言，检测模块和干扰消除模块能较好地采用复加和复乘进行刻画，而译码模块的计算单元中一般是加法和比较计算居多。因而在量化复杂度时一个比较自然的做法就是对检测模块和干扰消除模块进行计算相加，同时单独考虑译码模块。

文献[17]对检测模块、译码模块和干扰消除模块中的一些重要的细节模块进行了详细分析，其中的检测模块主要包含协方差矩阵的计算、MMSE 解调权重的计算、解调等。

（1）协方差矩阵的计算公式如下：

$$R_{yy} = HH^* + \sigma^2 I \tag{6.3}$$

这里接收天线为 N_{rx}，扩展序列长度为 L，用户数为 N_{ue}，数据符号资源单元（Resource Element）数为 N_{RE}^{data}。协方差矩阵的维度为 $N_{rx} \times L$。只考虑复数乘法，计算上式的复杂度为 $(N_{rx} \times L)^2/2$，这里除以 2 是因为协方差矩阵为共轭对称（Hermitian）的。考虑到多个 RE 可以复用相同的协方差矩阵，故协方差矩阵计算模块的复杂度大约为 $O[N_{UE} \cdot N_{RE}^{data} \cdot (N_{rx} \cdot N_{SF})^2 / 2N_{RE}^{adj}]$。其中的参数 N_{RE}^{adj} 是指在多少个时频域上相邻的解调符号可以假定协方差或者解调权重变化不大，这与用户移动速度和信道的频域响应有关。

（2）MMSE 解调权重的计算公式如下：

$$w_k = h_k^* R_{yy}^{-1} \tag{6.4}$$

计算式（6.4）的矩阵求逆部分需要 $(N_{rx} \times L)^3$ 个复数乘法，乘法部分需要 $(N_{rx} \times L)^2$ 个乘法。考虑多个 RE 可以复用相同的 MMSE 解调权重，故 MMSE 解调权重计算复杂度为 $O((N_{RE}^{data} \cdot (N_{rx} \cdot N_{SF})^3 + N_{iter}^{IC} \cdot N_{RE}^{data} \cdot (N_{rx} \cdot N_{SF})^2)/N_{RE}^{adj})$，这里 MMSE 硬消除的解调译码次数为 N_{iter}^{IC}。

（3）解调模块的计算公式如下：

$$\hat{x}_k = w_k^* y \tag{6.5}$$

解调是将 MMSE 权重乘上接收信号的过程。对于存在扩展的情形，计算式（6.5）需要（$N_{rx} \times L$）个复数乘法。

（4）用户排序计算：

用户排序主要依赖对如下计算量进行排序，此变量计算过程的展开形式如下。

$$T_k = h_k^* R_y^{-1} h_k = \sum \begin{bmatrix} h_{k,1}^* h_{k,1} r_{1,1} & \cdots & h_{k,1}^* h_{k,N} r_{1,N} \\ \cdots & \cdots & \cdots \\ h_{k,N}^* h_{k,1} r_{N,1} & \cdots & h_{k,N}^* h_{k,N} r_{N,N} \end{bmatrix} := \sum Q$$

此处求和"∑"指的是对矩阵的所有元素的求和，考虑到计算协方差矩阵的过程中，$h^*_{k,i}h_{k,i}$已经被计算出来了。并且矩阵Q是共轭对称矩阵，额外需要计算的包括以下两部分：①算出对角线上每个元素，需要一个实数乘法；②算出对角线之外其他每个元素，需要两个实数乘法。对于矩阵维度为3的一个计算示例如图6-11所示。

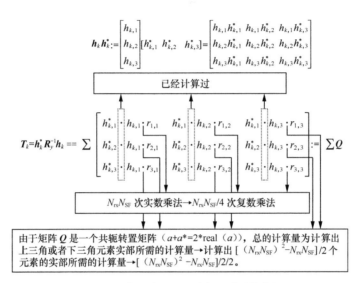

图6-11　增强型 MMSE 串行硬消除接收机

- 符号重构主要指的是重新对比特进行编码、调制和可能的重新扩展等步骤，此部分计算复杂度为$O(N_{UE} \cdot N_{RE}^{data} \cdot N_{rx})$；
- 干扰消除过程指的是从接收的和信号中减去重构出的用户信号。这一复数减法的复杂度相对较低，可以忽略；
- 译码复杂度计算：

NR 的 LDPC 码是不规则的，即其校验矩阵中每一列"1"的元素数目（也称为"列重"）逐列可以不同，每一行"1"的元素数目（也称为"行重"）逐行可以不同。其译码的复杂度主要取决于平均列重（用d_v表示）和平均行重（用d_c表示）。NR LDPC 码的校验矩阵比较灵活，可以通过 Lifting Factor 对基础校验矩阵进行缩放而得到，码率可以通过对基础矩阵进行打孔等方法调整。NOMA 研究当中的仿真，其码块大小一般不超过 150 byte（1200 bit），所用的基础校验矩阵为 BG2，表6-22所列是几种码块尺寸和扩展长度下的 LDPC 码的平均列重和行重。

表 6-22　NR LDPC 校验矩阵 BG2 的平均列重和行重

（TBS，调制，SF）	d_v	d_c
（10 byte，QPSK，2）	3.79	4.69
（20 byte，QPSK，2）	3.77	5.28
（20 byte，QPSK，4）	3.43	6.55

LDPC 译码复杂度的另一决定因素是 LDPC 二分图中的每个校验节点（Check Node）的边缘概率密度计算，大致有两种方式：① 精确计算，可以达到性能最优，但计算量大；② 近似计算，性能次优，在 AWGN 信道有 0.5～0.8 dB 的损失，但计算量较小。在精确计算中，校验节点处的概率密度计算需要将所连接的变量节点传播过来的概率密度进行双曲函数运算。因为双曲函数呈现明显的非线性特征，通常采用表格查取的方法来计算。而在近似算法中，从所连接的变量节点传播过来的概率密度只需要取极值，可以用多次比较运算来实现。表 6-23 是 NR LDPC 在两种方式下的译码复杂度。因为在实际系统中，近似算法（次优）被广泛使用，因此，在以下接收机复杂度分析中只考虑 Min-Sum Offset 的实现方式。

表 6-23　NR LDPC 在精确方式和近似方式下的译码复杂度

主要处理方法	精确计算（最优）： Log-BP + Ideal Kernel	近似计算（次优）： Log-BP + Min-Sum + Offset
校验节点处理 （每个码块，每次迭代）	#Add: $d_v \times N_{bit} + (2d_c - 1) \times (N_{bit} - K_{bit})$ #LUT: $2d_c \times (N_{bit} - K_{bit})$	#Add: $d_v \times N_{bit} + 2 \times (N_{bit} - K_{bit})$ #Comp: $(2d_c - 1) \times (N_{bit} - K_{bit})$
变量节点处理 （每个码块，每次迭代）	#Add: $d_v \times N_{bit}$	#Add: $d_v \times N_{bit}$

表 6-24 所示为 MMSE 硬消除接收机复杂度计算。需要指出的是对于协方差矩阵计算、解调权重计算和用户排序这 3 个细节模块，不同的公司对它们的计算复杂度的估算不完全相同，除了以上介绍的估算 1（Option 1），表 6-24 还包含了其他几种估算公式。

表 6-24　MMSE 硬消除接收机的复杂度计算

接收机 关键模块	细节模块	$O(.)$量级分析
检测模块 （复杂度： 以复乘度量）	用户检测	$O(N_{AP}^{DMRS} \cdot N_{RE}^{DMRS} \cdot N_{rx})$
	信道估计	$O(N_{UE} \cdot N_{RE}^{CE} \cdot N_{RE}^{DMRS} \cdot N_{rx})$

续表

接收机 关键模块	细节模块	$O(.)$量级分析
检测模块 （复杂度： 以复乘度量）	协方差矩阵 计算	估算 1：$O(N_{UE} \cdot N_{RE}^{data} \cdot (N_{rx} \cdot N_{SF})^2 / 2N_{RE}^{adj})$ 估算 2：$N_{itr}\left(\dfrac{(N_{rx}N_{SF})^2 N_{RE}^{DMRS}}{2N_{SF}} + N_{UE}N_{Rx}N_{RE}^{DMRS}\right)$
	解调权重计算	估算 1：$O((N_{RE}^{data} \cdot (N_{rx} \cdot N_{SF})^3 + N_{iter}^{IC} \cdot N_{RE}^{data} \cdot (N_{rx} \cdot N_{SF})^2) / N_{RE}^{adj})$ 估算 2：$\dfrac{N_{itr}N_{RE}^{Data}}{N_{RE}^{adj}}(1.5(N_{rx}N_{SF})^2 N_{UE} + (N_{rx}N_{SF})^3), N_{RE}^{adj} = NN_{SF}$ 估算 3：$O\big((N_{RE}^{data} \cdot (N_{rx} \cdot N_{SF})^3 + N_{iter}^{IC} \cdot N_{RE}^{data} \cdot (N_{rx} \cdot N_{SF})^2 + N_{RE}^{data} \cdot N_{UE}(N_{UE}+1) \cdot (N_{rx} \cdot N_{SF})^2 / 2) / N_{RE}^{adj}\big)$
	用户排序	估算 1：$O\big(N_{RE}^{data} \cdot N_{rx} \cdot N_{SF} \cdot (N_{UE})^2 / N_{RE}^{adj,SINR}\big)$ 估算 2：$O\left(N_{RE}^{data} \cdot N_{rx} \cdot N_{SF} \cdot \dfrac{(N_{UE})^2}{N_{RE}^{adj,SINR}} + (N_{UE})^2 \log(N_{UE})/2\right)$
	解调	$O(N_{iter}^{IC} \cdot N_{RE}^{data} \cdot N_{rx})$
	软信息生成	$O(N_{iter}^{IC} \cdot N^{bit})$
译码模块（复 杂度：以加法 和比较度量）	低密度校验码 （LDPC）译码	A：$N_{iter}^{IC} \cdot N_{iter}^{LDPC} \cdot (d_v N^{bit} + 2(N^{bit} - K^{bit}))$ C：$N_{iter}^{IC} \cdot N_{iter}^{LDPC} \cdot (2d_c - 1) \cdot (N^{bit} - K^{bit})$
干扰消除（复 杂度：以复数 乘法度量）	符号重构	$O(N_{UE} \cdot N_{RE}^{data} \cdot N_{rx})$
	LDPC 编码	缓冲移位：$N_{UE} \cdot (N^{bit} - K^{bit})/2$ 另外：$N_{UE} \cdot (d_c - 1)(N^{bit} - K^{bit})$

接收机复杂度估算所需的变量和典型取值见表 6-25。由于考虑增强的 MMSE IC 算法，一些码块在第一次译码尝试时有可能失败，需要两次或者两次以上的译码才能解码成功，因此，N_{iter}^{IC} 的取值大于 1。

表 6-25　接收机复杂度估算所需的变量及典型取值

变量范畴	参数名	数学标记	取值
通用变量	接收天线数	N_{rx}	2 or 4
	数据资源元素数目	N_{RE}^{data}	8，64
	用户数	N_{UF}	12

续表

变量范畴	参数名	数学标记	取值
MMSE 和 EPA 相关	扩频长度	N_{SF}	4
MMSE 硬消除相关	MMSE 硬消除的译码次数	N_{iter}^{IC}	$(1.5-3) \cdot N_{UE} = (18-36)$
译码相关	LDPC 译码器的检验矩阵平均列重	d_v	3.43
	LDPC 译码器的校验矩阵平均行重	d_c	6.55
	信息比特数目（含 CRC 比特）	K^{bit}	176（对应 20 byte）
	编码比特数目	N^{bit}	432
	LDPC 译码器内迭代数目	N_{iter}^{LDPC}	20
用户检测和信道估计相关	DMRS 天线端口数目	N_{AP}^{DMRS}	12
	信道估计采用 DMRS 的总资源元素数目	N_{RE}^{CE}	12
	DMRS 序列长度（NR Type II）	N_{RE}^{DMRS}	24

在 3GPP NOMA SI 的讨论中，更多公司采用表 6-24 中的估算 1 来估算复杂度，原因是提倡采用 MMSE 串行硬消除接收机的公司基于共同的理解无一例外选用了这一选项，同时，MMSE 并行硬消除接收机的复杂度可以采用估算 2 的计算方法得到。对于 MMSE 硬消除接收机，一个有效降低复杂度的办法是在解调权重或者协方差的计算中，采用多个载波或者符号构成的资源单元（RE）组共用一个解调权重或者协方差。不同的公司采取不同的低复杂度实现进行链路仿真验证。

（1）对于两个载波和一个 TTI（传输时间间隔）共用一个解调权重。

（2）对于整个资源块（RB）共用一个解调权重。

（3）对于 4 个载波和一个 Slot（时隙）共用一个解调权重。

文献[18]采用了上述低复杂度实现（1）进行了链路仿真，对于不同的信道情况，包括存在时频偏的情形做了全面分析，我们发现在不同的情况下，相对于每个解调符号采用不同的解调权重或者协方差的基线而言，性能无损。在文献[19]中采用了上述的低复杂度实现（2）和实现（3）进行了链路仿真，在用户低速移动（3 km/h）的场景下，性能相对基线均无损。在用户较高速（30 km/h）移动的场景下，性能相对基线损失较小。文献[20]也采用了上述的低复杂度实现（3）进行了链路仿真，在用户较高速（30 km/h）和高速移动（120 km/h）

的场景下，性能相对基线均无损。

在接收侧对于多个解调符号共用一个协方差或者解调权重这一低复杂度实现的算法研究由来已久。由于其优良的顽健性，这一算法还被广泛应用于 LTE 网络的多天线系统的产品实现。基于上述众多公司的仿真验证情况，可以确认这一降低复杂度的实现技巧对于非正交传输也是适用的。

在文献[18]给出的链路仿真验证中，N_{RE}^{adj} 取值为 48。若想进一步增大 N_{RE}^{adj} 而获得更低的复杂度。下面给出 N_{RE}^{adj} 取值为 96 时接收侧的一种可能的处理，如图 6-12 所示。

在解某个用户（记为用户 1）时，需要采用扩频单元 a、b 和时域上的所有符号共用一部分协方差。记根据用户 i 的等效信道算得的协方差矩阵为 $Cov_{b,i}$，i=1, 2, …, N_{ue}。在一个 TTI 内，对于扩频单元 b 占据的所有载波内的解调符号，所采用的解调权重计算可以通过下面的协方差 Cov_b 得到，

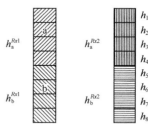

图 6-12　多个解调符号共用一个解调权重

$$Cov_b = \left(Cov_{b,1} + \sum_{i=2}^{N_{ue}} Cov_{b,i} \right) \tag{6.6}$$

对于扩频单元 c，在计算用户解调权重时采用式（6.7）计算协方差。

$$Cov_c = \left(Cov_{c,1} + \sum_{i=2}^{N_{ue}} Cov_{b,i} \right) \tag{6.7}$$

可以看出大部分协方差被复用了，只是待解调的用户的协方差需要更新为本个扩频单元的。这一处理并没有增加多少复杂度，但可以在信道波动较大时仍然获得较好的链路性能，使 MMSE Hard-IC 接收机的整体复杂度进一步降低。仿真验证如下，从图 6-13 可以看出，通过共用部分协方差，可以使 N_{RE}^{adj} 的取值进一步增加到 96，在实际信道估计的情形下，对链路级的性能影响在 BLER = 10%只有 0.2 dB。这样，检测器中复杂度占主导的解调权重计算的复杂度可以明显降低。

对于存在时频偏的情况，相应地，也存在一些接收侧的解决办法来做一些对性能几乎没有影响的低复杂度实现。

综上所述，对于 MMSE Hard-IC 接收机，低复杂度实现具备严格理论基础，针对不同的场景，如信道波动、时频偏等实现起来都有灵活的应对办法，具备优良的顽健性。MMSE Hard-IC 接收机中的解调器的复杂度计算如图 6-14 和图 6-15 所示，分别对应 2 接收天线和 4 接收天线。这里与基本接收机——MMSE IRC 接收机的复杂度作对比。MMSE IRC 的复杂度可以通过将 MMSE 硬消除接收机的外迭代次数设成 1 并且对检测模块求和得到。图例中的 Option 1、Option 2 和 Option 3 基本对应于解调权重的 3 种计算方法。

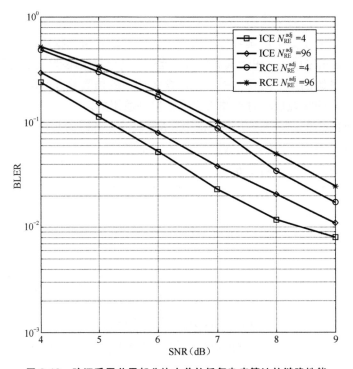

图 6-13　验证采用共用部分协方差的低复杂度算法的链路性能

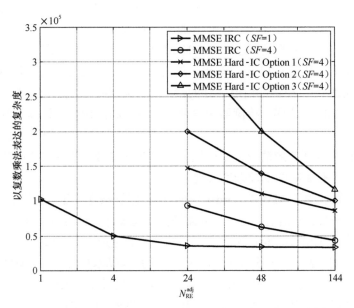

图 6-14　MMSE IRC 和 MMSE Hard-IC 解调器的复杂度，2 接收天线

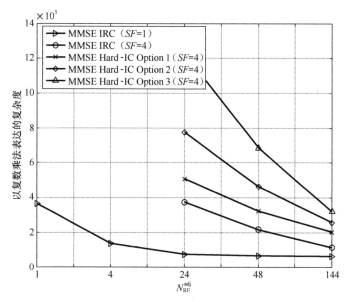

图 6-15　MMSE IRC 和 MMSE Hard-IC 解调器的复杂度计算，4 接收天线

　　译码器中主要的运算包括加法和查找表，而加法和查找表的复杂度转换比例为 1：6[21]。假定实数乘法的复杂度与查找表的复杂度类似[17]，可以按照如下方法得到复数译码器复杂度转化为复数乘法度量单位的折算比例。一个复数乘法可以通过 3 个实数乘法和 5 个实数加法实现，根据前面提到的实数乘法和实数加法的转化比例是 6：1，那么复数乘法和实数加法的比例为(3×6+5)：1，可以近似为 25：1。下面根据此转换比例将译码复杂度的度量单位转化为复数乘法之后加上解调器部分得到接收机整体复杂度，如图 6-16 和图 6-17 所示，分别对应 2 接收天线和 4 接收天线。选取相对保守的 N_{RE}^{adj} = 24，当码块长度为 20 byte（176 bit，包含 CRC）时，MMSE Hard-IC 接收机的整体复杂度大约在 $3×10^5$ 和 $9×10^5$ 个复数乘法的量级。

　　MMSE 类型的接收机还可以是硬消除与软消除混合式的。与以上介绍的 MMSE Hard-IC 不同。软硬混合式的 MMSE 更多地利用了译码器，尤其是译码器的软输出，即编码比特的对数似然比（LLR）进行软符号重构，其复杂度的分析计算见表 6-26。

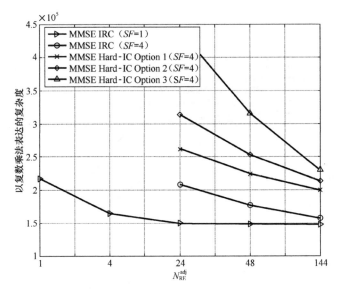

图 6-16 MMSE IRC 和 MMSE Hard-IC 接收机的整体复杂度，2 接收天线

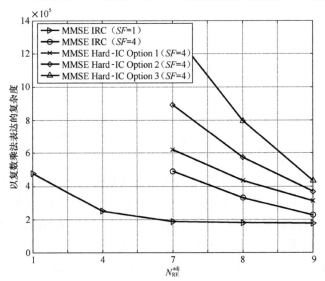

图 6-17 MMSE IRC 和 MMSE Hard-IC 接收机的整体复杂度，4 接收天线

表 6-26 MMSE 软硬混合干扰消除（Hybrid-IC）接收机复杂度

接收机 关键模块	细节模块	O(.)量级分析
检测模块（复杂度：以复乘度量）	用户检测	$O\left(N_{AP}^{DMRS} \cdot N_{RE}^{DMRS} \cdot N_{rx}\right)$
	信道估计	$O\left(N_{UE} \cdot N_{RE}^{CE} \cdot N_{RE}^{DMRS} \cdot N_{rx}\right)$

续表

接收机关键模块	细节模块	O(.)量级分析
检测模块（复杂度：以复乘度量）	协方差矩阵计算	$O\left(N_{\mathrm{SF}}^2 \cdot N_{\mathrm{rx}}^2 \cdot N_{\mathrm{UE}} \cdot N_{\mathrm{RE}}^{\mathrm{data}} / N_{\mathrm{RE}}^{\mathrm{adj}}\right) +$ $O\left(\left(\overline{N_{\mathrm{iter}}^{\mathrm{IC}}} - 1\right) \cdot N_{\mathrm{SF}}^2 \cdot N_{\mathrm{rx}}^2 \cdot \overline{N_{\mathrm{UE}}^+} \cdot N_{\mathrm{RE}}^{\mathrm{data}} / N_{\mathrm{SF}}\right)$
	解调权重计算	$O\left(N_{\mathrm{SF}}^2 \cdot N_{\mathrm{rx}}^2 \cdot N_{\mathrm{UE}} \cdot N_{\mathrm{RE}}^{\mathrm{data}} / N_{\mathrm{RE}}^{\mathrm{adj}}\right) +$ $O\left(N_{\mathrm{SF}}^3 \cdot N_{\mathrm{rx}}^3 \cdot N_{\mathrm{RE}}^{\mathrm{data}} / N_{\mathrm{RE}}^{\mathrm{adj}}\right) +$ $O\left(\left(\overline{N_{\mathrm{iter}}^{\mathrm{IC}}} - 1\right) \cdot N_{\mathrm{SF}}^2 \cdot N_{\mathrm{rx}}^2 \cdot \overline{N_{\mathrm{UE}}^+} \cdot N_{\mathrm{RE}}^{\mathrm{data}} / N_{\mathrm{SF}}\right) +$ $O\left(\left(\overline{N_{\mathrm{iter}}^{\mathrm{IC}}} - 1\right) \cdot N_{\mathrm{SF}}^3 \cdot N_{\mathrm{rx}}^3 \cdot N_{\mathrm{RE}}^{\mathrm{data}} / N_{\mathrm{SF}}\right)$
	解调	$O\left(N_{\mathrm{SF}} \cdot N_{\mathrm{rx}} \cdot N_{\mathrm{UE}} \cdot N_{\mathrm{RE}}^{\mathrm{data}} / N_{\mathrm{RE}}^{\mathrm{adj}}\right) +$ $O\left(\left(\overline{N_{\mathrm{iter}}^{\mathrm{IC}}} - 1\right) \cdot N_{\mathrm{SF}} \cdot N_{\mathrm{rx}} \cdot \overline{N_{\mathrm{UE}}^+}^2 \cdot N_{\mathrm{RE}}^{\mathrm{data}} / N_{\mathrm{SF}}\right) +$ $O\left(\left(\overline{N_{\mathrm{iter}}^{\mathrm{IC}}} - 1\right) \cdot N_{\mathrm{SF}} \cdot N_{\mathrm{rx}} \cdot \overline{N_{\mathrm{UE}}^+} \cdot N_{\mathrm{RE}}^{\mathrm{data}} / N_{\mathrm{SF}}\right)$
	软信息生成	$O\left(\overline{N_{\mathrm{iter}}^{\mathrm{IC}}} \cdot \overline{N_{\mathrm{UE}}^+} \cdot N^{\mathrm{bit}}\right)$
	软符号重构	$O\left(\overline{N_{\mathrm{iter}}^{\mathrm{IC}}} \cdot \overline{N_{\mathrm{UE}}^{\mathrm{S}}} \cdot N_{\mathrm{RE}}^{\mathrm{data}} / N_{\mathrm{rx}}\right)$
译码模块（复杂度：以加法和比较度量）	低密度校验码（LDPC）译码	A：$N_{\mathrm{iter}}^{\mathrm{outer}} \cdot N_{\mathrm{UE}} \cdot N_{\mathrm{iter}}^{\mathrm{LDPC}} \cdot (d_v N^{\mathrm{bit}} + 2(N^{\mathrm{bit}} - K^{\mathrm{bit}}))$ C：$N_{\mathrm{iter}}^{\mathrm{outer}} \cdot N_{\mathrm{UE}} \cdot N_{\mathrm{iter}}^{\mathrm{LDPC}} \cdot (2d_c - 1) \cdot (N^{\mathrm{bit}} - K^{\mathrm{bit}})$
干扰消除（复杂度：以复数乘法度量）	对数斯然比（LLR）到概率的转换	$O\left(\overline{N_{\mathrm{iter}}^{\mathrm{IC}}} \cdot \overline{N_{\mathrm{UE}}^{\mathrm{F}}} \cdot 2^{Q_m} \cdot N_{\mathrm{RE}}^{\mathrm{data}} / N_{\mathrm{SF}}\right)$
	其他	缓冲移位：$\overline{N_{\mathrm{iter}}^{\mathrm{IC}}} \cdot \overline{N_{\mathrm{UE}}^{\mathrm{S}}} \cdot (N^{\mathrm{bit}} - K^{\mathrm{bit}}) / 2$ 另外：$\overline{N_{\mathrm{iter}}^{\mathrm{IC}}} \cdot \overline{N_{\mathrm{UE}}^{\mathrm{S}}} \cdot (d_c - 1)(N^{\mathrm{bit}} - K^{\mathrm{bit}})$

表 6-26 中的记号含义如下：

$\overline{N_{\mathrm{iter}}^{\mathrm{IC}}}$：平均干扰消除迭代轮数；

$\overline{N_{\mathrm{UE}}}$：每轮干扰消除迭代处理的用户数；

$\overline{N_{\mathrm{UE}}^+}$：除了首轮迭代外每轮干扰消除迭代数剩余的用户数；

$\overline{N_{\mathrm{UE}}^{\mathrm{S}}}$：每轮干扰消除译码正确的用户数；

$\overline{N_{\mathrm{UE}}^{\mathrm{F}}}$：每轮干扰消除译码不正确的用户数。

在 3GPP 的 NOMA 研究中，对 MMSE 软硬混合接收机的复杂度分析不如对 MMSE Hard-IC 的分析充分。以上 5 个重要参数的取值没有达成共识。所以

其复杂度的具体估值也不在本章中列举。但通过对比表 6-26 和表 6-24，不难看出混合接收机的复杂度明显比硬消除的要高。

|6.2 基于比特级的处理和典型的接收算法|

6.2.1 发射方案介绍

基于比特级的发射方案包括基于交织器的比特级处理方案和基于扰码的比特级处理方案。交织器和扰码可以用于区分不同的用户。以下分别介绍这两种方案。

1. 基于交织器的比特级处理

基于交织器的比特级处理的发射机如图 6-18 所示。

信息比特 → 信道编码 → 比特重复 → 用户专用的比特交织 → 传统调制 → 资源映射 →

图 6-18 基于交织器的比特级处理（IDMA）的发射机

交织多址最早由 Li Ping 教授提出[22]。IDMA 是根据很多迭代处理新技术的启示而产生的，与之相关的一些技术如下：

Multi-user detection（MUD）（1998 Verdu and Poor）；

Turbo codes（1993 Berrou, Glavieux and Thitimajshima）；

LDPC codes（Gallager, Mackay, Richardson and Urbanke）；

Iterative MUD（1998, Reed, Schlegel, Alexander and Asenstorfe）；

Iterative detection for interleaverv codes（1998 Moher）；

Trellis code multiple access（2001, Brannstorm, Aulin and Rasmussen）；

Unequal power control for CDMA（1998 Muller, lampe and Huber）。

LDPC 作为信道编码，由稀疏矩阵生成，在一定的条件下，如编码码长很长，使用迭代检测，可以离信道容量非常近[23]。Turbo 码使用随机交织器，将信息比特随机化，再使用新的卷积码进行编码，使用迭代检测器可以取得距离 Shannoon 容量界仅有 0.7 dB 的性能[24]。CDMA 使用扩频码区分用户，并使用 MMSE 操作进行多用户干扰抑制和检测。迭代检测使用软入软出的信道译码器，将软输出信息进行软符号重构和干扰消除，再进行新的信号检测和译码，通过迭代处理，逐渐逼近性能极限。

　　受以上技术启发，IDMA 使用交织器作为多址方式，不同用户使用不同的交织器以区分用户。IDMA 可以理解为随机连接的稀疏图，交织器在统计上降低了短环的产生。与 LDPC 类似，短环会降低 LDPC 性能。降低短环产生的概率可以提高系统性能。IDMA 使用迭代接收机，利用译码器输出的软信息计算出每个用户信号的均值和方差。在下一次迭代中，其他用户信号被干扰消除，对当前用户进行信号检测，并计算出当前用户的软信息。将此软信息输入到译码器，得到更新的当前用户的符号的均值和方差，用于下一次迭代检测。通过不断的迭代检测，最终得到每个用户译码后的信息比特，完成多用户检测。

　　传统 CDMA 方法使用扩频码区分用户，这种技术在 3G 时代 cdma2000 和 WCDMA 中得到广泛应用。其关键技术包括功率控制、软切换、Rake 接收等。在 CDMA 系统，通过选择好的扩频码，通过使用 ZF 和 MMSE 检测，可以有效降低用户间的干扰。但其缺点是需要 ZF 或 MMSE 求逆操作。当矩阵维度比较大时实现复杂度会比较高。与 CDMA 方法相比，IDMA 方法可以不需要码域的矩阵求逆（MRC ESE 不需要求逆，但 MMSE ESE 需要矩阵求逆），只需要 ESE 检测操作，单次的 ESE 检测复杂度与 ZF/MMSE 检测相比，复杂度降低了一些[25]。但是 IDMA 检测通常需要多次迭代，所以 IDMA 总的复杂度需要考虑多次 ESE 的复杂度以及多次 SISO 纠错码译码复杂度之和。

　　但由于 IDMA 提出时间太早，而且需要使用迭代接收机，当时商业器件无法支持复杂的计算。在 4G 时代使用 OFDMA 可以简单有效地实现多址，所以很长时间 IDMA 没有作为多址得到应用。已有文献给出 OFDM-IDMA 的性能比正交传输的性能有 5 dB 性能增益，用户数多时性能增益更明显。通过对用户进行功率分配，IDMA 可以做到支持大量用户接入。IDMA 支持多载波和单载波传输、支持用户异步传输。

　　信号经过信道编码后进行每个用户不同的比特交织，比特重复后进行比特交织。比特重复的作用是用户数很多时通过累加可以有效提高用户比特软信息的质量。对比特重复后的比特进行调制。调制可以使用 5G NR 定义的调制方法，无须对已有调制做任何改变。调制后信号可以进行符号填零。符号填零的作用在于用户数很多且每个用户谱效较高时，利用零元素降低迭代检测的用户间干扰，使迭代检测可以收敛或取得较好的性能[26]。后面再进行 DFT，最后进行资源映射。IDMA 关键技术点如下：

- 每个用户使用不同的交织器；
- 比特可以重复，然后进行交织；
- 调制后的符号可以填零。

比特交织的功能是随机化多用户干扰。比特随机化后干扰也随机化了。多用户间干扰累加后更像一个"加性高斯白噪声"。在 IDMA 检测中，其假设之一就是多用户干扰是一个"加性高斯白噪声"。通过计算每个比特的均值和方差，更新得到每个用户每个比特的新的 LLR 值。并将此 LLR 值输入到信道编码译码器，得到软输出。根据软输出结果，重新计算每个比特的均值和方差。如此反复迭代，直到检测收敛。

比特重复的作用类似扩频。但与扩频有本质区别。一般扩频在符号域进行操作，而且每个用户的扩频码都不同。扩频后的信号在接收机使用 ZF 或 MMSE 求逆进行信号检测。IDMA 在比特域进行重复，每个用户使用相同的重复模式。为加大信号的随机性，一般使用[1, –1, 1, –1, 1, –1···]进行重复。输入比特和输出比特关系见表 6-27。

表 6-27 输入比特和输出比特关系

输入比特	比特重复值为 1	比特重复值为–1
1	1	0
0	0	1

接收机计算出每个比特的 LLR 后，按照比特重复序列进行解扩，得到解扩后的比特 LLR 值。在 IDMA 中比特解扩不需要 ZF 或 MMSE 求逆操作，只需要累加操作，进行比特重复的几个比特需要与比特重复序列相乘后进行累加。由于比特重复序列值为 1 或–1，因此并不需要进行乘法操作，只需要符号取反。其比特解扩复杂度与符号域信号解扩相比大大降低。当多用户数较大时，用户间干扰较大，进行比特重复很有必要。通过进行比特 LLR 值积累，可以提高输入译码器 LLR 的质量，从而提高多用户检测的性能。

其中符号填零操作是可选的。当用户数不多，每个用户谱效不高时，可以不使用填零操作。此时，利用交织器对干扰进行随机化和迭代检测，也可以把用户数据检测出来。但当每个用户谱效比较高，或信道编码码率比较高时。由于用户间干扰大，而信道编码纠错能力不强，会导致多用户检测性能的下降。当进行填零操作后，虽然填零导致编码后的比特降低，增加了信道编码码率，但信号受到其他用户干扰也变小了（由于每个用户都有一部分信号是零）。在非正交多址中，有两个影响性能的元素，一是多用户干扰，二是信道编码码率。在用户数较多，信道编码码率较高时，多用户干扰是主导因素。通过填零，降低了多用户间干扰，虽然信道编码码率变大，但通过迭代检测，最终可以取得较好的性能。

如果每个用户设计完全不同的交织器，会增加系统复杂度。交织器的设计有如下一些简化方法。

方法 1　NR 中信道编码使用了交织器。这个交织器是通用设计的，与用户无关。在实际系统中可以使用这个通用交织器，不同用户对交织后的数据取不同的起始点，达到用户与交织器产生关联的效果。交织后的数据取不同的起始点，可以认为对交织后的数据进行不同的循环移位。不同用户的移位数值不一样。接收机可以利用这些数值的不同实现用户信号分离、检测和译码。

方法 2　交织器也可以通过先循环移位，再对数据进行交织来实现。当将循环移位和交织器联合到一起等效观察时，可以认为不同用户使用的是完全不同的交织器，如图 6-19 所示。

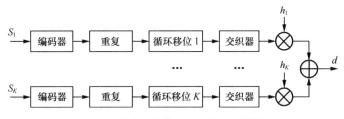

图 6-19　每个用户使用不同交织器的例子

方法 3　交织器可以简单地使用循环移位来实现。这种方法的优点是实现复杂度很低，不需要解交织操作。为区分不同的用户，每个用户使用不同的循环移位值。

由文献[27]知，IDMA 使用方法 3 的交织器性能与每个用户使用随机交织器性能几乎相同，而且 IDMA 性能比 SCMA 方案稍好，如图 6-20 所示。方法 1 和方法 2 不但使用了循环移位，还使用了随机交织器，性能应该不劣于方法 3。由此可以推断，方法 1、方法 2 和方法 3 性能几乎也是相同的。

如果考虑到 PAPR 的性能，则方法 1 和方法 2 由于使用了通用的随机交织器，在做完比特重复后导致信号周期性被破坏，其 PAPR 会较低。而方法 3 由于存在信号周期性导致 PAPR 增加，其 PAPR 性能会较差。

在 IDMA 系统，可以将导频和数据复用到一起，以不同功率进行叠加[28]。利用导频进行初始的信道估计。进行迭代检测后，利用检测后的数据再进行信道估计。由于数据分配功率较高，进行迭代检测后，一些数据会被正确译码。利用可靠性较高的数据进行信道估计可以进一步提高信道估计的精度。通过不断迭代，越来越多的数据被检测出来，信道估计精度也越高。由此形成正反馈，最终所有用户信号都被检测出来。

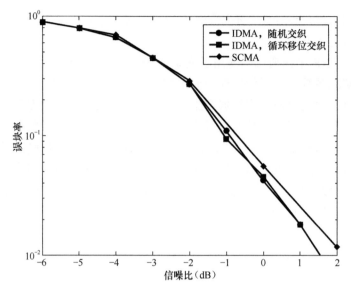

图 6-20　TDL-C，一发两收天线，TBS = 40 byte，QPSK，
NR LDPC，码率 1/2，用户数为 10

将导频复用到数据，通过调节导频的功率可以调节导频的 Overhead，与将专门资源用于导频，这些资源只能用于放置导频而不能放置数据相比灵活性更高。Superposed 导频设计提高了导频设计的灵活性。

基于叠加导频进行信道估计的性能与分配给导频功率的关系如图6-21所示。

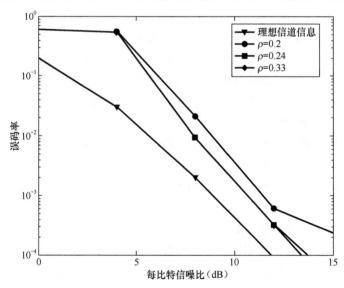

图 6-21　基于叠加导频进行信道估计的性能与分配给导频功率的关系
（Flat Fading 信道，16 个用户）

大的 PAPR（峰均比）是 OFDM 的缺点之一。为降低 PAPR，可以通过 Clipping 来降低。但 Clipping 会带来信号失真，降低系统性能。这可以通过在迭代接收机中加入修正算法，对 Clipping 信号进行软补偿来提升性能。已有文献证明[29]，通过使用发射机 Superposition Coding 和 Clipping，接收机采用修正算法后，IDMA-OFDM 可以在低 PAPR 下取得较好的性能。性能比 OFDMA 的正交多用户性能好 6～7 dB。这是由于 IDMA-OFDM 通过非正交接入、比特重复，信号在整个带宽分布可以取得多用户分集、频率分集和扩频分集。同时 OFDMA 对 Clipping 更敏感，导致其性能降低较大，如图 6-22 所示。

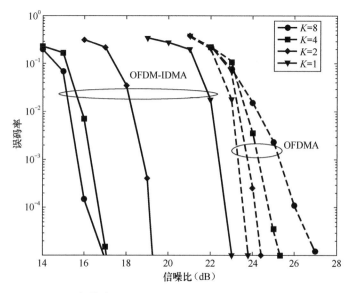

图 6-22　上行传输，Clipping Ratio = 0 dB，R = 3 bit/(s·Hz)，共 24 个流，每个用户分配流数相同

IDMA 每个用户使用不同的交织器，使用迭代检测来进行多用户检测。ESE 检测出的信号送入译码器得到输出的软信息。根据软信息计算出均值和方差，送入 ESE 检测器，用于软干扰消除和用户信号检测。如此反复迭代，用户信号不断被检测和成功译码。当用户数较多时，为使迭代检测收敛，需要用户间功率分配。一些用户分配较高的功率。这将使高功率的用户先被检测出来。软干扰消除后，功率较低的用户也能被检测和正确译码。

IDMA 可以支持大量用户同时接入相同资源，在 AWGN 信道，每个用户频谱效率是 1/8 bit/（s·Hz），IDMA 可以支持 64 个用户接入系统，同时可以取得很好的性能。当大量用户接入系统时，IDMA 总的谱效可以达到很高。以上面数据为例，每个用户的频谱效率是 1/8 bit/（s·Hz），64 个用户接入系统，

则总谱效为 8 bit/（s·Hz）。图 6-23 给出了 IDMA 可以取得 2 bit/（s·Hz）、4 bit/（s·Hz）、6 bit/（s·Hz）和 8 bit/（s·Hz），且每条曲线与对应的容量界差别不大。这体现了 IDMA 强大的灵活性（支持不同谱效）和稳健性（不同频谱效率下与容量界差别几乎相同）。

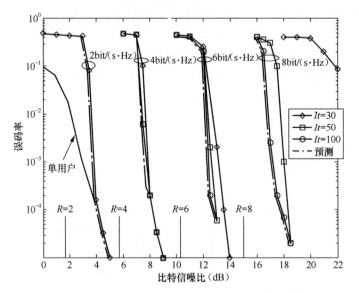

图 6-23　IDMA 在不同频谱效率下的性能（AWGN 信道）

使用 SNR Evolution 可以快速得到 IDMA 在多用户下的性能。这种方法得到的结果与全面仿真结果非常接近，可以用于快速预测 IDMA 性能。SNR Evolution 需要两个函数 $f(\ )$ 和 $g(\ )$（如图 6-24 所示）。这两者都可以通过 IDMA 使用的信道编码计算获得。比如，IDMA 使用的信道编码器是卷积码，QPSK 调制比特重复了 8 次，则我们可以在 AWGN 信道下仿真出此时卷积码的性能（使用软入软出译码器），设置一定迭代次数后，在某个 SNR 下我们可以得到输出的软比特。根据软比特可以计算出每个符号的方差，将所有符号方差进行平均，得到对于当前 SNR 的方差均值 $f(\mathrm{SNR})$。对软比特进行硬判决，可以计算出 BER，即为对应此 SNR 的比特误码率 $g(\mathrm{SNR})$。

SNR Evolution 算法描述见文献[25]：

（1）初始化，$f\left(\gamma_k^{(0)}\right)=1, \forall k$；

（2）SNR 更新；

$$\gamma_k^{(q)} = \frac{\left|h_k\right|^2}{\sum\limits_{k'\neq k}\left|h_{k'}\right|^2 f\left(\gamma_{k'}^{(q-1)}\right)+\sigma^2}，\ \text{for } k=1\cdots K \text{ 和 } q=1\cdots Q\ (Q \text{ 为迭代次数})$$

（3）中止，第 k 个用户的 BER：$g\left(\gamma_k^{(Q)}\right), \forall k$。

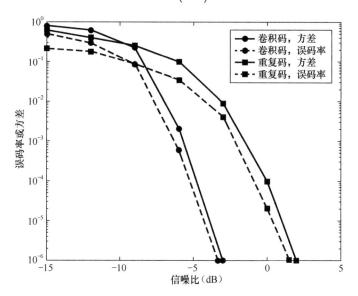

图 6-24　卷积码和重复码的 $f()$ 函数和 $g()$ 函数

SNR Evolution 迭代检测框图如图 6-25 所示。

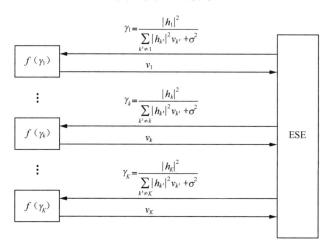

图 6-25　SNR Evolution 迭代检测框图

由 IDMA 的 SNR Evolution 计算可知，当用户间没有功率分配，所有用户功率都相等时，每个用户的初始 SNR 都比较低，迭代检测可能不收敛。此时，需要在用户间进行功率分配。进行功率分配后，功率高的用户会先收敛，其对其他用户没有干扰。这样，低功率用户也会被检测出来。表 6-28 是 AWGN 信

道下不同用户数 K 的功率分配，可以发现，对于总用户数较多的情形，不同用户（组）之间的功率差越大，ESE 接收机的收敛就越快。

表 6-28　AWGN 信道下不同用户数 K 的功率分配

总用户数 K	迭代次数	各个功率组的用户数（功率比）
16	5	16（0 dB）
32	15、20、30	25（0 dB）+ 7（5.38 dB）
48	20	26（0 dB）+ 8（7.45 dB）+ 8（10.35 dB）+ 6（10.76 dB）
48	50	27（0 dB）+ 8（7.86 dB）+ 4（9.93 dB）+ 9（10.34 dB）
64	20	24（0 dB）+ 6（7.86 dB）+ 8（8.29 dB） 8（13.66 dB）+ 4（14.07 dB）+ 14（19.45 dB）
64	30	25（0 dB）+ 7（7.86 dB）+ 7（8.28 dB） 5（13.25 dB）+ 7（13.66 dB）+ 13（18.63 dB）
64	50	26（0 dB）+ 6（7.86 dB）+ 9（8.28 dB） 7（12.42 dB）+ 13（16.97 dB）+ 3（17.39 dB）

由 SNR Evolution 过程可知，信道编码影响 $f()$ 和 $g()$，对 IDMA 性能有很大的影响。使用好的信道编码可以获得好的性能。比如，卷积码就比简单的重复码性能要好。使用 Turbo-Hadamard 比 Turbo 码性能要好。图 6-26 给出了 IDMA 使用卷积码和重复码仿真结果和 SNR Evolution 结果对比，图 6-27 给出了使用 Turbo-Hadamard 和 Turbo 码的 IDMA 性能对比。

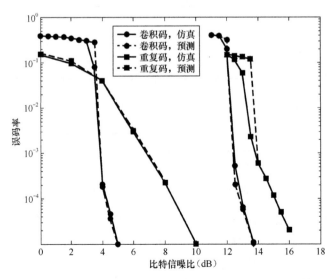

图 6-26　IDMA 使用卷积码和重复码仿真结果和 SNR Evolution 结果对比

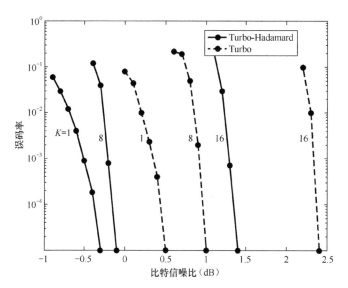

图 6-27　使用 Turbo-Hadamard 和 Turbo 码的 IDMA 性能对比

图 6-28 给出了使用不同信道编码时系统吞吐量的比较[30]，可以发现，在高 SNR 区域，各种方案区别不是很大。使用简单的重复码也能取得较好的性能。重复码编码非常简单，检测复杂度很低。在低 SNR 区域，可以发现卷积码要远远优于重复码，低于 8 dB，重复码无法正常工作；Turbo-Hadamard 要优于卷积码，低于 4 dB，卷积码无法正常工作；而 Turbo-Hadamard 在 1 dB 也可以达到一定的吞吐量。

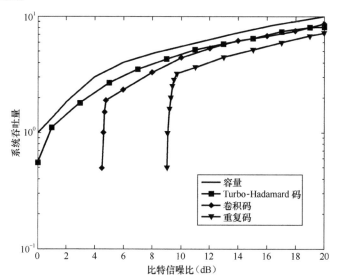

图 6-28　使用不同信道编码时系统吞吐量的比较

2. 基于扰码的比特级处理

与移动通信系统里使用交织器相同，扰码也被广泛使用。扰码也可以用于实现多址，此时每个用户使用不同的扰码，其典型发射机结构如图 6-29 所示。

图 6-29　基于比特级扰码的 NOMA 发射机

不同用户使用不同的扰码。扰码和交织器都可以随机化干扰，但两者还是有一定的性能区别。在用户数不多，信道编码码率不高时，两者性能相同。但当用户数较多时，IDMA 性能要优于基于扰码的多址方案。

使用交织器的多址方式通过使用交织器随机化传输比特，可以降低 Tanner 图中短环的数目，而使用扰码，无法改变短环的存在。从理论上讲，交织器比扰码性能要好。

也有一些公司通过扰码和时延共同来实现多用户接入，此时时延也可以作为多址方式，即不同的用户使用不同的扰码和时延作为多址方式[31]。接收机利用不同的扰码和时延实现用户检测和分离。在检测当前用户时，将其他用户当成干扰。利用其他用户的均值和方差计算出干扰信号，对干扰信号进行干扰消除后进行信号检测，计算出当前用户每个比特的软信息，并输入到译码器进行译码。利用软输出结果计算出当前用户每个符号的均值和方差。这些均值和方差将用于检测其他用户的信号。

与 IDMA 类似，以扰码实现多址可以使用 ESE 检测器、更高级的 MMSE ESE 接收机，或者是 $SF = 1$ 的 MMSE Hard-IC 接收机。

ACMA（Asynchronous Coded Multiple Access）是扰码多址方案的改进[31]。其多址通过扰码和时延联合实现。加入随机时域作为多址方式，可以使系统容纳更多用户，如图 6-30 所示。

图 6-30　使用扰码和错列时延作为多址的 NOMA 方案

需要指出，当 ACMA 与 OFDM 结合时，时域 OFDM 符号需要同步，但时域 OFDM 序号可以不一样，以实现异步传输，如图 6-31 所示。

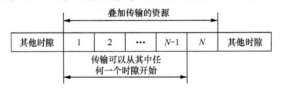

图 6-31　在 N 个时隙的叠加传输资源中的错列时延传输

6.2.2　ESE + SISO 接收机算法及复杂度分析

1．ESE + SISO 接收机算法

接收机是非正交多址技术的重要组成部分。当发射机方案定下来后，使用不同的接收机会获得不同的性能。如果说发射机是非正交多址设计的重点，那么接收机则是非正交多址设计的难点。接收机处理的细节很大程度上会影响非正交多址方案的性能。

IDMA 的典型接收机是 ESE 接收机。当接收机只有一根接收天线时，多用户下 IDMA 接收信号可以写为

$$y(j) = h_k x(j) + \xi_k(j) \tag{6.8}$$

其中，$\xi_k(j) = \sum\limits_{k' \neq k} h_{k'} x(j) + \eta(j)$。将 $\eta(j)$ 视为高斯变量，则第 k 个用户的 SINR 为

$$SINR_k = \frac{|h_k|^2 P_k}{\sum\limits_{k' \neq k} |h_{k'}|^2 v_{k'} P_{k'} + \sigma^2} \tag{6.9}$$

图 6-32　迭代接收机的信息传递

$v_{k'}$ 是译码器输出软信息计算出软符号的方差。ESE 检测可以认为是信息在检测器转移函数和译码器转移函数之间迭代。迭代接收机的信息传递如图 6-32 所示。

为简单起见，假设为 AWGN 信道

$$SNR = \phi(v_k) = \frac{P}{(K-1)Pv + \sigma^2} \tag{6.10}$$

译码器的转移函数是

$$v = \psi(SNR) \tag{6.11}$$

可以通过 $\phi(v)$ 和 $\psi(SNR)$ 之间轨迹曲线分析 IDMA 的收敛性。图 6-33 的左图中曲线 $\phi(v)$ 位于 $\psi(SNR)$ 左边，两条曲线不交叉，表明可以成功完成迭代检测；图 6-33 右图中曲线 $\phi(v)$ 与 $\psi(SNR)$ 有交叉，表明不能成功完成迭代检测。

ESE 是为单发射天线和单接收天线设计的。当接收机是多天线时，通过 MRC 合并，将多接收天线"变为"单接收天线，从而可以使用 ESE 检测。但由于 MRC 抑制多用户干扰的能力是次优的，其性能通常没有基于 MMSE ESE 接收机好。

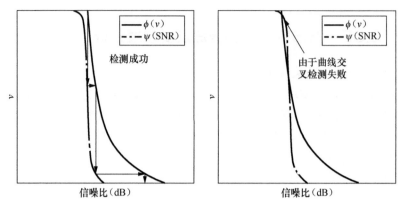

图 6-33 $\phi(v)$ 和 $\psi(\mathrm{SNR})$ EXIT 分析

为了完整理解 IDMA 接收机，我们分别介绍 3 种子类，即 ESE、MRC ESE 和 MMSE ESE。后两种子类接收机适用于接收天线数大于 1 的情况。多用户接收信号可以表示为

$$y(j) = \sum_{k=1}^{K} \boldsymbol{h}_k x_k(j) + \boldsymbol{n}(j), j = 1, 2, \cdots, J \qquad (6.12)$$

其中，$\boldsymbol{h}_k$ 是第 k 个用户的信道，是一个 $N_r \times 1$ 的矢量，K 是用户数，J 是信号长度，N_r 是接收天线数，$\boldsymbol{n}(j)$ 是均值为 0、方差为 $2\sigma^2$ 的 AWGN 噪声。为表示方便，式(6.12)可以写为

$$y(j) = \boldsymbol{H}\boldsymbol{x}(j) + \boldsymbol{n}(j) \qquad (6.13)$$

其中，$\boldsymbol{H} = [\boldsymbol{h}_1, \boldsymbol{h}_2, \cdots, \boldsymbol{h}_K]$，$\boldsymbol{x}(j) = [x_1(j), x_2(j), \cdots, x_K(j)]^{\mathrm{T}}$。

MMSE ESE 算法描述：

初始化：

$$\overline{x}_k(j) = 0, \ \overline{v}_k(j) = 1, e_{\mathrm{DEC}}(llr_k) = 0, \forall k, j \qquad (6.14)$$

主要操作：

For It = 1 to It_{num} （外迭代）

{   For k = 1 to K （循环每个用户）

     {

$$\boldsymbol{R} = 2\sigma^2 \boldsymbol{I} + \boldsymbol{H}\boldsymbol{V}\boldsymbol{H}^{\mathrm{H}} \qquad (6.15)$$

$$\boldsymbol{W} = \boldsymbol{V}\boldsymbol{H}^{\mathrm{H}}\boldsymbol{R}^{-1} \qquad (6.16)$$

后验方差计算

$$\hat{V} = V - WHV \tag{6.17}$$

后验均值计算

$$\hat{x}(j) = \overline{x}(j) + W\big(y(j) - H\overline{x}(j)\big), \forall j \tag{6.18}$$

外信息方差计算

$$\frac{1}{v_k^{ex}(j)} = \frac{1}{\hat{v}_k(j)} - \frac{1}{\overline{v}_k}, \ \forall k \tag{6.19}$$

外信息均值计算

$$x_k^{ex}(j) = v_k^{ex}(j)\left(\frac{\hat{x}_k(j)}{\hat{v}_k(j)} - \frac{\overline{x}_k(j)}{\overline{v}_k}\right), \ \forall j \tag{6.20}$$

后验 LLR 计算

$$e_{\text{ESE}}\big(x_k(j)\big) = 2\frac{\text{Re}\big(x_k^{ex}(j)\big)}{v_k^{ex}}, \ \forall j \tag{6.21}$$

计算译码器输入外信息：$e_{\text{ESE}}\big(llr_k\big) - e_{\text{DEC}}\big(llr_k\big)$

将外信息输入到信道译码器，得到后验 LLR：$e_{\text{DEC}}\big(llr_k\big)$

根据译码器输出外信息：$e_{\text{DEC}}\big(llr_k\big) - e_{\text{ESE}}\big(llr_k\big)$

计算软符号的均值 $\overline{x}_k(j)$ 和方差 $\overline{v}_k$

　　　　}

　　}

式（6.21）是对 QPSK 信号的解调，已知信号是均值 $x_k^{ex}(j)$ 和方差 v_k^{ex}。当发射机使用高阶调制时，根据均值 $x_k^{ex}(j)$ 和方差 v_k^{ex} 可以计算出每个比特的 LLR。

其中，$V = \text{diag}\big(\overline{v}_1, \overline{v}_2, \cdots, \overline{v}_K\big)$、$\overline{x}(j) = \big[\overline{x}_1(j), \overline{x}_2(j), \cdots, \overline{x}_K(j)\big]^T$、$\overline{v}_k \equiv \text{Var}\big(x_k(j)\big)$ 是 $x_k(j)$ 的先验方差。为降低复杂度，可以使用

$$\overline{v}_k \approx \frac{1}{M}\sum_{j=1}^{M} v_k(j) \tag{6.22}$$

M 的值是 J 的 $1/10$。$\hat{x}_k(j)$ 是 $x_k(j)$ 的后验均值，它是 $\hat{x}(j)$ 的第 k 个元素。$\hat{v}_k$ 是 $v_k(j)$ 的后验均值，它是 $\hat{V}$ 的第 k 个对角线元素。

MMSE ESE 复杂度主要集中于信号检测和信道译码。式（6.18）是用户信号检测，其中包含对其他用户信号的干扰消除。W 计算需要式（6.15）和式（6.16）。式（6.16）含有矩阵求逆操作。由于 R 是对称矩阵，其求逆复杂度可以根据这

种特性得到降低。在使用高阶调制时，式（6.21）复杂度也比较高。但高阶调制 LLR 计算也有简化算法，复杂度也可以降低。将外信息送入信道译码器进行译码，需要较高的计算复杂度。但也有简化方法，如使用较低的译码器迭代次数。MMSE ESE 中 LDPC 信道码译码器迭代次数可以设置为 5，比常规的 LDPC 译码所需的 25 次或 20 次要小很多，这样可以降低信道译码器的计算复杂度。在计算软符号的均值 $\bar{x}_k(j)$ 和方差 $\bar{v}_k$ 时也需要较大的计算复杂度。对于 QPSK 信号，均值和方差计算比较简单。对高阶调制，计算会比较复杂。但利用高阶星座图的特性，由简化算法来计算软符号的均值和方差。后面有详细的 MMSE ESE 复杂度分析。

从这里可以看出，矩阵求逆只与接收天线数有关，与比特重复次数无关。所以矩阵求逆的复杂度不是很高，整体迭代检测复杂度比较可控。矩阵求逆的复杂度低是 IDMA 的一个显著特点。基于符号扩展的非正交多址也可以使用 MMSE ESE 做检测，但其矩阵求逆的复杂度与接收天线数和扩频码长度相关，是其乘积的三次方，求逆复杂度较大。当信道变化很慢时，多个信道可以共用一个矩阵求逆，由此可以大大降低复杂度。

在用户数不是很多时可以使用 MRC ESE 做检测，因为 MRC ESE 不需要 MMSE 求逆，复杂度很低。在一定条件下其性能和 MMSE ESE 一样。只有在用户数很多或单用户谱效比较高时，MRC ESE 的性能与 MMSE ESE 有差异。

在 MMSE ESE 迭代检测中，为获得好的性能，需要 ESE 检测器的转移函数(Transfer Function) ψ(SNR) 与信道译码的译码器的转移函数 ϕ(SNR) 互相匹配。图 6-34 给出了多个 ESE 的转移函数和译码器的转移函数[26]。方法 1（Scheme 1）和方法 2（Scheme 2）的 ESE 转移函数分别是 $\psi^{(1)}$(SNR) 和 $\psi^{(2)}$(SNR)。当 ψ(SNR) 与 ϕ(SNR) 有交叉时，表明迭代检测将在交叉点停止收敛。此时，迭代检测的性能会很差。当 ψ(SNR) 一直位于 ϕ(SNR) 左边且没有交叉时，是一个很好的状态，表明信息可以在检测器和译码器间迭代收敛，迭代检测器会有较好的性能。由图 6-34 可知，$\psi^{(1)}$(SNR) 与 ϕ(SNR) 有交叉，而 $\psi^{(2)}$(SNR) 与 ϕ(SNR) 没有交叉且前者位于后者的左边。由图 6-35 可知，方法 1 的误块率一直是 1，而方法 2 的误块率随 SNR 增加而下降。这与之前的转移函数观察现象吻合。图 6-34 中 ESE 转移函数 $\psi^{(2)}$(SNR) 是通过发射机多流并进行流间功率分配来取得的。通过调整功率分配因子，$\psi^{(2)}$(SNR) 的形状将发生变化。我们需要使得 $\psi^{(2)}$(SNR) 与 ϕ(SNR) 没有交叉且前者位于后者的左边。关于多流的 NOMA 方案，在 6.4 节有详细的描述。

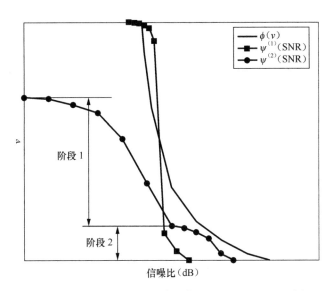

图 6-34 检测器转移函数 $\psi(\mathrm{SNR})$ 和译码器转移函数 $\phi(v)$

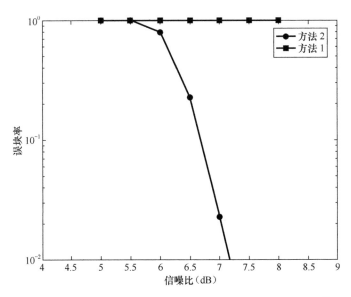

图 6-35 方法 1 和方法 2 的 FER 性能 [方法 1 的检测器转移函数是 $\psi^{(1)}(\mathrm{SNR})$，
方法 2 的检测器转移函数是 $\psi^{(2)}(\mathrm{SNR})$]

MRC ESE 和 MMSE ESE 接收机性能对比见图 6-36[33]。这里，MRC 即 MF。可以发现，用户数较多时，MMSE ESE 接收机性能要优于 MRC ESE 接收机。

这是由于 MMSE 处理使 SINR 最大,而 MRC 做不到使 SINR 最大,是因为 MRC 能使有用信号能量最大,而对用户干扰的抑制能力次优。为降低计算复杂度,在每个用户谱效不高和用户数不是很多时,可以使用 MRC ESE 接收机。为获得高的总谱效,需要使用 MMSE ESE 接收机。

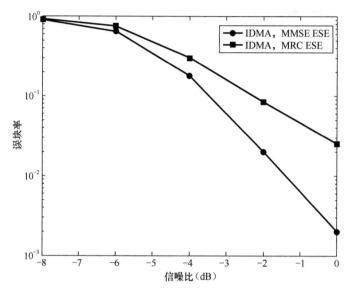

图 6-36 MRC ESE 和 MMSE ESE 的性能比较
(6 RB, 20 byte, 20 user, TDL-C, N_r=2, QPSK)

图 6-37 给出了 MMSE ESE 接收机迭代次数与 BLER 性能的曲线。可以发现,MMSE ESE 接收机性能与迭代次数有很大的关系。当迭代次数较小时,性能比较差。此时,大量比特没有译码正确,用户间干扰很大。加大迭代次数,会有越来越多的比特译码成功,系统性能也越来越好。MMSE ESE 在迭代 15 次后还没有收敛。迭代次数为 20 次、BLER 为 0.1 时性能比迭代 15 次性能要好 0.5 dB。

迭代接收机性能与迭代次数有很大的关联,而总的计算复杂度和时延与迭代次数呈线性关系。为降低 ESE 的计算复杂度和时延,需要想办法加快收敛复杂度。方法之一是将译码正确的用户信号进行硬的比特干扰消除,以降低用户干扰,加快算法收敛。

2. ESE+SISO 接收机复杂度分析

MRC-ESE 接收机的复杂度分析公式见表 6-29,对于 ESE+SISO 接收机,MRC 合并是比较经典的做法,其优点在于对于每次检测而言,MRC 合并的复杂度较低,如"ESE 软入软出"一列所示。但是由于 MRC 合并的压制干扰能力较弱，需要较多的检测器和译码器之间的交互来提升软信息的置信度，获得较好的性能，这也会让这类接收机的整体复杂度提升。其增强方式也不止一种，如"增强 ESE-MF 合并"和"增强 ESE-MMSE 合并"两列所示。另外，当系统需要使用低峰均比的 DFT-s-OFDM 波形时，ESE 迭代检测需要多次 FFT 和 IFFT 操作，也会使复杂度和时延提升。

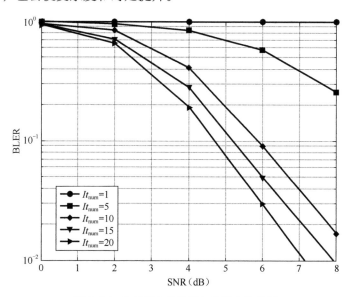

图 6-37　迭代接收机性能与迭代次数关系

表 6-29　ESE+SISO 接收机复杂度计算

接收机 关键模块	细节模块	$O(\cdot)$ 量级分析		
		ESE 软入软出	增强 ESE-MF 合并	增强 ESE-MMSE 合并
检测模块 （复杂度：以 复乘度量）	用户检测	$O(N_{AP}^{DMRS} \cdot N_{RE}^{DMRS} \cdot N_{rx})$		
	信道估计	$O(N_{UE} \cdot N_{RE}^{CE} \cdot N_{RE}^{DMRS} \cdot N_{rx})$		
	天线合并	没有	$O(N_{RE}^{data} \cdot N_{UE} \cdot N_{rx})$	$O(N_{RE}^{data} \cdot N_{UE} \cdot N_{rx}^3)$
译码模块（复 杂度：以加法 和比较度量）	低密度校验码 （LDPC）译码	A：$N_{iter}^{outer} \cdot N_{UE} \cdot N_{iter}^{LDPC} \cdot (d_v N^{bit} + 2(N^{bit} - K^{bit}))$ C：$N_{iter}^{outer} \cdot N_{UE} \cdot N_{iter}^{LDPC} \cdot (2d_c - 1) \cdot (N^{bit} - K^{bit})$		
干扰消除（复 数乘法度量）	对数斯然比 （LLR）到 概率的转换	$O(N_{iter}^{outer} \cdot N_{UE} \cdot N^{bit})$		
	干扰消除	$O(6 \cdot N_{iter}^{outer} \cdot N_{UE} \cdot N_{RE}^{data} \cdot N_{rx})$	$O(6 \cdot N_{iter}^{outer} \cdot \rho N_{UE} \cdot N_{RE}^{data} \cdot N_{rx})$	$O(6 \cdot N_{iter}^{outer} \cdot \rho N_{UE} \cdot N_{RE}^{data} \cdot N_{rx})$

表 6-30 是 ESE 接收机复杂度计算的主要参数和取值。其中的参数 $N_{\text{iter}}^{\text{outer}}$ 与表 6-24 中的 $N_{\text{iter}}^{\text{IC}}$ 比较类似，都是指一个码块平均所需的译码次数。但对于 ESE 接收机，$N_{\text{iter}}^{\text{outer}}$ 的典型取值大约为 5，比 $N_{\text{iter}}^{\text{IC}}$ 的典型取值（如 1.5~3.0）要高，说明 ESE 接收机更加依赖译码器。

表 6-30 ESE 接收机的复杂度计算参数和取值

变量范畴	参数名	数学标记	取值
通用变量	接收天线数	N_{rx}	2 或 4
	数据资源元素数目	$N_{\text{RE}}^{\text{data}}$	864
	用户数	N_{UE}	12
译码相关	LDPC 译码器的检验矩阵平均列重	d_v	3.43
	LDPC 译码器的校验矩阵平均行重	d_c	6.55
	信息比特数目	K^{bit}	176
	编码比特数目	N^{bit}	432
	LDPC 译码器内迭代次数	$N_{\text{iter}}^{\text{LDPC}}$	20
软消除接收机相关	检测器和译码器之间的外迭代数目	$N_{\text{iter}}^{\text{outer}}$	5
用户检测和信道估计相关	DMRS 天线端口数目	$N_{\text{AP}}^{\text{DMRS}}$	12
	信道估计采用的 DMRS 的总资源元素数目	$N_{\text{RE}}^{\text{CE}}$	12
	DMRS 序列长度（NR Type II）	$N_{\text{RE}}^{\text{DMRS}}$	24

图 6-38 和图 6-39 分别是 ESE 接收机的解调器在 2 接收天线和 4 接收天线下的复杂度。图 6-40 和图 6-41 分别是在 2 接收天线和 4 接收天线下的 ESE 接收机的总体复杂度。这里以增强 ESE MMSE 合并为例（因为它能够较好地折中性能和复杂度），ESE 接收机的总体复杂度在 2 接收天线和 4 接收天线时大约分别在 5.6×10^5 和 1.1×10^6 个复数乘法的量级，比 MMSE Hard-IC 的复杂度要高。

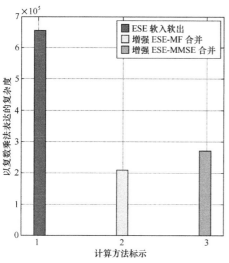

图 6-38 ESE 解调器的复杂度计算,
2 接收天线

图 6-39 ESE 解调器的复杂度计算,
4 接收天线

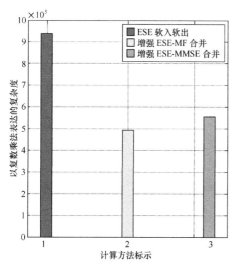

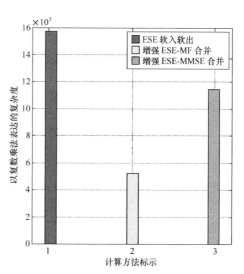

图 6-40 ESE + SISO 接收机的整体复杂度,
2 接收天线

图 6-41 ESE + SISO 的整体复杂度,
4 接收天线

|6.3 基于多维调制的扩展和典型接收算法 |

6.3.1 SCMA 方案介绍

稀疏性码分多址接入（Sparse Code Multiple Access，SCMA）可以看作是稀疏性码本的一种演进方案。

低密度扩频多址接入(Low-Density Spreading Multiple Access，LDSMA)[34]与传统码分多址（Code Domain Multiple Access，CDMA）不同，接收端的多个用户信号不是完全叠加模式，而是呈现为低密度叠加模式，每个资源点上叠加的用户数远远小于总的接入用户数（6 用户信号叠加在 4 个资源点的二分图如图 6-42 所示），因而：

● 每个资源点上的搜索空间大为减少，可以采用更复杂的多用户检测技术，比如基于置信度传播（Belief Propagation）的多用户检测技术；

● 每个资源点上的信干噪比更高，可能获得更高的检测性能；

● 每个用户信息在不同的资源点上遭受来自不同用户的干扰，干扰用户的分集特性使用户不会在所有资源点上都受到强干扰。

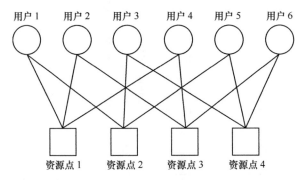

图 6-42 LDSMA 的用户与资源的稀疏性映射关系用二分图表示

因此，当为了追求性能而采用置信度传播等先进的多用户检测技术时，LDSMA 系统的检测复杂度会比一般传统的扩频系统低很多。LDSMA 使基于置信度传播等多用户检测技术成为可能，从而其链路性能逼近最优多用户检测的性能。

LDSMA 的码本设计是对性能影响非常重要的一环，可以从稀疏性的映射模式和码字的相位、功率等多个维度优化设计 LDSMA 的码本[35]。不失一般性，这里以 AWGN 信道为例，令 x_k 为用户 k 的调制符号，LDSMA 的接收信号为

$$y(l) = \sum_{k=1} s_k(l)x_k + w(l) \qquad l = 0,1,\cdots,L-1 \qquad (6.23)$$

其中，L 为扩展因子，x_k 的星座图点数为 M。接收信号写成矩阵形式为

$$y = Sx + w \qquad (6.24)$$

其中，S 是 $L \times K$ 维的稀疏性扩展序列矩阵，其每一列为用户的扩展序列，即 $S = [s_1, s_2 \cdots s_K]$，其中 $s_k = [s_k(0) \cdots s_k(l) \cdots s_k(L-1)]^T$ 是用户 k 的扩展序列，$x = [x_1\ x_2 \cdots x_K]^T$ 是各用户的调制符号，w 为高斯噪声向量。接收端采用最大后验概率算法（Maximum a Posteriori, MAP）进行最优接收，可表达如下。

$$\hat{x}_{MAP} = \arg\max_{x \in X^K} \prod_l M_l(x) \qquad (6.25)$$

其中，$M_l(x)$ 是第 l 个资源点上的以高斯分布为模型计算的误差概率。

$$M_l(x) = \exp\left\{ -\frac{1}{\sigma_w^2}\left| y(l) - \sum_{k=1}^{K} s_k(l)x_k \right|^2 \right\} \qquad (6.26)$$

在 LDSMA 系统中，由于每个用户只在少数资源点上有非零信号，所以每个资源点上也只有部分用户的信号。因此，对于每个资源点，只需要计算其上有非零信号的用户的误差概率。令 $F(l) = \{k : s_k(l) \neq 0\}$ 表示与资源点 l 上有非零信号的用户的集合，则在 LDSMA 系统中，有

$$M_l(x) = \exp\left\{ -\frac{1}{\sigma_w^2}\left| y(l) - \sum_{k \in F(l)} s_k(l)x_k \right|^2 \right\} \qquad (6.27)$$

可以看出，相比传统的 CDMA 系统，在 LDSMA 系统中，每个资源点的 MAP 算法的搜索计算复杂度从 $O(L \cdot M^K)$ 降低到 $O\left(\sum_{l=0}^{L-1} M^{F(l)}\right)$，若所有资源点上非零信号的用户数是相同的，令其为 d_f，那么 LDSMA 的 MAP 算法的搜索计算复杂度降为 $O(L \cdot M^{d_f})$。MAP 算法在 SCMA 中通常被称为 Message Passing Algorithm（MPA），即基于二分图的置信度传播。

SCMA 是在 LDSMA 基础上演进的稀疏性码分多址技术，SCMA 与 LDSMA 类似，其码字映射图式也是稀疏性的，因而，采用基于置信度传播等先进的多用户检测技术的复杂度也会明显低于非稀疏码分多址方案。SCMA 与 LDSMA 的不同之处在于 LDSMA 仍是基于符号扩展的，其各个非零点承载的符号是一个调制符号的不同加权版本，而 SCMA 不是传统的符号扩展技术，没有将编码

比特调制成调制符号这个过程，而是直接将比特序列映射为多维码本。SCMA 多维码本主要为了在高频谱效率场景可以提供一定的成形增益（Shaping Gain）。LDSMA 和 SCMA 的区别和联系见表 6-31。

表 6-31 LDSMA 和 SCMA 的区别和联系

	LDSMA	SCMA
用户区分特征	稀疏性码本	稀疏性扩频序列
成形增益	有	没有
自由度	资源映射域、比特到符号的联合映射域	资源映射域、扩展序列域

SCMA 包含两部分：多符号联合调制（比特到符号的映射，可用 $g(*)$ 表示）和稀疏性资源映射（符号到资源点的映射，可用 V 表示），因此，对于用户 k，当比特序列为 $\boldsymbol{b}_k$ 时，对应的发送信号为[36]

$$\boldsymbol{x}_k = \boldsymbol{V}_k\left(g_k(\boldsymbol{b}_k)\right) \tag{6.28}$$

在 SCMA 系统中，若用户数为 K，扩展因子为 L，每用户每个比特序列块状态数目为 M，每用户每个扩展块中非零点数目为 N，则其码本设计集合可为[37]：$s(V,G;K,L,M,N)$，其中，$\boldsymbol{V}:=\left[V_k\right]_{k=1}^K$ 是 K 个用户的稀疏性资源映射集合，$\boldsymbol{G}:=\left[g_k(*)\right]_{k=1}^K$ 是 K 个用户的多符号联合调制映射集合。以 $f(*)$ 作为某种衡量标准的函数，那么，最优的 SCMA 码本设计则应为

$$\boldsymbol{V}^*,\boldsymbol{G}^* = \arg\max_{V,G} f\left[s(V,G;K,L,M,N)\right] \tag{6.29}$$

这种多维最优化问题难以求解，一般将其化为多阶段分问题来进行优化。首先，对于稀疏性资源映射集合的优化，令 $K=\begin{pmatrix}L\\N\end{pmatrix}$，容易利用排列组合理论找到最优解；然后，再对多符号联合调制映射进行优化。

$$\boldsymbol{G}^+ = \arg\max_G f\left[s(V^+,G;K,L,M,N)\right] \tag{6.30}$$

这是一个 K 层 M 维的星座图设计问题，为简化该最优化问题，可以将该问题分成两层：母星座图设计和各层星座图操作，即 $g_k(*)=(\Delta_g)g$，那么码本设计问题可以简化为

$$\boldsymbol{g}^+,\left[\Delta_k^+\right]_{k=1}^K = \arg\max_{g^+,\left[\Delta_k^+\right]_{k=1}^K} f\left[s\left(V^+,\boldsymbol{G}=\left[(\Delta_k)g\right]_{k=1}^K;K,L,M,N\right)\right] \tag{6.31}$$

作为次优解，母星座图设计和各层星座图操作可以分别进行优化。对于母星座图优化设计，文献[37]中给出了星座图旋转再重组实部和虚部的方法，其

中，星座图旋转被证明可以用来最大化最小的乘积星座图最小距离[38]，如图 6-43所示。

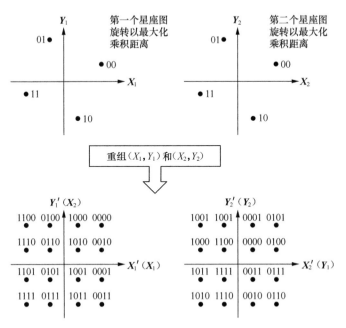

图 6-43　母星座图设计

对于各层的星座图操作，上行和下行中多符号联合调制的映射方案设计原则不同。在上行中，由于不同用户经历不同的信道，因此，不同用户采用相同的多符号联合调制的映射方案是可行的；在下行中，多用户的信号在发送端是叠加在一起的，若出现了叠加后星座图碰撞，则会使性能下降，为了更好地区分不同的用户信息，提升发送数据量，不同的用户一般是采用不同的多符号联合调制的映射方案，使各用户叠加后的星座图不发生重合，文献[35]中给出了在母星座图和能量均一的基础上，各个用户采用类似 LDS 的不同相位区分来使叠加星座图达到最优化性能。

1. 多符号联合调制

在多符号联合调制中，将一串比特共同映射到若干符号上，因此，符号间是存在相关性的。图 6-44 和图 6-45 给出了 8 点（8-Point）和 16 点（16-Point）的比特到 2 个符号的映射关系[34]。

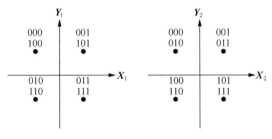

图 6-44　SCMA 8 点比特到符号的映射关系

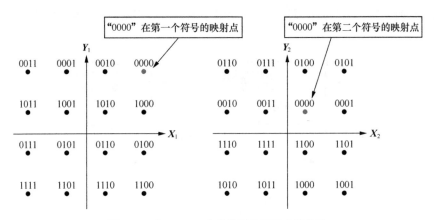

图 6-45　SCMA 16 点比特到符号的映射关系

为了增强用户区分度，文献[34]提出在上述的多符号联合调制之后，再增加用户专属转换矩阵的操作，即多符号联合调制不再是同一个映射，不同用户最终的比特到符号的映射是可以不同的。2 个符号的转换矩阵如下。

$$\begin{bmatrix} 1 & 0 \\ 0 & 1 \end{bmatrix}, \begin{bmatrix} 1 & 0 \\ 0 & -1 \end{bmatrix}, \begin{bmatrix} 1 & 0 \\ 0 & j \end{bmatrix}, \begin{bmatrix} 1 & 0 \\ 0 & -j \end{bmatrix}, \begin{bmatrix} 0 & 1 \\ 1 & 0 \end{bmatrix}, \begin{bmatrix} 0 & 1 \\ -1 & 0 \end{bmatrix}, \begin{bmatrix} 0 & 1 \\ j & 0 \end{bmatrix}, \begin{bmatrix} 0 & 1 \\ -j & 0 \end{bmatrix}$$

2. 稀疏性资源映射

在比特到符号的映射之后，须再进行稀疏性的资源映射，即符号到资源点的映射，下面以 2 个符号到 4 个资源点（Resource Element，RE）为例给出了稀疏性的映射关系：

$$\begin{bmatrix} 1 \\ 1 \\ 0 \\ 0 \end{bmatrix}, \begin{bmatrix} 0 \\ 0 \\ 1 \\ 1 \end{bmatrix}, \begin{bmatrix} 1 \\ 0 \\ 1 \\ 0 \end{bmatrix}, \begin{bmatrix} 0 \\ 1 \\ 0 \\ 1 \end{bmatrix}, \begin{bmatrix} 1 \\ 0 \\ 0 \\ 1 \end{bmatrix}, \begin{bmatrix} 0 \\ 1 \\ 1 \\ 0 \end{bmatrix}$$

3. 码本资源池

对于 SCMA 来说，区分用户的标记的码本资源池可由两部分构成，其一是稀疏性资源映射的码本，其二是用户专属的转换矩阵码本，两者联合可获得相对较大的总码本数。表 6-32 和表 6-33 给出了映射资源点数目 $L=4$ 和 $L=6$ 的 SCMA 的码本资源池大小。由于不同的转换矩阵对区分用户的作用较小，一般是优先使用稀疏性资源映射的码本来区分用户，待资源映射码本都分配完毕，再采用下一个转换矩阵码本结合资源映射码本来区分用户[39]。

表 6-32　SCMA 的码本资源池（映射资源点数目 $L=4$）

总的码本资源池大小	码本产生方式
6	6 个稀疏性资源映射码字和 1 个转换矩阵码字
12	6 个稀疏性资源映射码字和 2 个转换矩阵码字
24	6 个稀疏性资源映射码字和 4 个转换矩阵码字
48	6 个稀疏性资源映射码字和 8 个转换矩阵码字

表 6-33　SCMA 的码本资源池（映射资源点数目 $L=6$）

总的码本资源池大小	码本产生方式
15	15 个稀疏性资源映射码字和 1 个转换矩阵码字
30	15 个稀疏性资源映射码字和 2 个转换矩阵码字
60	15 个稀疏性资源映射码字和 4 个转换矩阵码字
120	15 个稀疏性资源映射码字和 8 个转换矩阵码字

6.3.2　EPA + SISO 接收机算法及复杂度分析

如 6.3.1 节所述，SCMA 的接收机可以是 MPA，并且由于 SCMA 的稀疏特性，MPA 的复杂度相对非稀疏多址大大降低。尽管如此，MPA 的复杂度仍然与非零的用户数呈指数关系增长。EPA 是 MPA 的一种简化和近似，它可以使 SCMA 接收机的复杂度与用户数呈线性关系。

需要指出的是，EPA 算法同样适用于第 5 章中所提的三大类 NOMA 的传输方案：符号级线性扩展、比特级扰码/交织或者调制/扩展联合设计，只不过 SCMA 的稀疏特性可以稍微降低 EPA 算法的复杂度。

1. EPA 算法原理

期望传播算法（Expectation Propagation Algorithm，EPA）已被广泛应用于机器学习，是一个近似贝叶斯干扰技术，用一个指数类分布 q 来模拟近似目标分布 p，即可以看作是将目标分布 p 投影到指数类分布集合 Φ，使 Kullback-Leibler 散度最小，即

$$\text{Proj}_{\Phi}(Q) = \arg\min_{\Phi} KL(Q \| q) \tag{6.32}$$

已经证明，式（6.32）的最优解可以精确匹配目标分布 Q 的统计特性。例如，如果 q 是高斯分布的，那么 q 的均值和方差分别等于目标分布 Q 的均值和方差。EPA 算法被提出用于多用户的检测[34]。对于多用户检测问题，目标分布 Q 一般为一系列因子乘积的形式，其中，D 是归一化常数。

$$Q = \frac{1}{D}\Pi_i f_i(x) \qquad (6.33)$$

EPA 算法用一些因子乘积来近似。

$$q = \frac{1}{Z}\Pi_i \tilde{f}_i(x) \qquad (6.34)$$

其中，每个因子 $\tilde{f}_i(x)$ 对应目标分布 Q 的一个因子 $f_i(x)$，且 Z 是归一化常数。如果每个因子 $\tilde{f}_i(x)$ 都是指数类函数，那么这些因子的乘积仍然是指数类函数。由于通常难以直接找到公式（6.32）的最优解，因此，EPA 通过迭代的方式优化各个因子。比如要优化 $\tilde{f}_i(x)$ 时，先从 q 中去除 $\tilde{f}_i(x)$，得到 $q^{\setminus i} = q/\tilde{f}_i(x)$；然后通过最小化 $KL\left(\dfrac{1}{A_i}f_i(x)q^{\setminus i} \| q^{new}\right)$，得到新的近似分布 q^{new}；最后，优化 $\tilde{f}_i(x)$ 为 $q^{new/q\setminus i}$。经过若干次迭代后，近似估计分布 q 可由优化后的各个因子 $\tilde{f}_i(x)$ 的乘积得到。

对于 NOMA 系统来说，假设有 K 个用户（UE）在 L 个资源单元（RE）上发送信息（L 为扩展因子），其接收信号可以表达为

$$y = Hx + n \qquad (6.35)$$

其中，H 是总的信道矩阵，n 是噪声矩阵。NOMA 系统的因子图如图 6-46 所示，其中，有 K 个变量节点（VN）x_k（对应 K 个用户的发送信号），L 个因子节点（FN）f_i［对应 L 个 RE 上的概率 $p(y_l|x)$，其中 y_l 为第 l 个 RE 上的接收信号］，以及 K 个先验信息节点 Δ_k。

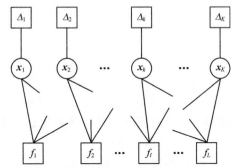

令 $V(k) = \{l : x_{kl} \neq 0\}$ 表示与变量节点 x_k 相邻的因子节点的集合，$F(l) =$

图 6-46　NOMA 因子图

$\{k : x_{kl} \neq 0\}$ 表示与因子节点 f_i 相邻的变量节点的集合，且 $V(k)$ 和 $F(l)$ 元素个数分别为 d_v 和 d_f。

EPA 模块包含两个子模块：变量节点的迭代和因子节点的迭代。在第 t 次变量节点的迭代中，计算出从变量节点 x_k 到因子节点 f_i 的传递信息 $I^t_{k \to f}(x_k)$，传递信息中不应包括从因子节点 f_i 到变量节点 x_k 的传递信息 $I^t_{l \to k}(x_k)$，即 $I^t_{k \to l}(x_k) = I^t_{kl}(x_k) - I^t_{kl; l \to k}(x_k)$，其中，$I^t_{kl; l \to k}(x_k)$ 为 $I^t_{kl}(x_k)$ 和 $I^t_{l \to k}(x_k)$ 间的互信息，即已知 $I^t_{l \to k}(x_k)$，从而消除 $I^t_{kl}(x_k)$ 中 x_k 的不确定性。因此，根据信息论，可知

从变量节点 k 到因子节点 l 传递 $\boldsymbol{x}_k$ 的概率为 $P_{k-l}^t(\boldsymbol{x}_k)$

$$P_{k-l}^t(\boldsymbol{x}_k) = \frac{\text{Proj}_\Phi(Q^t(\boldsymbol{x}_k))}{P_{l \to k}^{t-1}(\boldsymbol{x}_k)} \tag{6.36}$$

同样地，在第 t 次因子节点的迭代中，计算出从因子节点 f_l 到第 k 个变量节点传递 $\boldsymbol{x}_k$ 的概率。

$$P_{l-k}^t(\boldsymbol{x}_k) = \frac{\text{Proj}_\Phi(q^t(\boldsymbol{x}_k))}{P_{k \to l}^{t-1}(\boldsymbol{x}_k)} \tag{6.37}$$

其中，

$$Q^t(\boldsymbol{x}_k) = P_{\Delta \to k}(\boldsymbol{x}_k) \prod_{l \in V(k)} P_{l \to k}^{t-1}(\boldsymbol{x}_k) \tag{6.38}$$

$$q_l^t(\boldsymbol{x}_k) = P_{k \to l}^t(\boldsymbol{x}_k) \sum_{x_m, m \in F(l), m \neq k} p(\overline{y}_l \mid \overline{x}_l) \prod_{m \in F(l), m \neq k} P_{m \to l}^t(\boldsymbol{x}_m) \tag{6.39}$$

投影集合 Φ 若采用高斯分布，则传递概率信息 $P_{k-l}^t(\boldsymbol{x}_k)$ 和 $P_{l \to k}^t(\boldsymbol{x}_k)$ 可以用它们的均值和方差完全描述。第 t 次迭代中，从因子节点 l 到变量节点 k 的传递概率信息 $P_{l \to k}^{t-1}(\boldsymbol{x}_k)$ 被看成均值为 $u_{l \to k}^{t-1}$、方差为 $\xi_{l \to k}^{t-1}$ 的复数高斯随机过程，则有

$$P_{l \to k}^{t-1} \propto \text{CN}\left(x_{kl}; u_{l \to k}^{t-1}, \xi_{l \to k}^{t-1}\right) \tag{6.40}$$

代入式（6.38）有

$$Q^t(\boldsymbol{x}_k) \propto P_{\Delta \to k}(\boldsymbol{x}_k) \prod_{n \in V(k)} \text{CN}(x_{kn}; u_{n \to k}^{t-1}, \xi_{n \to k}^{t-1}) \tag{6.41}$$

对式（6.41）进行归一化操作，得到概率

$$p^t(\boldsymbol{x}_k = \boldsymbol{a}) = \frac{P_{\Delta \to k}(\boldsymbol{x}_k = \boldsymbol{a}) \prod_{n \in V(k)} \text{CN}(x_{kn}; u_{n \to k}^{t-1}, \xi_{n \to k}^{t-1})}{\sum_{a \in \chi_k} P_{\Delta \to k}(\boldsymbol{x}_k = \boldsymbol{a}) \prod_{n \in V(k)} \text{CN}(x_{kn}; u_{n \to k}^{t-1}, \xi_{n \to k}^{t-1})} \tag{6.42}$$

其中，$\boldsymbol{x}_k$ 是调制的码本。由式（6.42）可以得到第 t 次迭代中，用户 k 的信号在资源点 l 上的均值 u_{kl}^t 和方差 ξ_{kl}^t。

$$u_{kl}^t = \sum_{\boldsymbol{a} \in \chi_k} p^t(\boldsymbol{x}_k = \boldsymbol{a}) a_l \tag{6.43}$$

$$\xi_{kl}^t = \sum_{\boldsymbol{a} \in \chi_k} p^t(\boldsymbol{x}_k = \boldsymbol{a}) \left| a_l - u_{kl}^t \right|^2 \tag{6.44}$$

从式（6.39）可得变量节点 k 到因子节点 l 的概率为

$$P_{k \to l}^t(\boldsymbol{x}_k) = \frac{\text{CN}(x_{kl}; u_{kl}^t, \xi_{kl}^t)}{\text{CN}(x_{kl}; u_{l \to k}^{t-1}, \xi_{l \to k}^{t-1})} \propto \text{CN}(x_{kl}; u_{k \to l}^t, \xi_{k \to l}^t) \tag{6.45}$$

由此，结合信号高斯分布的假设，可推导出从变量节点 k 到因子节点 l 传

递的方差和均值。

$$\frac{1}{\xi_{k\to l}^{t}} = \frac{1}{\xi_{kl}^{t}} - \frac{1}{\xi_{l\to k}^{t-1}}$$

$$\frac{1}{u_{k\to l}^{t}} = \frac{1}{u_{kl}^{t}} - \frac{1}{u_{l\to k}^{t-1}} \qquad (6.46)$$

接下来，探讨因子节点到变量节点的信息传递。因子节点 l 的信号的均值 $\hat{u}_{kl}^{t}$ 和方差 $\hat{\xi}_{kl}^{t}$ 可由最小均方误差（MMSE）检测得到

$$\boldsymbol{U}_{l}^{\mathrm{post}} = \boldsymbol{U}_{l}^{\mathrm{pri}} + \boldsymbol{\xi}_{l}^{\mathrm{pri}} \bar{\boldsymbol{H}}_{l}^{\mathrm{H}} \left(\bar{\boldsymbol{H}}_{l} \boldsymbol{\xi}_{l}^{\mathrm{pri}} \bar{\boldsymbol{H}}_{l}^{\mathrm{H}} + \sigma^{2} \boldsymbol{I} \right)^{-1} \left(\boldsymbol{y}_{l} - \bar{\boldsymbol{H}}_{l} \boldsymbol{U}_{l}^{\mathrm{pri}} \right) \qquad (6.47)$$

$$\boldsymbol{\xi}_{l}^{\mathrm{post}} = \boldsymbol{\xi}_{l}^{\mathrm{pri}} + \boldsymbol{\xi}_{l}^{\mathrm{pri}} \bar{\boldsymbol{H}}_{l}^{\mathrm{H}} \left(\bar{\boldsymbol{H}}_{l} \boldsymbol{\xi}_{l}^{\mathrm{pri}} \bar{\boldsymbol{H}}_{l}^{\mathrm{H}} + \sigma^{2} \boldsymbol{I} \right)^{-1} \bar{\boldsymbol{H}}_{l} \left(\boldsymbol{\xi}_{l}^{\mathrm{pri}} \right)^{\mathrm{H}} \qquad (6.48)$$

其中，$\boldsymbol{U}_{k\to l}^{\mathrm{pri}} = \left[u_{k\to l}^{t} \mid k \in F(l) \right] \in \mathrm{C}^{d_{f}\times 1}$、$\boldsymbol{\xi}_{l}^{\mathrm{pri}} = \left[\xi_{k\to l}^{t} \mid k \in F(l) \right] \in \mathrm{C}^{d_{f}\times 1}$ 分别是变量节点传递到因子节点的先验信息，$\boldsymbol{U}_{l}^{\mathrm{post}} = \left[\hat{u}_{lk}^{t} \mid k \in F(l) \right] \in \mathrm{C}^{d_{f}\times 1}$、$\boldsymbol{\xi}_{l}^{\mathrm{post}} = \left[\hat{\xi}_{lk}^{t} \mid k \in F(l) \right] \in \mathrm{C}^{d_{f}\times 1}$ 则分别是因子节点计算得到的均值和方差矩阵。

由式（6.37）结合信号高斯分布的假设，可得到因子节点到变量节点传递的均值和方差。

$$\frac{1}{\xi_{l\to k}^{t}} = \frac{1}{\hat{\xi}_{lk}^{t}} - \frac{1}{\xi_{k\to l}^{t}}$$

$$\frac{1}{u_{l\to k}^{t}} = \frac{1}{\hat{u}_{lk}^{t}} - \frac{1}{u_{k\to l}^{t}} \qquad (6.49)$$

EPA+SISO 算法流程

EPA 结合 SISO 算法流程如下。

外迭代：

- 利用译码输出的外信息，计算先验概率（初次迭代初始化为零）；
- EPA 迭代：
  - ➤ VN 侧：
    - 计算 VN 侧的各星座点符号概率；
    - 计算 VN 侧的均值和方差；
    - 计算 VN→FN 传递的均值和方差。
  - ➤ FN 侧：
    - 计算 FN 侧的均值和方差；
    - 计算 FN→VN 传递的均值和方差。
- 计算检测模块输出 LLR；

- 译码，输出外信息。

先验概率计算

利用译码模块传递来的先验信息进行各星座点的先验概率计算（第一次外迭代时，先验信息初始化为 0）；

$$p^0\left(x_k = a_{l,k}\right) = \Pi_{i=1}^M\left[\frac{\exp\left(\frac{1}{2}b_i^l LLR_{kM+i}\right)}{\exp\left(-\frac{1}{2}b_i^l LLR_{kM+i}\right) + \exp\left(\frac{1}{2}b_i^l LLR_{kM+i}\right)}\right] \quad (6.50)$$

$$= \Pi_{i=1}^M\left[\frac{\exp(b_i^l LLR_{kM+i})}{1 + \exp(b_i^l LLR_{kM+i})}\right]$$

其中，b_i^l 是星座点 $a_{l,k}$ 对应的第 i 个比特的取值 $\{1, -1\}$。

EPA：FN 和 VN 间的内迭代

下面的 k 为 VN 侧序号（用户序号），l 为同一个扩展块中第 l 个资源单元（RE）。

当内迭代次数 $t \leqslant T_{\max}$ 时，

- 对于 VN 侧：
  - 更新计算 VN 侧各状态的概率；

$$p^t\left(x_k = a_j\right) = p^0\left(x_k = a_j\right) \cdot \Pi_{u \in \varphi_k} \frac{1}{\pi \xi_{u \to k}^t} \exp\left(-\frac{\left\|a_j - u_{l \to k}^t\right\|^2}{\xi_{l \to k}^t}\right) \quad (6.51)$$

  - 更新计算 VN 侧总的均值 u_{kl}^t 和方差 ξ_{kl}^t，如式（6.43）和式（6.44）；
  - 更新计算 VN 到 FN 传递的均值 $u_{k \to l}^t$ 和方差 $\xi_{k \to l}^t$，如式（6.46）。
- 对于 FN 侧：
  - 更新计算 FN 侧总的均值 $\hat{u}_{lk}^t$ 和方差 $\hat{\xi}_{lk}^t$，如式（6.47）和式（6.48），然后取 ξ_l^{post} 的对角线的值作为 FN 侧总的方差 $\hat{\xi}_{lk}^t$，U_l^{post} 的值作为 FN 侧总的均值 $\hat{u}_{lk}^t$；
  - 更新计算 FN 到 VN 传递的均值 $u_{l \to k}^t$ 和方差 $\xi_{l \to k}^t$，如式（6.49）。

计算检测模块输出 LLR

根据 VN 侧的符号概率 $p^t(x_k = a_{l,k})$，计算检测模块输出的软比特信息，对于每个比特：

$$LLR_{EPA}(i) = \log\frac{\sum_{a_j \in \Phi(b_i=0)} p^t(x_k = a_j)}{\sum_{a_j \in \Phi(b_i=1)} p^t(x_k = a_j)} \quad (6.52)$$

然后，减去译码模块输入到检测模块的先验信息，生成检测模块输入给译

码模块的外信息。

译码

译码，获得译码输出的外信息：

- 如果没有达到最大译码次数，返回先验概率计算模块，将外信息输入到检测模块，作为先验信息；
- 如果达到最大译码次数，则结束流程。

2. EPA 接收机复杂度分析

表 6-34 列出了在 3GPP NOMA 研究中，对 EPA 接收机复杂度的计算公式，除了以上的分析和计算（除表 6-34 的选择 1，其中省略了运算量较小的一些细节模块），还有其他两种分析，见选择 2 和选择 3。

表 6-34　EPA+SISO 接收机复杂度计算

接收机关键模块	细节模块	O(·)量级分析		
		选择 1	选择 2	选择 3
检测模块（复杂度：以复乘度量）	用户检测	$O(N_{AP}^{DMRS} \cdot N_{RS}^{DMRS} \cdot N_{rx})$		
	信道估计	$O(N_{UE} \cdot N_{RE}^{CE} \cdot N_{RE}^{DMRS} \cdot N_{rx})$		
	协方差矩阵计算		$O\left(\bar{N}_{iter}^{outer} \cdot N_{RE}^{data}\left(\frac{1}{2}N_{rx}^2 d_f + N_{iter}^{det} \cdot \frac{1}{2}N_{rx}d_f\right)\right)$	
	解调权重计算		$O\left(\bar{N}_{iter}^{outer} \cdot N_{RE}^{data} \cdot N_{iter}^{det} \cdot \left(N_{rx}^3 + N_{rx}^2 d_f\right)\right)$	$O(N_{iter}^{outer} \cdot N_{RE}^{data} \cdot N_{iter}^{det} \cdot N_{rx}^3)$
	解调		$O\left(\bar{N}_{iter}^{outer} \cdot N_{RE}^{data} \cdot N_{iter}^{det} \cdot 3N_{rx}d_f\right)$	
	软信息生成			$O(N_{iter}^{outer} \cdot N_{UE} \cdot N_{RE}^{data} \cdot Q_m \cdot 2^{Q_m}/N_{SF})$
	软符号重构	$O(6 \cdot N_{iter}^{outer} \cdot N_{iter}^{det} \cdot N_{UE} \cdot N_{RE}^{data} \cdot d_u \cdot 2^{Q_m}/N_{SF})$	$O\left(3\bar{N}_{iter}^{outer} \cdot N_{iter}^{det} \cdot N_{UE} \cdot d_u \cdot \frac{Q_m \cdot N_{RE}^{data}}{4 \cdot N_{SF}} + \bar{N}_{iter}^{outer} \cdot N_{UE} \cdot N^{bit}/4\right)$	$O(2 \cdot N_{iter}^{outer} \cdot N_{iter}^{det} \cdot N_{UE} \cdot N_{RE}^{data} \cdot d_f \cdot 2^{Q_m})$
	信息传递	$O(8 \cdot N_{iter}^{outer} \cdot N_{iter}^{det} \cdot N_{UE} \cdot N_{RE}^{data} \cdot d_u/N_{SF})$	$O\left(2 \cdot \bar{N}_{iter}^{outer} \cdot N_{iter}^{det} \cdot N_{UE} \cdot d_u \cdot \frac{N_{RE}^{data}}{N_{SF}}\right)$	

续表

接收机关键模块	细节模块	O(·)量级分析		
		选择 1	选择 2	选择 3
译码模块（复杂度：以加法和比较度量）	低密度校验码（LDPC）译码	A：$N_{iter}^{outer} \cdot N_{UE} \cdot N_{iter}^{LDPC} \cdot (d_v N^{bit} + 2(N^{bit} - K^{bit}))$ C：$N_{iter}^{outer} \cdot N_{UE} \cdot N_{iter}^{LDPC} \cdot (2d_c - 1) \cdot (N^{bit} - K^{bit})$		
干扰消除（复杂度：以复数乘法度量）	符号重构（包含针对 DFT-s-OFDM 波形的 FFT 操作）	对于 DFT-s-OFDM 波形的额外复杂度：$O(N_{iter}^{outer} \cdot N_{iter}^{det} \cdot N_{UE} \cdot N_{RE}^{data} \cdot \log_2(N_{FFT}))$	$O(N_{UE} \cdot N_{RE}^{data} \cdot N_{rx})$	$O(N_{UE} \cdot N_{RE}^{data} \cdot N_{rx})$
	对数似然比（LLR）到概率的转换	$O(N_{iter}^{outer} \cdot N_{UE} \cdot N_{RE}^{data} \cdot Q_m \cdot 2^{Q_m} / N_{SF})$	$O\left(\bar{N}_{iter}^{outer} \cdot N_{UE} \cdot \dfrac{2^{Q_m} N_{RE}^{data}}{4 \cdot N_{SF}}\right)$	$O(N_{iter}^{outer} \cdot N_{UE} \cdot N_{RE}^{data} \cdot Q_m \cdot 2^{Q_m} / N_{SF})$
	LDPC 编码	缓冲偏移：$N_{UE} \cdot (N^{bit} - K^{bit})/2$ 另外：$N_{UE} \cdot (d_c - 1)(N^{bit} - K^{bit})$		

表 6-35 是 EPA 接收机复杂度估算所需的变量及典型取值，其中的参数 N_{iter}^{outer} 典型取值大约为 3，低于 ESE 接收机，这说明由于 EPA 解调器自身有内迭代，因此，外迭代的次数稍有降低，但总体比 N_{iter}^{IC} 的典型取值（如 1.5~3.0）要高。

表 6-35　EPA 接收机的复杂度计算参数和取值

变量范畴	参数名	数学标记	取值
通用变量	接收天线数	N_{rx}	2 或 4
	数据资源元素数目	N_{RE}^{data}	864
	用户数	N_{UE}	12
译码相关	LDPC 译码器的检验矩阵平均列重	d_v	3.43
	LDPC 译码器的校验矩阵平均行重	d_c	6.55
	信息比特数目	K^{bit}	176
	编码比特数目	N^{bit}	432
	LDPC 译码器内迭代次数	N_{iter}^{LDPC}	20
软消除接收机相关	检测器和译码器之间的外迭代数目	N_{iter}^{outer}	3
EPA 接收机相关	检测器内迭代次数	N_{iter}^{det}	3
	连接每个用户的因子节点数目	d_u	2

续表

变量范畴	参数名	数学标记	取值
EPA 接收机相关	连接每个因子的用户数目	d_f	6
	多维调制阶数	Q_{m}	3
用户检测和信道估计相关	DMRS 天线端口数目	$N_{\mathrm{AP}}^{\mathrm{DMRS}}$	12
	信道估计采用的 DMRS 的总资源元素数目	$N_{\mathrm{RE}}^{\mathrm{CE}}$	12
	DMRS 序列长度（NR Type II）	$N_{\mathrm{RE}}^{\mathrm{DMRS}}$	24

图 6-47 和图 6-48 分别是 EPA 接收机的解调器在 2 接收天线和 4 接收天线下的复杂度。图 6-49 和图 6-50 分别是在 2 接收天线和 4 接收天线下的 EPA 接收机的总体复杂度。将 3 种选择取平均，EPA 接收机的总体复杂度在 2 接收天线和 4 接收天线时大约分别在 1.8×10^6 和 2.4×10^6 个复数乘法的量级，比 MMSE Hard-IC 的复杂度和 ESE 接收机的复杂度都要高很多。

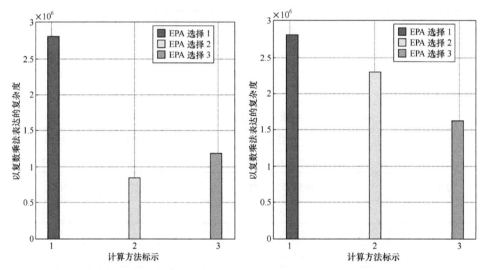

图 6-47　EPA 解调器的复杂度，
2 接收天线

图 6-48　EPA 解调器的复杂度计算，
4 接收天线

EPA 接收机复杂度较高的部分主要是其通过软信息计算各星座点置信概率的部分，即式（6.33）。在这一步，均值和方差是 EPA 检测器通过多次内迭代获得的星座点的统计信息，同时在推算星座点置信概率时会考虑到译码器输出的软信息，即 $I_{\Delta \to k}(\boldsymbol{x}_k = \alpha)$ 对概率进行加权平均。记星座点数目是 Q，在计算此概率时，需要的复数乘法个数是 $(2d_u + 1) \cdot Q_{\mathrm{m}} \cdot N_{\mathrm{iter}}^{\mathrm{outer}} \cdot N_{\mathrm{iter}}^{\mathrm{det}} \cdot N_{\mathrm{ue}} \cdot N_{\mathrm{RE}}^{\mathrm{data}} / N_{\mathrm{SF}}$。也

正是由于这一项和星座点维数的线性关系，导致 EPA 接收机随着调制阶数的升高，复杂度越来越高，文献[18]给出了 EPA 接收机复杂度随着调制阶数的升高而增大的关系在两天线下的图示。从图 6-51 中可以看出，EPA 复杂度计算的第一选择公式和第二选择公式能很好地刻画出上述复杂度随着调制阶数升高而增大的关系。另外，和 IDMA ESE 接收机一样，在 DFT-s-OFDM 波形下，EPA 软迭代接收机需要多次 FFT 和 IFFT 操作，也会使得复杂度提升。以 SCMA 采用 16 点高维星座点（SCMA 稀疏码本有 16 个稀疏序列）为例，具体计算结果见表 6-36。

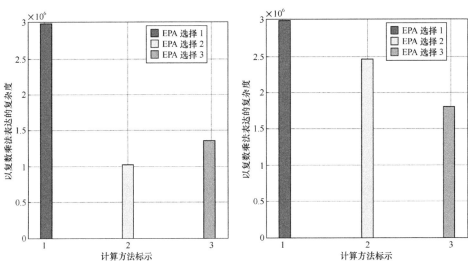

图 6-49　EPA + SISO 接收机的整体复杂度，2 接收天线

图 6-50　EPA + SISO 的整体复杂度，4 接收天线

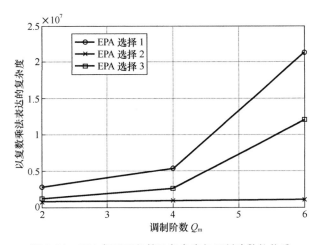

图 6-51　EPA 解调器的算法复杂度与调制阶数的关系

表 6-36　EPA 接收机解调器在不同波形下的算法复杂度

	CP-OFDM 波形	DFT-s-OFDM 波形
EPA 选择 1	2 800 000	3 375 000
EPA 选择 2	1 180 000	1 758 000
EPA 选择 3	845 000	1 421 000

可以看出，对于选择 3 的 EPA 计算方法，算出的两种波形下 EPA 接收机的整体复杂度较低，但是 DFT-s-OFDM 波形相对于 CP-OFDM 波形的复杂度提升比例也达到了 60%左右。

|6.4　Multi-Branch 传输|

有些 NOMA 场景需要支持较高的单用户频谱效率。一种解决方法是使用高阶调制，如 16QAM、64QAM。高阶调制一个符号可以承载多个比特，提高了传输效率，但也带来一些缺陷。高阶调制一个符号映射为多个比特，每个比特的可靠性不同，一些比特可靠性高，一些比特可靠性低。这是高阶星座图一个比较大的缺陷。在多用户迭代检测时可靠性低的比特可能会降低系统性能。与高阶调制不同，QPSK 星座图一个符号映射为两个比特。星座图具有恒模特性，且两个比特可靠性是一样的。在迭代检测时这两个比特信息不断更新，且两个比特可靠性相同。在迭代检测时不会存在可靠性低的比特降低系统性能的情况，这种星座图更有利于迭代检测。

高阶调制的星座图可以视为多个 QPSK 星座图以不同功率的叠加。比如 16QAM 星座图可以看作两个 QPSK 以 $\sqrt{1/5}$ 和 $\sqrt{4/5}$ 的功率进行叠加。64QAM 可以视为 3 个 QPSK 分别以 $\sqrt{1/21}$、$\sqrt{4/21}$ 和 $\sqrt{16/21}$ 的功率进行叠加。在产生发射机信号时，每个 QPSK 信号视为单独数据流。

使用多流的另外一个好处是，当多流的调制方式和扩频（比特重复）不变时，信道编码码率可以降低很多。信道编码码率较低时，纠错能力比较好。使用低码率的信道编码也可以提高迭代接收机的性能，因为低码率可以带来额外的编码增益。

Multi-Branch（多流）有多种实现方式，按照多流实现信道编码的位置，可以分为在编码前多流和在编码后多流。编码前进行多流的例子如图 6-52 所示。

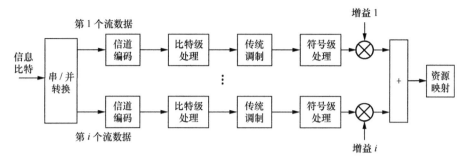

图 6-52　基于扩频的编码前多流 NOMA 方案

此时每个流分别独立进行编码、调制、扩频，进行功率缩放后又累加，再进行资源映射。这里调制一般使用 QPSK。多流会带来额外的问题。例如，多用户使用多流进行信号传输时，不但存在用户间干扰，还存在流间干扰。如何处理流间干扰是一个很大的问题。流间干扰处理不好，多流 NOMA 性能会比单流 NOMA 方案性能还差。多流 NOMA 的一个重要实现技巧是两个流使用相同的扩频码。流间干扰通过对两个 QPSK 信号分配不同的功率，对叠加后的信号进行联合解调来解决。

如果两个 QPSK 信号功率分别是 $\sqrt{0.2}$ 和 $\sqrt{0.8}$，则叠加信号形状是一个 16QAM 信号。我们按照对 16QAM 信号解调的方法得到 4 个比特的 LLR 值。这 4 个比特有 2 个比特 LLR 质量比较高（对应功率高的 QPSK 信号），2 个比特 LLR 质量比较低（对应功率低的 QPSK 信号）。在迭代检测时，LLR 质量好的流译码软输出 LLR 质量也会比较好，使用软干扰消除后再迭代检测，很快就能收敛。信号质量较好的流的干扰会从接收信号中消除，这将利于 LLR 质量低流的信号进行检测和译码（没有其他数据流的干扰）。信号质量差的流没有其他流的干扰或受到的干扰比较小，也能很快迭代收敛。通过这种策略，多流的性能可以得到显著提高。如果是单流使用高阶调制，软符号重构时需要多个比特的信息。可靠性比较差的比特会降低重构的软符号的质量，这样软消除的效果不好，降低了系统性能。多流的本质是降低高可靠比特和低可靠比特间的耦合，这样可以将高可靠比特进行单独处理。当高可靠比特译码正确或大部分译码正确时，通过符号软消除，显著降低了对低可靠比特信号的干扰。当低可靠比特的信号受到干扰比较小时，它也能逐步检测成功。这些是多流方案能取得较好性能的理论依据，也被仿真实践所证实[40]。

图 6-53 和图 6-54 是基于线性符号扩展的 NOMA 方案在多流时的性能，并与

SCMA 进行了性能比较。可以发现，在所有仿真参数中，多流的线性符号扩展方案性能不劣于 SCMA。在某些场景下多流 NOMA 方案有明显的性能优势，这是由于在那些场景下多流 NOMA 方案的检测器的传输函数和译码器的传输函数非常匹配。

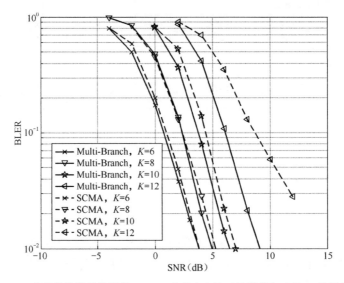

图 6-53　基于线性符号扩展的 NOMA 方案在多流时的性能与 SCMA 性能比较
（TDL-C 信道，$N_r = 2$，6 RB，信息比特 60 byte，不同用户数的性能）

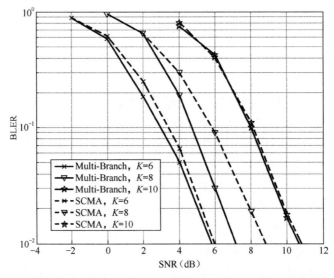

图 6-54　基于线性符号扩展的 NOMA 方案在多流时的性能与 SCMA 性能比较
（TDL-C 信道，$N_r = 2$，6 RB，信息比特 75 byte，不同用户数的性能）

图 6-55 是 IDMA 多流方案与 SCMA 性能对比，IDMA 使用两个流，功率

分别是 0.135 和 0.865。信息比特 case1 是 75 byte，10 用户；case 2 是 60 byte，12 用户。在比特级进行比特重复，以增大有用信号的能量。同时，在符号域进行了填零操作，以降低多用户的干扰。更详细的内容可以参考文献[28]。可以发现，多流的 IDMA 性能也不劣于 SCMA。需要指出的是，IDMA 使用的是 MMSE ESE 检测。MMSE 求逆的维度仅仅与接收天线数目有关，这一点，与采用 EPA 接收机的情形相同。

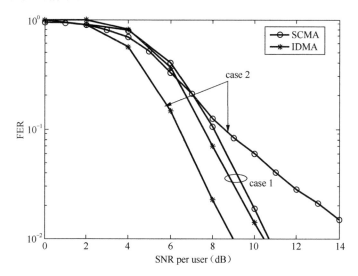

图 6-55　IDMA 多流方案与 SCMA 性能对比（TDL-C，$N_r = 2$，6 RB 带宽）

编码后进行多流的框图如图 6-56 所示。

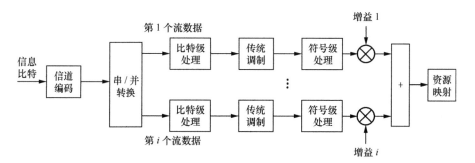

图 6-56　基于扩频的编码后多流 NOMA 方案

　　数据流进行信道编码后再进行串/并转换，得到多条数据流，对每个流分别进行比特处理、调制、扩频、功率缩放，对多流信号进行累加和资源映射。

　　每个流使用不同的扩频码，如何处理流间干扰是一个大问题。此时，扩频码需要精妙的设计。一种方案是使用组内正交，组间低互相关的作为扩频码，

每个用户使用不同的扩频码，同一用户每个流使用不同的扩频码，这里所有的扩频码都不相同。分到相同用户的扩频码也有讲究，互相关最小的多个扩频序列（扩频序列个数与流的数目相同）分给一个用户，以最大限度地降低流间干扰。如果有 6 个用户，每个用户 2 个流，则一共需要 12 个扩频码。这 12 个扩频码，每 2 个互相关最小的序列分配到一组，以降低流间干扰。

以上两种方法，编码前进行多流的方案，扩频码位于多流叠加后，多个数据流只需要一个扩频码。扩频码需要的数量只与用户数相关，对扩频码设计要求不是很高。而编码后进行多流的方案，每个流使用不同的扩频码，多用户加上多流，需要的扩频码较多，对扩频码设计要求较高。

第三种多流的设计是在编码前进行多流操作，信息比特解复用后分别进行编码和比特级信号处理，处理后的比特再复用，复用后的比特进行调制，调制后的符号进行符号级处理，再进行资源映射。类似于第 2 章所介绍的 LTE MUST Category 3 方案：基于比特分割。

多流在编码前实现或者在编码后实现会带来不同的发射机结构。如果多流在编码前实现，则每个流需要使用独立的 CRC；而如果多流在编码后实现，则多个流只需要一个 CRC。多个 CRC 和单个 CRC 对 HARQ 也有影响。如果使用多个 CRC，则重传时仅仅需要重传出错的信号。CRC 检查通过的信号无须重新传输，这提高了重传的效率。

当使用多流 NOMA 时，接收机可以使用 MMSE SIC 或迭代接收机，或者迭代接收机使用软符号干扰消除。图 6-57 和图 6-58 是两种接收机在多流时的性能比较。

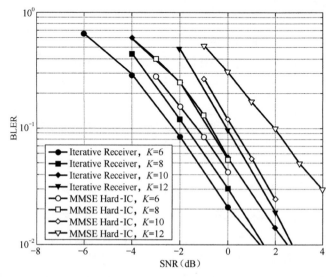

图 6-57　迭代接收机和 MMSE Hard-IC 接收机性能，信息比特 40 byte

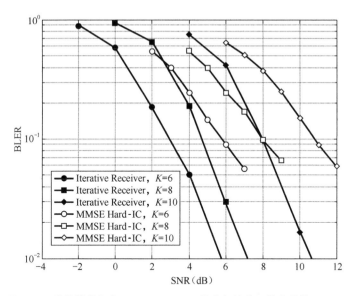

图 6-58 迭代接收机和 MMSE Hard-IC 接收机性能，信息比特 75 byte

| 参考文献 |

[1]   L. R. Welch. Lower Bounds on the Maximum Cross Correlation of Signals, IEEE Trans. Info. Theory, vol. IT-20, May 1974, pp. 397-399.

[2]   D. C. Popescu, O. Popescu, and C. Rose. Interference Avoidance for Multiaccess Vector Channels, in Proceedings of the International Symposium on Information Theory, July 2002, pp 499.

[3]   S. Ulukus and R. Yates. Iterative Construction of Optimum Signature Sequence Sets in Synchronous CDMA systems, IEEE Trans. Info. Theory, vol. 47, no. 5, July 2001, pp. 1989-1998.

[4]   J. A. Tropp. Complex equiangular tight frames, In Proc. SPIE Wavelets XI, San Diego, August 2005, pp. 590412.01-11.

[5]   Z. Yuan, Y. Hu, W. Li, and J. Dai. Blind multi-user detection for autonomous grant-free high-overloading multiple-access without reference signal. In IEEE 87th Vehicular Technology Spring Co.

[6]   Z. Yuan, W. Li, Y. Hu, X. Yang, H. Tang, and J. Dai. Blind Receive

Beamforming for Autonomous Grant-Free High-Overloading Multiple Access, arXiv preprint arXiv:1805.07013, 2018.J.

[7] Y. Yuan, et. al. Non-orthogonal Transmission Technology in LTE Evolution, IEEE Commun. Mag., Vol. 54, No. 7, July 2016, pp. 68-74.

[8] 3GPP, R1-1806930. Considerations on NOMA Transmitter, Nokia, RAN1# 93, May 2018, Busan, Korea.

[9] 3GPP, R1-1806241. Signature Design for NoMA, Ericsson, RAN1#93, May 2018, Busan, Korea.

[10] 3GPP, R1-1804823. Transmitter Side Signal Processing Schemes for NOMA, Qualcomm, RAN1#92bis, April 2018, Sanya, China.

[11] 3GPP, R1-1806635. Transmitter Side Signal Processing Schemes for NCMA, LGE, RAN1#93, May 2018, Busan, Korea.

[12] 3GPP, R1-1811360. Transmitter Design for Uplink NOMA, NTT DOCOMO, RAN1#94bis, October 2018, Chengdu, China.

[13] 3GPP, R1-1810526. NOMA Transmitter Side Signal Processing, CATT, RAN1#94bis, October 2018, Chengdu, China.

[14] 3GPP, R1-1813309. Receiver Complexity Reduction by UE-specific Power Assignment, NTT DoCoMo, RAN1#95, Spokane, USA.

[15] 3GPP, R1-1808152. Multi-user Advanced Receivers for NOMA, ZTE, RAN1#94, Gothenburg, Sweden.

[16] 3GPP, R1-1810760. NOMA Receiver Structure and Complexity Analysis, Intel, RAN1#94bis, Chengdu, China.

[17] 3GPP, R1-1810203. NOMA Receiver Complexity Analysis, ZTE, RAN1# 94bis, Chengdu, China.

[18] 3GPP, R1-1813858. Complexity Analysis of NOMA Receivers, ZTE, RAN1# 95, Spokane, USA.

[19] 3GPP, R1-1812610. Discussion on NOMA Receivers, CATT, RAN1#95, Spokane, USA.

[20] 3GPP, R1-1813160. Complexity Analysis of MMSE-based Hard IC Receiver, Nokia, RAN1#95, Spokane, USA.

[21] 3GPP, R1-060874. Complexity Comparison of LDPC Codes and Turbo Codes, Intel, ITRI, LG, Mitsubishi, Motorola, Samsung, ZTE, RAN1#44bis, Athens, Greece.

[22] Li Ping, Lihai Liu and W.K. Leung. A Simple Approach to Near-optimal

Multiuser Detection:Interleave-Division Multiple Access, IEEE WCNC'03.

[23]　S.Y.Chung. On the Design of Low-density Parity-check Codes within 0.0045 dB of the Shannon Limit, IEEE Communications Letters, Vol. 5, No. 2, May 2001, pp.58-60.

[24]　C. Berrou, A. Glavieux, P. Thitimajshima. Near Shannon Limit Error-correcting Coding and Decoding: Turbo codes, Proc. IEEE Intl. Conf. Comm. (ICC93), May 1993, pp.1064-1070.

[25]　L. Liu, J. Tong, and Li Ping. Analysis and Optimization of CDMA Systems with Chip-level Interleavers, IEEE J. Select. Areas in Commun. Vol. 24, No. 1, Jan. 2006, pp, 141-150.

[26]　C. Liang, Y. Hu, L. Liu, C. Yan, Y. Yuan, and Li Ping. Interleave Division Multiple Access for High Overloading Applications, IEEE intl Symp on Turbo codes & iterative info processing conf (ISTC), Dec. 2018.

[27]　Y. Hu, C. Liang, L. Liu and Li Ping. Low-cost Implementation Techniques for Interleave Division Multiple access, to appear in IEEE Communication letters, 2018.

[28]　Li Ping, L. Liu, K. Wu, and W. K. Leung. Interleave Division Multiple-Access (IDMA) communication systems, Proc. 3rd Intl. Symp. on Turbo codes&Related topics, 2003, pp. 173-180.

[29]　J. Tong, Li Ping, and X. Ma. Superposition Coded Modulation with Peak-power Limitation, IEEE Trans Inform. Theory, Vol. 55, No. 6, June 2009, pp. 2562-2576.

[30]　Li Ping. Interleave-division Multiple Access and Chip-by-chip Iterative Multi-user Detection, IEEE Commun. Magazine, Vol. 43, No. 6, June 2005, pp. 19-23.

[31]　3GPP, R1-1810623. Transmitter Side Signal Processing of ACMA, Hughes, RAN1#94bis, Chengdu, China.

[32]　Y. Hu, C. Liang, L. Liu, C. Yan, Y. Yuan, and Li Ping. Interleave-division Multiple Access in High Rate Applications, to appear in IEEE Wireless Commun. Letters.

[33]　3GPP, R1-1808152. Multi-User Receivers for NOMA, ZTE, RAN1#94, Gothenburg, Sweden, August 2018.

[34]　M. A. Imran, M. Al-Imari and R. Tafazolli. Low Density Spreading Multiple Access, Information Technology & Software Engineering, Eng 2012, 2:4.

[35]   J. V. De Beek and B. M. Popovic. Multiple Access with Low-density Signatures, Proc. 2009 IEEE Global Commun. Conf., pp. 1-6.

[36]   H. Nikopour, H. Baligh. Sparse Code Multiple Access, IEEE 24th Int. Symp. on Personal, Indoor and Mobile Radio Commun,2013.

[37]   M. Taherzadeh, H. Nikopour, A. Bayesteh A. SCMA Codebook Design, IEEE Veh. Tech. Conf. 2014.

[38]   J. Boutros and E. Viterbo. Signal Space Diversity: a Power and Bandwidth-efficient Diversity Technique for the Rayleigh Fading Channel, IEEE Trans. on Info. Theory, Vol. 44, No. 4, 1998, pp. 1453-1467.

[39]   3GPP, R1-1810116. Discussion on the Design of NOMA Transmitter, Huawei, RAN1 #95, Spokane, USA.

[40]   C. Yan and Y. Yuan. Spreading based Multi-branch Non-orthogonal Multiple Access Transmission Scheme for 5G, IEEE Veh. Tech. Conf., May, 2019, pp.1-5.

第 7 章

上行非竞争式免调度的性能评估

多种场景（eMBB、URLLC 和 mMTC）、大量的多用户链路级仿真表明，当单个用户频谱效率较低时，各种非正交发射侧方案的链路级性能，即能够支持的用户数，差异不大，无论是采用哪一类接收机；当单个用户频谱效率较高时，NOMA 方案链路性能的差异主要取决于接收机类型。相对于基线方案（如 LCRS），性能增益较为明显。多种场景的系统仿真表明，基于短码的线性扩展的方案可以有效抑制邻小区干扰，可以显著提高免调度系统的容量。波形的峰均比（PAPR）取决于频域/时域扩展、符号级的扰码、资源映射方式等。

根据第 5 章中的介绍，上行免调度分为非竞争以及竞争式的。上行非正交传输的基本原理和主要方案在第 6 章中有较详细的介绍，一些还配有链路级的性能分析。在 Rel-16 的 NOMA 研究当中，许多公司做了大量的链路级和系统级的性能评估，尤以非竞争式的免调度场景为主，这也是本章的主要内容。

| 7.1　仿真评估参数 |

上行免调度性能评估方法、性能指标、仿真场景、业务类型等在第 5 章中作过介绍，以下是具体的仿真评估参数和设定。

7.1.1　链路仿真参数

表 7-1 是链路级仿真的仿真参数，是在 3GPP NOMA 研究中所有公司必须遵循的。仿真假设分为 3 种部署场景。

关于信道编码的仿真假设，因为 mMTC 在 5G NR 中还没有被标准化，所以在 NOMA 研究中对它采用哪一种假设，存在很多争论。第一种意见是沿用 eMBB 和 URLLC 场景中物理业务信道所用的，即都用 NR 的 LDPC，这样可以降低仿真开发的工作量，最大化地重复使用。第二种意见是采用 LTE 的 Turbo

码，保持中立，即不偏向 LDPC，也不偏向 NR 物理控制信道所用的 Polar 码。在 R14 研究 NOMA 时，由于 NR 的标准尚未制定，NOMA 仿真中的信道编码都假设为 LTE Turbo 码，这样有利于沿用 R14 时的仿真代码。第三种意见是对 NOMA 采用 LDPC 的增强。NOMA 与信道编码的关系在 6.2 节有介绍。从理论上讲，信道编码的设计通常是假设单用户链路的，即针对正交多址接入的。对于多用户非正交多址，传统的信道编码，如 NR 的 LDPC 不一定能得到最优的系统性能。这里的 LDPC 的增强就是为了进一步提高 NOMA 系统的和容量。虽然第三种意见富有前瞻性和新颖性，但并不在 R16 NOMA 研究的范围。而第二种意见会增加额外的工作量，因为 eMBB 和 URLLC 肯定得用 NR LDPC。所以最终决定用 NR LDPC，并强调这只是仿真评估用。

mMTC 场景需要仿真两种波形：CP-OFDM 和 DFT-s-OFDM。其中，DFT-s 波形是出于 PAPR 的考虑，以降低发射器件的成本和功耗。基站天线的配置是与载波频率相关的，对于 700 MHz 的载波频率，波长较长会导致天线间距比较大，所以天线数 2 或 4 比较合适，而对于 4 GHz 的较高载波频率，则天线数 4 或 8 比较合适。

数据块尺寸（TBS）至少需要仿真 5 种，从低到高，体现了 NOMA 适用的范围不仅是低码率情形，而且在一般的传输场景均可以使用。以 mMTC 场景为例，传输带宽为 6 个资源块（RBs），5 种必须仿的 TBS 分别是：{10，20，40，60，75} byte。考虑解调参考信号（DMRS）的开销，6 个 RB 的数据资源单元（RE）个数为 $12 \times 12 \times 6 = 864$。循环前缀（CP）的开销大约为 1/10。如果包含 16 个 CRC 比特作为有效的承载，所对应的每个用户的频谱效率约为：0.10，0.20，0.39，0.57，0.71 bits/(s·Hz)。需要指出的是，在 Rel-14 的 NOMA 研究中[1]，曾经包含 mMTC 中的覆盖增强场景，所对应的频谱效率范围是 0.01～0.1 bit/(s·Hz)。但是考虑到 LTE 的窄带物联网（NB-IoT）[2]已经对这种极低码率的场景做了很多的优化，为避免对完全相同的场景进行技术标准化，在 NR Rel-15/16 的 NOMA[3]中不再包含低于 0.1 bits/(s·Hz)的场景。

对于 URLLC，因为有些配置采用 Mini-slot，其每帧在时域上只有 4 个 OFDM 符号数，小于 Slot 中的 7 个 OFDM 符号，而且其 DMRS 开销为 1/4，高于 Slot 情形的 1/7 DMRS 开销，所以此时的传输带宽为 24 RBs，以保持与 mMTC 或 eMBB 场景中的频谱效率相近。对于 eMBB，考虑其业务特点，数据块尺寸（TBS）比 mMTC 或 URLLC 的大一倍，即{20，40，80，120，150} byte。为保持与 mMTC 或 URLLC 场景中的频谱效率相近，其传输带宽为 12 RBs。

值得注意的是，在链路仿真参数中并没有限定所用的码率和调制阶数，这里的考虑是对于不同的发射侧 NOMA 方案，在 TBS 相同的条件下，其最优的码率和调制阶数的组合不一定相同，而且最优组合还与叠加的用户数有关。

表 7-1 上行 NOMA 链路级仿真的仿真参数假设

参数	mMTC	URLLC	eMBB
载波频率	700 MHz	700 MHz 或 4 GHz	4 GHz、700 MHz 可选
波形（数据部分）	CP-OFDM 和 DFT-s-OFDM	CP-OFDM	CP-OFDM
信道编码	NR LDPC		
子载波间隔（数据部分）	SCS = 15 kHz, #OS=14	方案 1：SCS = 60 kHz, #OS = 7（标准 CP），可选 6 方案 2：SCS = 30 kHz, #OS = 4	SCS = 15 kHz #OS = 14
分配带宽	6	SCS = 60 kHz 时，取 6 SCS = 30 kHz 时，取 24	12
每个用户的传输块大小（TBS）	至少包含以下 5 种{10, 20, 40, 60, 75} byte	至少包含以下 5 种{10, 20, 40, 60, 75} byte	至少包含以下 5 种 {20, 40, 80, 120, 150} byte
一次传输的目标 BLER	10%	0.1%	10%
基站天线配置	对于 700 MHz，取 2 或 4；对于 4 GHz，取 4 或 8，其中 8 为可选项		
用户天线配置	1		
信道模型和用户移动速度	TR38.901 协议中的 TDL-A 30ns 和 TDL-C 300 ns 信道模型 用户移动速度为 3 km/h。CDL 为可选项		
最大 HARQ 传输次数	1	1 或 2	1
信道估计	理想信道估计； 实际信道估计； DMRS 端口数≤12 时，采用 NR 设计（其他 DMRS 设计亦可用于 NOMA 研究）； DMRS 端口数>12 时，DMRS 开销应不少于 NR 设计，以达到评估目的		
平均信噪比	相等和不相等均可	相等	相等和不相等均可
时间偏移量（TO）	对于免授权异步传输，取值在[0, y]区间内，其中为达到评估目的，y 至少有以下两种取值： - 方案 1：y = NCP/2； - 方案 2：y = 1.5×NCP； 所有用户的 TO 值都服从[0, y]区间的均匀分布，且是独立同分布的，即各用户之间相互独立； 对于同步和异步混合的情况，X%的用户 TO 值为 0，（100−X）%的用户 TO 值非 0，其中 X = 80，其他值亦可选		
频率误差（FO）（Hz）	0 对于 700 MHz 载频，服从[−70，70]区间的均匀分布； 对于 4 GHz 载频，服从[−140，140]区间的均匀分布		
链路级业务模型	全缓存和非全缓存均可选（类似固定包大小的泊松到达）		

信噪比（SNR）定义为每个 OFDM 符号在分配的带宽内，承载的数据的平均接收功率除以噪声功率。用户的平均 SNR 是指在时间域上的长期平均，不同

用户的平均 SNR 可以是相等的，或者不等的。平均 SNR 相等意味着上行开环功率控制是理想的，不受终端最大发射功率的限制，能够完全补偿路损和大尺度衰落。相等的情形在实际的免调度场景中不一定很常见，但可以使公司之间仿真结果更容易比对，因此还是包含在仿真假设中。对于平均 SNR 不等的情形，各用户的平均 SNR 可以是服从均匀分布的，在以 1 dB 为步长的 $[x-a, x+a]$ (dB) 区间内变化，其中，x 是用户平均 SNR，偏差 $a=3$；也可以是高斯分布，标准差为 5 dB 或 9 dB 等。如图 7-1 所示，以 mMTC 场景为例，按照表 7-3 所示的系统级仿真假设进行统计，首先得到 UE 的接收功率，然后随机选择 12 个 UE 获取这些 UE 的相对功率，经过大量统计得到 UE 的相对功率分布，并与零均值高斯分布进行拟合。UE 的相对功率分布情况可以用来反映 UE 之间的 SNR 差异。从图 7-1 可以看到，当上行功率控制的目标接收功率设置为−100 dBm、路径损耗补偿因子 α 设置为 1 时，UE 的相对功率分布与标准差为 8 dB 或 9 dB 的高斯分布比较接近；当目标接收功率设置为−110 dBm、α 设置为 1 时，UE 的相对功率分布与标准差为 4 dB 或 5 dB 的高斯分布比较接近。这里需要说明的是：（1）UE 的相对功率分布情况与上行功率控制的参数配置有关，有些配置下拟合的高斯标准差会小一些，有些配置下拟合的高斯标准差会大一些；（2）单纯的高斯分布与 UE 的相对功率分布情况之间拟合得并不是特别好，还可以考虑使用混合模型，结合上行功率控制对拟合的高斯分布值进行调整，或者，还可以考虑将通过系统级仿真得到的 UE 的接收功率分布情况应用于链路级仿真中。

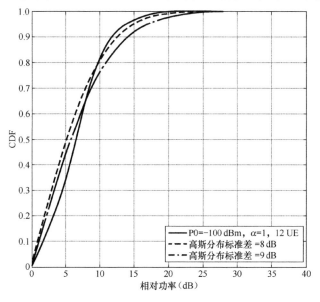

图 7-1 系统级仿真统计得到的相对功率分布

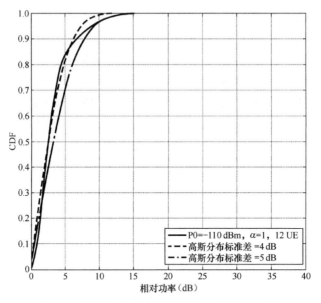

图 7-1 系统级仿真统计得到的相对功率分布（续）

其实，在链路级仿真中考察用户平均 SNR 不同的情形，对方案之间的性能对比不会带来质的影响。如果假设是理想信道估计，用户之间平均 SNR 的不同会使远近效应更明显。总的来看，对所有的方案都是有益的，无论采用哪一类接收机。如果是实际信道估计，由于信道估计误差与每个用户的 SNR 直接相关，更强的远近效应会使所有方案的性能都变差。当然，如果目标是评定一个方案的绝对性能，尤其是在系统级的性能，用户的平均 SNR 肯定是不一样的，实际信道估计是必须考虑的。那里的关键在于从链路到系统的映射模型，是否准确刻画了 SNR 的远近效应和对信道估计的影响。详细论述见 7.2 节。

在描绘误块率（BLER）与 SNR 的曲线时，横轴标定的 SNR 为链路仿真中所有用户的平均 SNR 值。之所以用平均 SNR 而不用所有用户 SNR 的和，目的是能更集中地反映随着叠加用户数的增加，用户间的干扰对性能的"净"影响。

另外，为了使得链路仿真的结果更结合实际，仿真参数中加入了时偏和频偏的影响，时偏的取值与小区站间距有关，假设小区站间距为 1732 m，用户在小区内均匀分布，可以算出每个用户的时偏是在（0，1.5 × NCP）区间均匀分布。而频偏则是由载波频率与 0.1 ppm 的晶振算出来的，假如是 mMTC 的 700 MHz 载频，频偏范围则是（−70，70）Hz。链路级仿真的业务模型是采用 Full Buffer（全缓存）的，也就是假设所有用户均在相同时频资源上发送，这也是考察链路级仿真性能比较常用的方式。

　　从表 7-1 可以看出，即使是考虑一种部署场景，如 mMTC，用户块的大小有 5 种，数据部分的波形有 2 种，接收天线数有 2 套，信道模型有 2 种，信道估计有理想和非理想 2 种，平均 SNR 有相等和不相等 2 种，时频误差至少有 2 种情形，总共的组合有 $5 \times 2^6 = 320$ 种。再加上对于一种方案可能尝试多种类型的接收机，仿多种用户数的情形。如此多的用例，如果要求多数公司全都评估，不一定现实。因此在 Rel-16 NOMA 的研究中，商定了一个有限组合的仿真用例，作为必选，如表 7-2 所示，并且要求提供 BLER vs SNR 的曲线，而不只是对应于 BLER = 10%或 0.1%时的 SNR 数值。表 7-2 中的用例仅包含非竞争式免调度情形，竞争式免调度情形见第 8 章。

表 7-2　非竞争式免调度链路仿真用例（必选）

用例序号	场景	载波频率	天线数	SNR 分布方式	波形	MA 签名分配	信道模型	TBS（byte）	用户数目	TO/FO
1	mMTC	700 MHz	2	相等	CP-OFDM	固定分配	TDL-A	10	12, 24	0
2	mMTC	700 MHz	2	相等	CP-OFDM	固定分配	TDL-C	20	6, 12	0
3	mMTC	700 MHz	2	相等	CP-OFDM	固定分配	TDL-A	40	6, 10	0
4	mMTC	700 MHz	2	相等	CP-OFDM	固定分配	TDL-C	60	6, 8	0
5	mMTC	700 MHz	2	相等	CP-OFDM	固定分配	TDL-A	75	4, 6	0
6	mMTC	700 MHz	2	不等	CP-OFDM	固定分配	TDL-A	20	6, 12	非 0
7	mMTC	700 MHz	2	不等	CP-OFDM	固定分配	TDL-C	60	6, 8	0
8	mMTC	700 MHz	2	不等	DFT-s	固定分配	TDL-C	10	12, 24	非 0
9	mMTC	700 MHz	2	不等	DFT-s	固定分配	TDL-C	20	6, 12	非 0
用例 10～13 见第 8 章										
14	URLLC	700 MHz	4	相等	CP-OFDM	固定分配	TDL-C	10	6, 12	0
15	URLLC	700 MHz	4	相等	CP-OFDM	固定分配	TDL-C	60	4, 6	0
16	URLLC	4 GHz	4	相等	CP-OFDM	固定分配	TDL-A	10	6, 12	0
17	URLLC	4 GHz	4	相等	CP-OFDM	固定分配	TDL-A	60	4, 6	0
18	eMBB	4 GHz	4	相等	CP-OFDM	固定分配	TDL-A	20	12, 24	0
19	eMBB	4 GHz	4	相等	CP-OFDM	固定分配	TDL-A	80	8, 16	0
20	eMBB	4 GHz	4	相等	CP-OFDM	固定分配	TDL-A	150	4, 8	0
21	eMBB	4 GHz	4	不等	CP-OFDM	固定分配	TDL-C	20	12, 24	非 0
22	eMBB	4 GHz	4	不等	CP-OFDM	固定分配	TDL-C	80	8, 16	非 0
23	eMBB	4 GHz	4	不等	CP-OFDM	固定分配	TDL-C	150	4, 8	0

续表

用例序号	场景	载波频率	天线数	SNR 分布方式	波形	MA 签名分配	信道模型	TBS（byte）	用户数目	TO/FO
					用例 24～25 见第 8 章					
26	mMTC	700 MHz	4	相等	CP-OFDM	固定分配	TDL-C	60	6, 8	0
27	mMTC	700 MHz	4	相等	CP-OFDM	固定分配	TDL-A	75	4, 6	0
28	mMTC	700 MHz	4	不等	CP-OFDM	固定分配	TDL-C	60	6, 8	非 0
29	mMTC	700 MHz	2	不等	DFT-s	固定分配	TDL-C	40	6, 10	非 0
30	mMTC	700 MHz	2	不等	DFT-s	固定分配	TDL-C	60	6, 8	非 0
31	mMTC	700 MHz	2	不等	DFT-s	固定分配	TDL-C	75	4, 6	非 0
32	mMTC	700 MHz	2	5 dB	CP-OFDM	固定分配	TDL-C	20	6, 12	0
33	mMTC	700 MHz	2	4 dB	CP-OFDM	固定分配	TDL-C	60	6, 8	0
34	mMTC	700 MHz	4	4 dB	CP-OFDM	固定分配	TDL-A	60	6, 8	0
35	mMTC	700 MHz	4	5 dB	CP-OFDM	固定分配	TDL-A	20	6, 12	0

7.1.2　链路到系统映射模型

链路到系统映射，也叫物理层抽象，用来建模接收机处理过程，包括用户识别、信道估计、MMSE 检测、译码等。对于上行非竞争式免调度 NOMA，还需建模干扰消除等过程。由于不同 NOMA 方案采用不同接收机，因此存在多种物理层抽象方法。

基于 MMSE Hard-IC 接收机的物理层抽象方法如图 7-2 所示，该物理层抽象方法主要包括以下几个步骤。

1. 用户识别与信道估计

对于非竞争式免调度方式，由于是预配置情况，不存在导频和序列碰撞的情况，基于导频进行用户识别时漏检率和虚警率非常低。可假设理想用户识别，再根据导频与扩展序列的对应关系，获取识别用户的扩展序列。

信道估计时，实际信道估计可在理想信道估计基础上进一步建模得到，如式（7.1）所示

$$H_R = H_I + H_e \tag{7.1}$$

其中，H_R 表示实际信道，H_I 表示理想信道，H_e 表示信道估计误差。在实际网络中，预配置 DMRS 和扩展序列的情况下，本小区内不存在 DMRS 碰撞的情况，因此 H_e 包括的是其他小区用户在 DMRS 上产生的干扰和噪声的影

响，这与 DMRS 设计、信道估计方法以及对信道估计结果进行滤波平滑方法有关。假设其他小区在 DMRS 上产生的干扰在统计上服从高斯分布，可将 $\boldsymbol{H}_\mathrm{e}$ 建模为均值为 0、方差为 σ_e^2 的高斯分布随机变量。从单小区看，每个 UE 采用 LS 算法进行信道估计产生的信道估计误差的归一化方差可以表示为：

$$\frac{\left|\boldsymbol{H}_\mathrm{e}\right|^2}{\left|\boldsymbol{H}_\mathrm{I}\right|^2} = \frac{\sigma_\mathrm{e}^2}{\left|\boldsymbol{H}_\mathrm{I}\right|^2} = \frac{1}{a \times N_\mathrm{s} \times \mathrm{SNR}} \tag{7.2}$$

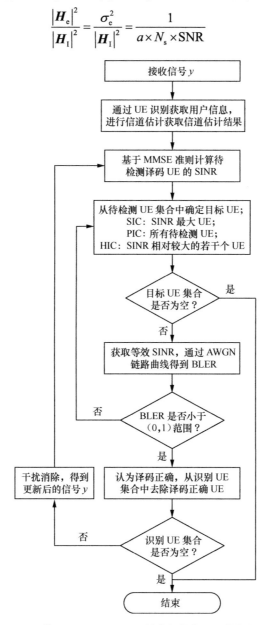

图 7-2　基于 MMSE Hard-IC 接收机的物理层抽象方法

其中，SNR 为 UE 的理想 SNR，a 为调整因子，对于不同滤波平滑方法，a 取值不同，N_s 为用来进行信道估计时并获得一个信道估计结果的 RE 数，如果未考虑信道估计结果滤波平滑的影响，$a \times N_s$ 可认为用来进行信道估计并获得一个信道估计结果的 DMRS 符号的总能量。

2. 基于 MMSE 准则计算待检测译码的 UE 的 SINR

在多小区网络中，接收信号 y 可以描述为：

$$y = \sum_{k=1}^{K} H_k s_k + \sum_{j=1}^{J} H_j s_j + n \tag{7.3}$$

其中，k 为当前小区中进行 NOMA 传输的 UE 数量，s_k 为当前小区中第 k 个 UE 发送的调制符号，H_k 为当前小区中第 k 个 UE 的包括空域和码域的联合信道系数；当发射天线数为 1，接收天线数为 N，扩展序列长度为 L，H_k 可以表示为 $NL \times 1$ 的矢量；J 表示其他小区在相同资源上进行传输的干扰 UE 的数量，s_j 为第 j 个小区间干扰 UE 发送的调制符号，H_j 为第 j 个小区间干扰 UE 的包括空域和码域的联合信道系数，H_j 也可以表示为 $NL \times 1$ 的矢量；n 为均值为 0，方差为 σ^2 的加性高斯白噪声。那么，第 k 个用户的 MMSE 检测权重按照式（7.4）计算：

$$W_k = H_k^{\mathrm{H}} \times R_{yy}^{-1} = H_k^{\mathrm{H}} \times \left(\sum_{k=1}^{K} H_k H_k^{\mathrm{H}} + \sum_{j=1}^{J} H_j H_j^{\mathrm{H}} + \sigma^2 I \right)^{-1} \tag{7.4}$$

其中，$(.)^{\mathrm{H}}$ 表示共轭转置，R_{yy} 为接收信号 y 的自相关矩阵，I 为 $NL \times NL$ 的单位矩阵。进一步，第 k 个 UE 的 MMSE 检测结果可以表示为 $\hat{s}_k = W_k \times y$，那么，其 SINR 按照式（7.5）计算：

$$\mathrm{SINR}_k = \frac{\left| W_k H_k \right|^2}{\sum_{i=1, i \neq k}^{K} \left| W_k H_i \right|^2 + \sum_{j=1}^{J} \left| W_k H_j \right|^2 + W_k (\sigma^2 I) W_k^{\mathrm{H}}} \tag{7.5}$$

需要注意的是，在理想情况下，计算 MMSE 权重和 SINR 时，可以使用理想信道，不过，在实际场景下，需要进行实际信道估计和 R_{yy} 估计，那么，计算 MMSE 权重时，H_k 需要使用当前小区中第 k 个 UE 的实际信道估计结果，R_{yy} 估计可以根据接收信号 y 来估计，具体地，可以将接收信号 y 转换为 $NL \times T$ 的矩阵 Y，其中，T 为 UE 发送的调制符号的数量，那么，$R_{yy} = YY^{\mathrm{H}} / T$；而对于 MMSE 检测结果的 SINR，由于根据 $\hat{s}_k = W_k \times y$ 计算，各个 UE 的理想信道自然包含在接收信号 y 中，因此，仍然可以使用各个 UE 的理想信道。

3. 获取等效 SINR，通过链路曲线得到 BLER

根据 RBIR-SINR 的映射关系，将当前小区中第 k 个 UE 的 SINR 映射为等效 SINR：

$$\mathrm{SINR}_k^{\mathrm{eff}} = \phi^{-1}\left[\frac{1}{M}\sum_{m=1}^{M}\phi(\mathrm{SINR}_{k,m})\right] \tag{7.6}$$

其中，M 为资源单元数量，$\phi(\cdot)$ 为用于进行 RBIR 映射的非线性可逆函数。根据等效 SINR 查找 AWGN 信道场景下的 BLER-SNR 链路曲线得到 BLER，作为本次传输的 BLER。进一步，将该 BLER 与（0，1）范围内的一个随机数进行比较，如果小于则认为本次传输译码正确，否则，认为本次传输译码失败。

图 7-2 中当一个或一组 UE 没有被正确译码时，可以尝试对剩余 UE 继续进行译码，这样做可以改善性能，尤其是对于串行干扰消除 SIC 而言。

4. 进行 IC，得到更新后的信号 y

当一个 UE 被正确译码后，针对该 UE 正确解调的数据进行信道编码、调制、扩展，通过信道等一系列数据重构操作，然后进行干扰消除，从接收总信号 y 中减去该用户的信号，实现干扰消除，得到更新后的信号 y。

需要注意的是，在实际场景下需要使用实际信道估计结果进行干扰消除，对于预配置方式，如前面所述，可以根据信道估计误差 $\boldsymbol{H}_e$ 来建模干扰消除残留误差。

基于上述描述，下面进行了一些验证，包括基于 DMRS 进行信道估计的误差验证以及链路到系统映射方法的校准验证。

（1）基于 DMRS 的信道估计误差的验证

5G NR 中，对于 CP-OFDM 波形，RRC 信令可以有两种类型的 DMRS 图样。一种是 NR DMRS Type 1，如图 7-3 所示；另一种是 NR DMRS Type 2，如图 7-4 所示。对于 DMRS Type 1，一个时域符号能支持最多 4 个 DMRS 端口，如图 7-3（a）所示，不同端口可以频分或者码分，2 个时域符号可以支持最多 8 个 DMRS 端口，如图 7-3（b）所示，每个 PRB 内只产生 6 个子载波的 DMRS 序列值。

对于 DMRS Type 2，一个时域符号能支持最多 6 个 DMRS 端口，如图 7-4（a）所示，不同端口可以频分或者码分。2 个时域符号可以支持最多 12 个 DMRS 端口，如图 7-4（b）所示，每个 PRB 内只产生 4 个子载波的 DMRS 序列值。

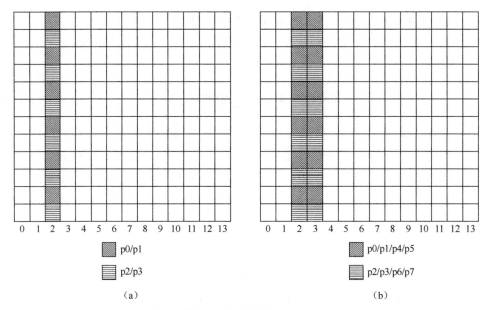

（a）　　　　　　　　　　　　　　　（b）

图 7-3　NR DMRS Type 1

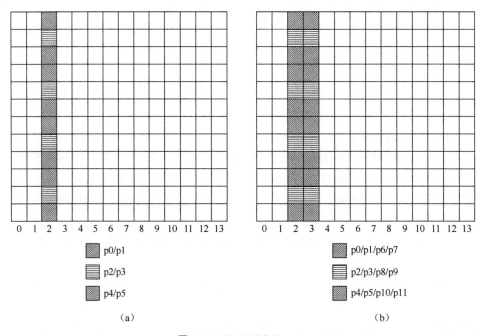

（a）　　　　　　　　　　　　　　　（b）

图 7-4　NR DMRS Type 2

这里基于 TDL-C 300ns 信道模型，采用 5G NR 中的 DMRS Type 1 和 Type

2 进行 LS 信道估计，当不考虑对信道估计结果进行滤波平滑和考虑对信道估计结果进行滤波平滑时，统计信道估计误差，然后将建模的误差与统计的误差进行对比，给出了基于 DMRS 的 LS 信道估计的归一化误差对比结果，分别如图 7-5 和图 7-6 所示，可以看到，无论是否考虑对信道估计结果进行滤波平滑，建模误差与实际误差都非常吻合。

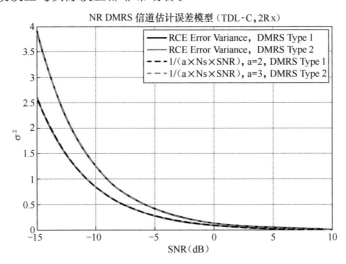

图 7-5　不考虑滤波平滑，基于 NR DMRS Type 1 和 Type 2 的信道估计误差

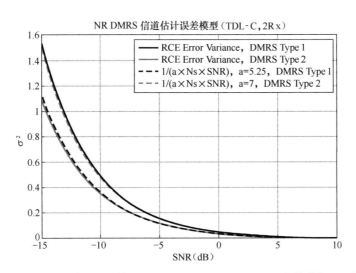

图 7-6　考虑滤波平滑，基于 NR DMRS Type 1 和 Type 2 的信道估计误差

（2）链路到系统映射方法的校准验证

基于 mMTC 场景，TDL-A 30ns 和 TDL-C 300ns 信道模型，在等 SNR 分布、

不等 SNR 分布情况下，在不同的 UE 负载情况下，对上述链路到系统的映射方法进行校准验证，验证结果如图 7-7（a）～（j）所示。

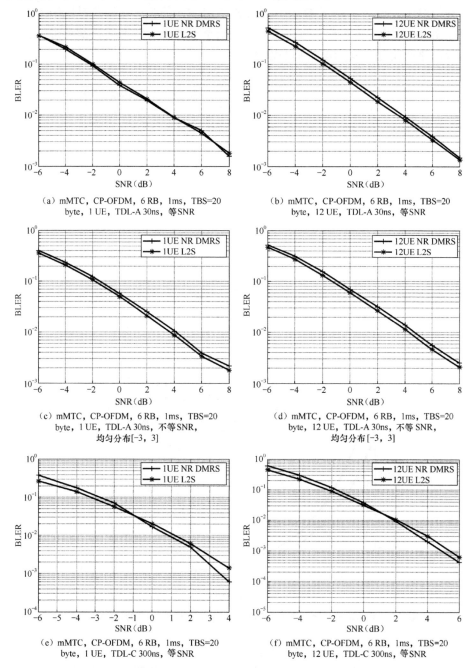

（a）mMTC，CP-OFDM，6 RB，1ms，TBS=20
byte，1 UE，TDL-A 30ns，等 SNR

（b）mMTC，CP-OFDM，6 RB，1ms，TBS=20
byte，12 UE，TDL-A 30ns，等 SNR

（c）mMTC，CP-OFDM，6 RB，1ms，TBS=20
byte，1 UE，TDL-A 30ns，不等 SNR，
均匀分布[-3，3]

（d）mMTC，CP-OFDM，6 RB，1ms，TBS=20
byte，12 UE，TDL-A 30ns，不等 SNR，
均匀分布 [-3，3]

（e）mMTC，CP-OFDM，6 RB，1ms，TBS=20
byte，1 UE，TDL-C 300ns，等 SNR

（f）mMTC，CP-OFDM，6 RB，1ms，TBS=20
byte，12 UE，TDL-C 300ns，等 SNR

图 7-7　基于 NR DMRS 非竞争免调度的链路到系统的映射方法的校准验证结果

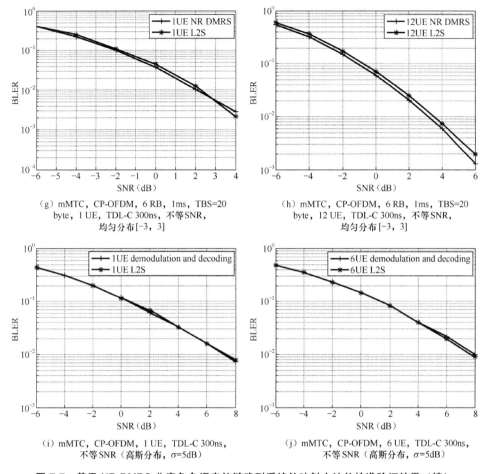

（g）mMTC, CP-OFDM, 6 RB, 1ms, TBS=20 byte, 1 UE, TDL-C 300ns, 不等 SNR, 均匀分布[-3, 3]

（h）mMTC, CP-OFDM, 6 RB, 1ms, TBS=20 byte, 12 UE, TDL-C 300ns, 不等 SNR, 均匀分布[-3, 3]

（i）mMTC, CP-OFDM, 1 UE, TDL-C 300ns, 不等 SNR（高斯分布, σ=5dB）

（j）mMTC, CP-OFDM, 6 UE, TDL-C 300ns, 不等 SNR（高斯分布, σ=5dB）

图 7-7　基于 NR DMRS 非竞争免调度的链路到系统的映射方法的校准验证结果（续）

文献[3]中还给出了其他两种物理层映射方法，其中，一种物理层映射方法应用于 ESE-SISO 接收机，该方法基于理想干扰消除（也就是说不存在小区内干扰）获取用户在某个资源上的 pp-SINR，利用理想干扰消除的 SINR 与实际 SINR 的容量关系得到实际的 SINR，SINR 计算如式（7.7）

$$SINR = (1 + SINR^{PIC})^{\beta} - 1 \qquad (7.7)$$

其中，β为伸缩因子，可通过与实际解调译码曲线的最小 MSE 获得。再利用获得的实际 SINR 经过 RBIR-SINR 映射关系得到等效 SINR，查 AWGN 下 SINR-BLER 表得到目标 BLER。

另外一种物理层映射方法可应用于 EPA-Hybrid IC 接收机和 MMSE Hard IC 接收机，该方法也是假设理想干扰消除获取用户在某个资源上的 $SINR^{PIC}$，

利用式（7.8）得到等效的 SINR

$$\text{SINR}_{\text{eff}} = f^{-1}\left\{\frac{1}{K}\sum_{k=1}^{K}f[(\beta\text{SINR}^{\text{PIC}})^{\alpha}]\right\} \quad （7.8）$$

其中，β 和 α 为曲线拟合因子，这两个值也是通过与实际解调译码曲线的最小 MSE 得到的，$f(\cdot)$ 为 RBIR-SINR 关系函数。

上面描述的这两种物理层抽象方法不对链路级的信号处理过程做精细的建模，因此都需要事先得到其伸缩因子 β 表或者曲线拟合因子组合表（β，α），对于不同的场景，得到的伸缩因子 β 表或者曲线拟合因子表都不同，拟合的工作量巨大。

7.1.3 系统仿真参数

本书将以上行 MUSA 方案为例，在 mMTC、eMBB 小包、URLLC 场景下对上行 NOMA 的性能进行系统级仿真评估。表 7-3 给出了上行 NOMA 在 mMTC、eMBB 小包和 URLLC 场景下进行系统级评估时采用的仿真假设。

表 7-3　上行 NOMA 在 mMTC、eMBB 小包和 URLLC 场景下进行系统级
评估时采用的仿真假设

仿真参数	参数配置		
	mMTC	eMBB	URLLC
网络拓扑	六边形宏小区	六边形宏小区	六边形宏小区
载频	700 MHz	4 GHz	4 GHz 或者 700 MHz
站间距	1732 m	200 m	4 GHz：200 m；700 MHz：500 m
仿真带宽	6 PRB	12 PRB	12 PRB
信道模型	参考文献[4]，使用 UMa 模型，并使用其中 Table 7.4.3-3 定义的室外到室内（O2I，Outdoor-to-Indoor）建筑穿透损耗模型	参考文献[4]，使用 UMa 模型，并使用其中 Table 7.4.3-3 定义的 O2I 建筑穿透损耗模型	参考文献[4]，使用 UMa 模型，并使用其中 Table 7.4.3-3 定义的 O2I 建筑穿透损耗模型
每个小区的 UE 数量	100	100	20
UE 最大发射功率	23 dBm	23 dBm	23 dBm

续表

仿真参数	参数配置		
	mMTC	eMBB	URLLC
BS 天线配置	2 Rx; 2 port: (M, N, P, Mg, Ng) = (10, 1, 2, 1, 1), 2 TXRU; dH = dV = 0.5λ; 下倾角: 92°	4 GHz: 4 Rx; 4 port: (M, N, P, Mg, Ng) = (10, 2, 2, 1, 1), 4 TXRU; dH = 0.5λ, dV = 0.8λ; 下倾角: 102°	4 GHz: 4 Rx; 4 port: (M, N, P, Mg, Ng) = (10, 2, 2, 1, 1), 4 TXRU; dH = 0.5λ, dV = 0.8λ; 下倾角: 102° 700 MHz: 4 Rx; 4 port: (M, N, P, Mg, Ng) = (10, 2, 2, 1, 1), 4 TXRU; dH = dV = 0.5λ; 下倾角: 98°
BS 天线高度	25 m	25 m	25 m
BS 天线增益	8 dBi	8 dBi	8 dBi
BS 接收机噪声指数	5 dB	5 dB	5 dB
UE 天线配置	1 Tx	1 Tx	1 Tx
UE 天线高度	参考文献[4]	参考文献[4]	参考文献[4]
UE 天线增益	0 dBi	0 dBi	0 dBi
UE 分布	用户在整个小区内均匀分布，20%室外用户，80%室内用户，用户移动速度 3 km/h	用户在整个小区内均匀分布，20%室外用户，80%室内用户，用户移动速度 3 km/h	用户在整个小区内均匀分布，20%室外用户，80%室内用户，用户移动速度 3 km/h
UE 上行功控	开环功控; 预配置免调度方式: P0 = −100 dBm, $\alpha = 1$; 随机选择免调度方式: P0 = −95 dBm, $\alpha = 1$	开环功控, P0 = −95 dBm, $\alpha = 1$	开环功控，P0 = −90 dBm, $\alpha = 1$
业务模型	每个 UE 的业务包大小从 20～200 byte 的帕累托分布，成形参数 $\alpha = 2.5$，需额外考虑 29 byte 的高层协议开销; 每个 UE 的业务到达情况服从到达率为 λ 的泊松分布; 当业务包分为多个传输块 (TB) 时，需额外考虑 RLC 层和 MAC 层的头开销为 5 byte	每个 UE 的业务包大小服从 50～600 byte 的帕累托分布，成形参数 $\alpha = 1.5$; 当业务包分为多个传输块（TB）时，需额外考虑 RLC 层和 MAC 层的头开销为 5 byte 每个 UE 的业务到达情况服从到达率为 λ 的泊松分布	每个 UE 的业务包大小可以设置为 60 byte 或 200 byte，不考虑额外的高层协议开销; 每个 UE 的业务到达情况服从到达率为 λ 的泊松分布
TB 块大小	25 byte，包含 RLC 层分段引入的 5 byte 的头开销	70 byte，包含 RLC 层分段引入的 5 byte 的头开销	60 byte 或者 200 byte，与业务模型采用的业务包大小一致
DMRS 数量	24 个（为了支持更高的用户复用数量，对 DMRS 设计进行了增强）	24 个（为了支持更高的用户复用数量，对 DMRS 设计进行了增强）	24 个（为了支持更高的用户复用数量，对 DMRS 设计进行了增强）

续表

仿真参数	参数配置		
	mMTC	eMBB	URLLC
HARQ/重复	预配置免调度方式：HARQ 最大重传次数为 8，采用非自适应重传；随机选择免调度方式：UE 根据设置的重复次数进行重复传输	HARQ 最大重传次数为 1，没有重复	HARQ 最大重传次数为 1，没有重复
ARQ 重传	不建模；如果一个 TB 块在达到 HARQ 最大重传次数或最大重复次数时，仍然没有传输成功，认为丢包	不建模；如果一个 TB 块在达到 HARQ 最大重传次数或最大重复次数时，仍然没有传输成功，认为丢包	不建模
信道估计	实际信道估计	实际信道估计	实际信道估计
BS 接收机	预配置免调度场景：基线采用 MMSE-IRC 或 MMSE-PIC，上行 NOMA 采用 MMSE-PIC 随机选择免调度场景：基线和上行 NOMA 均采用 MMSE-IC 盲检测接收机	基线采用 MMSE-IRC 或 MMSE-PIC 接收机，上行 NOMA 采用 MMSE-PIC 接收机	基线和上行 NOMA 均采用 MMSE-IRC 或 MMSE-PIC（最多迭代 2 次）接收机

图 7-8 和图 7-9 给出了系统仿真中 mMTC 场景、eMBB 场景的业务包大小的 CDF 分布。

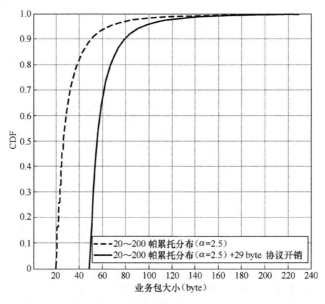

图 7-8　系统仿真中 mMTC 场景的业务包大小的 CDF 分布

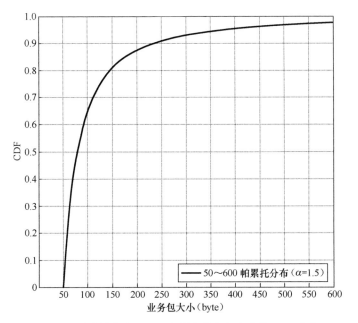

图 7-9　系统仿真中 eMBB 场景的业务包大小的 CDF 分布

|7.2　链路性能分析|

从 7.1 节的仿真用例中，可以选取其中几个比较有代表性的。根据每个用户频谱效率（TBS），分为中低频谱效率和高频谱效率两种情形来进行分析。中低频谱效率情形选取 mMTC 场景的仿真用例 1 和 2，URLLC 场景的仿真用例 14 和 16，eMBB 场景的仿真用例 18。高频谱效率情形选取 mMTC 场景的仿真用例 3、4 和 5，URLLC 场景的仿真用例 15 和 17，eMBB 场景的仿真用例 20。

先进的多用户接收机，其信道估计算法有多种类型，性能和复杂度相差很大。为了消除信道估计算法而导致的性能变化，在下面的例子中我们假设理想信道估计，从而可以比较精确地反映发射侧方案对性能的影响。

这一节中的链路仿真结果是基于各家公司不同的仿真平台，相互之间做了一定的链路级校准，分别对于 AWGN 信道和衰落信道，但仍存在将近 0.5 dB 的误差。

7.2.1 中低频谱效率情形

1. 仿真用例 1

图 7-10 是仿真用例 1 的误块率（BLER）与信噪比（SNR）的曲线，属于 mMTC 场景，接收天线数为 2。信道模型为时延扩展较小的 TDL-A，频域响应比较平坦。用户的平均 SNR 相等。经观察得出结论：理想信道估计条件下，无论是 12 个用户或 24 个用户，各曲线重合得较好，在目标 BLER = 10%处的性能十分接近，所对应的 SNR 分别大约为−6.8 dB 和−6.5 dB。再仔细考察 12 个用户的曲线，PDMA 的性能还是略微比其他的曲线稍差，原因是这里 PDMA 所用的扩展序列的互相关度较其他几个基于符号扩展的方案，如 MUSA、RSMA、UGMA、NOCA 和 NCMA 的要高一些。

对于仿真用例 1，尽管每个用户的频谱效率只有 0.1 bit/(s·Hz)，但叠加 24 个用户时，总的频谱效率已达 $0.1 \times 24 = 2.4$ bit/(s·Hz)，也不算很低。这里的仿真各家所用的接收机的类型有 MMSE Hard-IC，MMSE Hybrid-IC，ESE+SISO 或者 EPA+SISO。无论采用哪一种先进接收机，如果每个用户频谱效率较低，尽管叠加很多用户的情形，最后能达到的性能类似。其中的原因是，这里虽然每个用户的平均 SNR 相等，可是由于它们各自经历独立的衰落信道，在每个时刻的 SNR 相差还是很大的，而且接收端有两根天线，它们之间的空间相关性较低，瞬时的衰落情况不一样。因为每个用户的码率和调制阶数都很低，即使采用比较简单的 MMSE Hard-IC，也能通过利用远近效应，以很大的概率先译出较强的用户，再逐次译出较弱的用户。

2. 仿真用例 2

图 7-11 是仿真用例 2 的 BLER vs SNR 曲线，接收天线数为 2，每个用户的平均 SNR 相等，信道模型为扩展时延较大的 TDL-C，频域的选择性较强。每个用户的频谱效率为 0.2 bit/(s·Hz)，叠加 12 个用户时，总的频谱效率可达 $0.2 \times 12 = 2.4$ bit/(s·Hz)。各条曲线分别采用与其传输方案适合的接收机，如 MMSE Hard-IC，MMSE Hybrid-IC，ESE+SISO 或者 EPA+SISO。大体趋势与仿真用例 1 的比较相似：对于理想信道估计，在目标 BLER = 0.1 处，用户数无论是 6 还是 12，各个方案的链路性能相近，所对应的 SNR 分别为−5.0 dB 和−4.5 dB 左右。其中，PDMA 的性能稍差，原因是所用的扩展序列的相关度稍高。

性能相近的原因与仿真用例 1 的情形类似。仿真用例 2 的每个用户的频谱效率不高，码率远低于母码码率，采用 QPSK 调制，由于瞬时衰落信道的远近

效应，即使采用相对简单的 **MMSE Hard-IC**，仍很有可能先解出较强的用户，
然后解出较弱的用户。

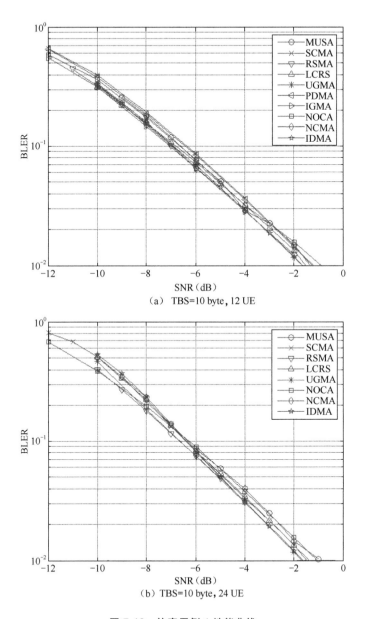

图 7-10 仿真用例 1 性能曲线

　　用例 2 的每个用户的频谱效率是用例 1 的每个用户频谱效率的 2 倍，按照信
道容量的一般规律，在较低谱效时（如用例 1 和用例 2 的情形），所需的 SNR

与频谱效率基本呈线性关系，即相差大约在 3 dB。但对比图 7-10 和图 7-11，用例 2 要达到 BLER = 0.1 所需的 SNR 仅比用例 1 的高 2 dB。这里的主要原因是，TDL-C 信道的频选特性强，即一个码块内的资源单元（RE）上的 SNR 差别较大，这使得不同用户间的 SNR 相差更大，远近效应更加明显，对各类接收机都有益处。

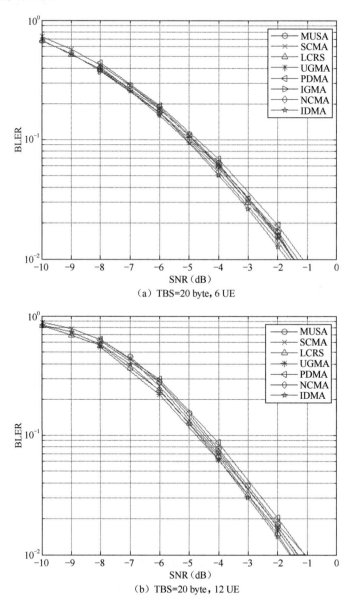

（a）TBS=20 byte，6 UE

（b）TBS=20 byte，12 UE

图 7-11　仿真用例 2 的 BLER vs SNR 曲线

需要指出的是，以上所述的频选信道的远近效应对链路性能的增益是基于理想信道估计的假设，只适用于中低频谱效率。信道的频选特性会恶化信道估计的性能，并加重译码器的负担，而译码器的负担问题只有在频谱效率较高时才显现。

3. 仿真用例 14

图 7-12 是仿真用例 14 的 BLER vs SNR 性能曲线，属于 URLLC 场景，接收天线数为 4。信道模型是时延扩展较大的 TDL-C。用户的平均 SNR 相等，每个用户的频谱效率为 0.1 bit/(s·Hz)，6 用户与 12 用户时的总频谱效率为 0.6 bit/(s·Hz)和 1.2 bit/(s·Hz)。可以看到，对于理想信道估计，在 BLER = 0.001 处，合适的配置下，绝大多数的曲线表现出相似的性能。无论采用哪一类接收机，所需的 SNR 都在 -11 dB 左右。LCRS 表现出的性能略差于其他方案，这是因为在仿真用例 14 中，接收天线的数目为 4，在天线数增加的情况下，基于扩展的方案，无论是线性扩展，如 MUSA、RSMA、UGMA、NCMA，还是多维调制加扩展的 SCMA，其接收机都能够通过码分和空分相结合，更有效地抑制用户间的干扰，其增益要优于 LCRS 接收机纯粹空分的增益，使得 LCRS 在 4 天线的仿真假设下性能略有不足。

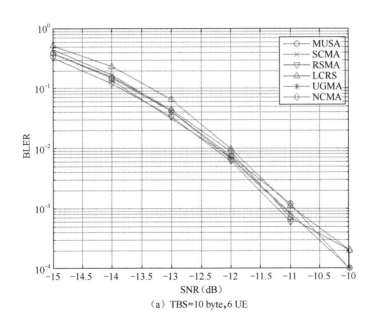

(a) TBS=10 byte，6 UE

图 7-12　仿真用例 14 的 BLER vs SNR 性能曲线

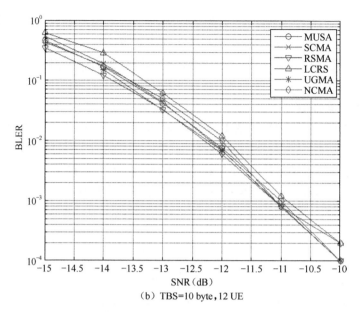

（b）TBS=10 byte，12 UE

图 7-12　仿真用例 14 的 BLER vs SNR 性能曲线（续）

4. 仿真用例 16

图 7-13 是仿真用例 16 的 BLER vs SNR 性能曲线，其仿真条件大多与用例 14 的相同。不一样的有两处：（1）载频，用例 14 是 700 MHz，而用例 16 是 4 GHz；（2）信道模型，用例 14 是 TDL-C，而用例 16 为 TDL-A。经过观察可以看到：对于理想信道估计，在目标 BLER=0.001 处，仿真用例 16 的 6 用户与 12 用户，在合适的配置下，绝大多数曲线显示出相似的性能，所需的 SNR 在-8 dB 左右。同样，这里 LCRS 的性能略有不足，原因与仿真用例 14 类似。

用例 16 的信道因为是相对平坦的 TDL-A，在一个码块内不同 RE 的 SNR 相差不大。而用例 14 的信道为频率选择特性明显的 TDL-C 信道。对于 URLLC 场景，子载波的间隔选用的是 60 kHz，远大于 mMTC 场景的 15 kHz，这意味着传输带宽 4 倍于 mMTC 场景，信道的频选特性更加明显，不同用户之间的远近效应在 TDL-C 信道下更加显著，使得用例 14 中要达到 BLER= 0.001 所需的 SNR 比用例 16 的低将近 3 dB，尽管两者的每个用户的频谱效率是相等的。

5. 仿真用例 18

图 7-14 是仿真用例 18 的 BLER vs SNR 性能曲线，属于 eMBB 场景，接收天线数为 4。信道模型是时延扩展较小的 TDL-A，载频为 4 GHz。用户的平均 SNR 相等，每个用户的频谱效率为 0.1 bit/(s·Hz)，12 用户与 24 用户时的总频

谱效率为 1.2 bit/(s·Hz)和 2.4 bit/(s·Hz)。可以看到：对于理想信道估计，在 BLER = 0.1 处，合适的配置下，多数的曲线表现出相似的性能。无论采用哪一类接收机，所需的 SNR 都在−12.5 dB 左右。LCRS 的性能劣于其他方案，原因与仿真用例 14 中的相同，即基于扩展的方案，其接收机可以进行码域和空域的联合检测，抑制用户间干扰，其增益要优于 LCRS 中的纯粹空分的接收机。

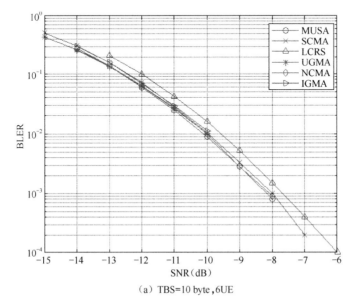

（a）TBS=10 byte，6UE

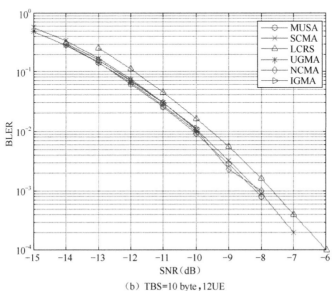

（b）TBS=10 byte，12UE

图 7-13　仿真用例 16 的 BLER vs SNR 性能曲线

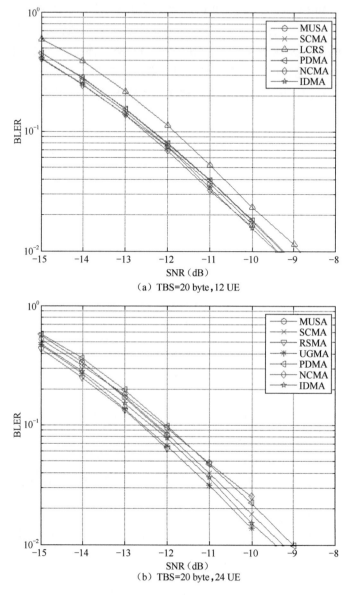

（a）TBS=20 byte，12 UE

（b）TBS=20 byte，24 UE

图 7-14　仿真用例 18 的 BLER vs SNR 性能曲线

　　综合以上所列中低谱效率情形的仿真结果可得出结论：理想信道估计条件下，对于 mMTC/eMBB/URLLC 场景，相等 SNR 分布，TO/FO 为 0，且 MA 签名采用固定配置的链路级仿真，如果仿真参数配置合理，那么，即使各 NOMA

方案/MA 签名采用不同类型的接收机、不同的码率，它们之间的性能差距依然很小。

7.2.2　高频谱效率情形

1．仿真用例 3

图 7-15 是 mMTC 场景，TBS= 40 byte。每个用户的频谱效率为 0.39 bit/(s·Hz)，信道模型为频率响应较为平坦的 TDL-A，接收天线数为 2。可以观察到：对于理想信道估计，在目标 BLER=0.1 处，仿真用例 3 的 6 用户与 10 用户，在合适的配置下，绝大多数曲线显示出相似的性能，所需的 SNR 分别约为−0.9dB 和 0.2 dB。这里，各家方案仿真时所采用的码率最高不超过 0.4，并且无论采用何种接收机，在目标 BLER=0.1 处性能差异都在 0.5 dB 之内，说明在码率不是很高的情况下，各个方案的性能差距不大，仿真用例 3 的性能表现可以看作是低频谱效率到高频谱效率的过渡。

2．仿真用例 4

图 7-16 是仿真用例 4 的性能曲线。用例 4 的 TBS = 60 byte，每个用户的频谱效率为 0.57 bit/(s·Hz)。此时，6 用户和 8 用户的总频谱效率分别为 $0.57 \times 6 = 3.42$ bit/(s·Hz)和 $0.57 \times 8 = 4.56$ bit/(s·Hz)。信道模型为频选特性明显的 TDL-C，接收天线数是 2。结果按照所用的接收机类型分为以下两组。

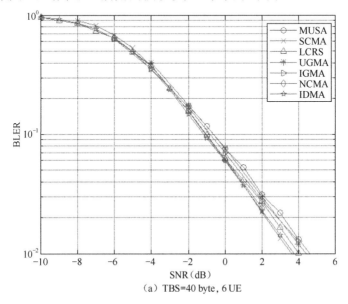

（a）TBS=40 byte，6 UE

图 7-15　仿真用例 3 性能曲线

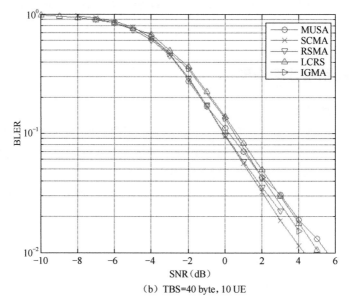

（b）TBS=40 byte, 10 UE

图 7-15　仿真用例 3 性能曲线（续）

（1）Hybrid IC 和 EPA+SISO：需要译码器输出软比特（LLR）再反馈至检测器进行迭代检测，计算复杂度较高。

（2）MMSE Hard-IC：干扰消除采用译码器输出的硬比特，进行硬消除，无须迭代检测，计算复杂度较低。

图 7-16（a）是 6 用户的结果，其中，RSMA 采用 Hybrid IC 接收机，SCMA 采用 EPA+SISO 接收机，可以看到，这两种方案在接收机复杂度相近的条件下，对于理想信道估计，在目标 BLER = 0.1 处，所需的 SNR 十分接近。

再看图 7-16（b）的 6 用户结果，所仿的方案均采用 MMSE Hard-IC 接收机。这里的配置有两种：码率为 0.57 和 0.29，分别用在 MUSA、UGMA、PDMA 以及 RSMA、LCRS。在相同的码率下，这些方案所需的 SNR 很接近。当然，码率高的会牺牲一些编码增益，对应的 SNR 也稍高一些。

对比图 7-16（a）和图 7-16（b）可以发现，采用较复杂的 Hybrid IC 或者 EPA+SISO 接收机的性能要好于采用相对简单的 MMSE Hard-IC 接收机的性能。

同理，图 7-16（c）是 8 用户的结果，其中，RSMA 采用 Hybrid IC 接收机，SCMA 和 MUSA 采用 EPA+SISO 接收机，3 种方案的性能十分接近，但是 LCRS 的性能有非常明显的下降。

在图 7-16（d）中，接收机都是 MMSE Hard-IC，PDMA 和 UGMA 采用 0.57 的码率，而 MUSA 和 RSMA 采用 0.43 的码率。在码率相同的条件下，这几个方案的性能接近。

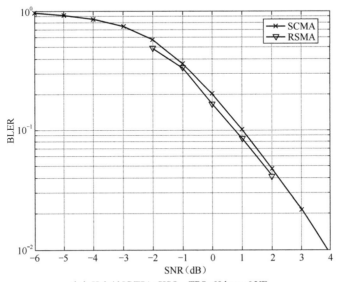

（a）Hybrid IC/EPA+SISO，TBS=60 byte，6 UE

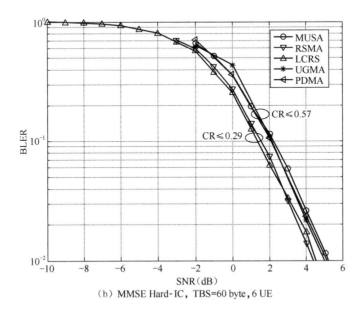

（b）MMSE Hard-IC，TBS=60 byte，6 UE

图 7-16　仿真用例 4 的性能曲线

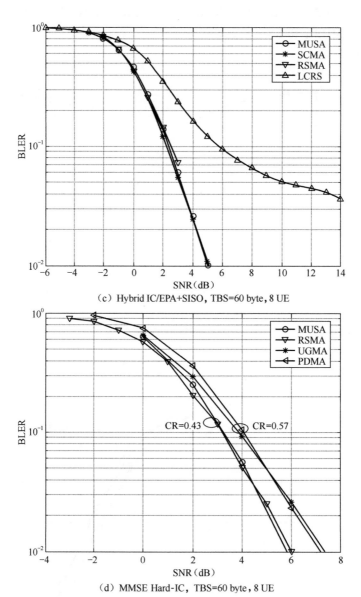

（c）Hybrid IC/EPA+SISO，TBS=60 byte，8 UE

（d）MMSE Hard-IC，TBS=60 byte，8 UE

图 7-16　仿真用例 4 的性能曲线（续）

3．仿真用例 5

图 7-17 是仿真用例 5 的性能曲线。用例 5 的 TBS = 75 byte，每个用户的频谱效率为 0.71 bit/(s·Hz)。此时，4 用户和 6 用户的总频谱效率分别为 0.71×4 = 2.84 bit/(s·Hz)和 0.71×6 = 4.26 bit/(s·Hz)。信道模型为频率响应较为平坦的

TDL-A，接收天线数是 2。相比仿真用例 4，虽然总频谱效率稍低，但因为用例 5 的每个用户的频谱效率为所有仿真用例当中最高的，所以用例 4 和用例 5 都是反映设计极限的。与用例 4 类似，结果按照所用的接收机类型分为两组：较复杂的 Hybrid IC/EPA+SISO 和较简单的 MMSE Hard-IC。码率也分为两组：0.71 和 0.36。

图 7-17（a）是 4 用户采用相对复杂接收机的结果，可以得到：对于理想信道估计，在目标 BLER = 0.1 处，SCMA 和 RSMA 的性能基本重合。图 7-17（b）是 4 用户采用较简单接收机的结果，其中，MUSA、PDMA 和 UGMA 采用 0.71 码率，性能几乎重合；LCRS 由于采用 0.36 码率，性能比用 0.71 的好 1 dB 左右。对比图 7-17（a）和图 7-17（b），可以看出，采用 Hybrid IC /EPA+SISO 接收机的性能要好于采用 MMSE Hard-IC 接收机的性能。

同理，图 7-17（c）中的 6 用户采用相对复杂的接收机：RSMA 用 Hybrid IC，MUSA 和 SCMA 用 EPA + SISO。在 BLER = 0.1 处，3 种方案的性能很接近。图 7-17（d）中的仿真都采用相对简单的接收机 MMSE Hard-IC，除了 LCRS，其他几种方案 MUSA、NCMA、PDMA 和 UGMA 的性能高度一致。LCRS 在仿真用例 5 的 6 用户性能相比于 4 用户有着明显的下降，这是由于 LCRS 已经无法利用相对低的码率来抵消扩展域 MMSE 抑制用户间干扰的能力，随着用户数的增多，LCRS 性能会逐步下降。对比图 7-17（c）和图 7-17（d），可以发现采用相对复杂的接收机，能够带来 1 dB 左右的性能增益。

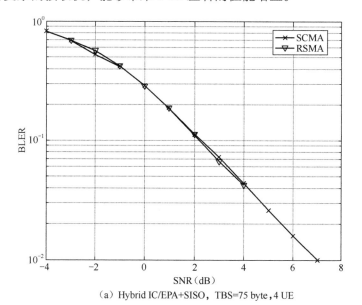

（a）Hybrid IC/EPA+SISO，TBS=75 byte，4 UE

图 7-17　仿真用例 5 的性能曲线

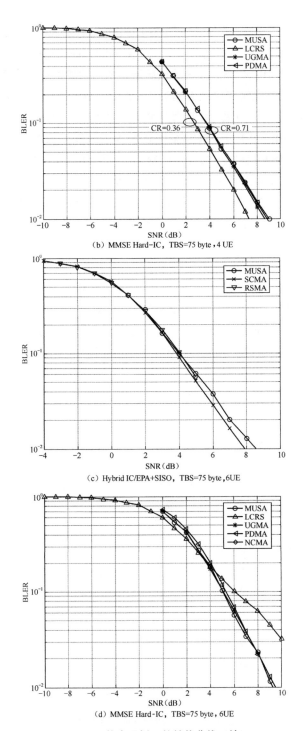

（b）MMSE Hard-IC，TBS=75 byte，4 UE

（c）Hybrid IC/EPA+SISO，TBS=75 byte，6UE

（d）MMSE Hard-IC，TBS=75 byte，6UE

图 7-17　仿真用例 5 的性能曲线（续）

4. 仿真用例 15

图 7-18 是仿真用例 15 的性能曲线。用例 15 属于 URLLC 场景，接收天线数为 4，信道模型是频选特性明显的 TDL-C。TBS = 60 byte，每个用户的频谱效率是 0.57 bit/(s·Hz)，与仿真用例 3 的类似。但因为 URLLC 不强调海量连接，叠加用户的数目只有 4 和 6。

图 7-18（a）是 4 用户的结果。其中，NCMA 和 UGMA 的码率为 0.57，采用 MMSE Hard-IC 接收机，它们的性能相近；较低的码率为 0.29，在此之中，SCMA 采用 EPA+SISO 接收机，RSMA 采用 Hybrid IC，LCRS/MUSA 采用 MMSE-Hard IC，IDMA 采用 ESE+SISO。这些低码率（0.29）的曲线比高码率（0.57）的曲线性能要好 1 dB 以上。低码率的曲线中，接收机和其他差异带来的影响在 0.5 dB 之内。这个原因主要是接收天线为 4，相比 2 天线，能够提供更多的空间隔离度，从而降低了接收机在多用户情形下的检测和译码的难度，即使采用相对简单的接收机，性能损失也不是非常明显。这一点对 URLLC 尤其重要，计算复杂度的降低可以缩短解调译码的时延，对满足 URLLC 的整体时延要求有帮助。

LCRS 性能在低码率曲线中略差，原因与仿真用例 14 相同，即 LCRS 无法利用扩展域 MMSE 的干扰抑制。

图 7-18（b）是 6 用户的结果，图中所示所有方案的码率均为 0.29，其中，MUSA 和 LCRS 采用较简单的 MMSE Hard-IC 接收机，而 SCMA 和 RSMA 采用较复杂的接收机，分别是 EPA+SISO 和 Hybrid IC。可以看出，采用较复杂的接收机比采用较简单接收机要带来 0.5 dB 左右的性能增益。LCRS 性能随着 SNR 的提高略有变差，原因与仿真用例 14 相同。

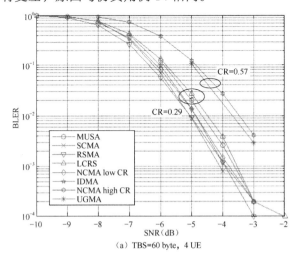

（a）TBS=60 byte，4 UE

图 7-18 仿真用例 15 的性能曲线

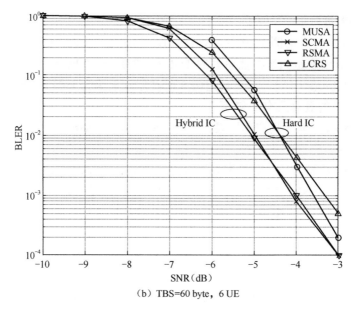

（b）TBS=60 byte，6 UE

图 7-18　仿真用例 15 的性能曲线（续）

5. 仿真用例 17

图 7-19 是仿真用例 17 的性能曲线。用例 17 与用例 15 比较相似，都属于 URLLC 场景，接收天线数为 4，TBS = 60 byte，每个用户的频谱效率是 0.57 bit/(s·Hz)，叠加用户的数目为 4 和 6。不同之处是用例 17 的信道模型是频率响应平坦的 TDL-A，载频为 4 GHz，而用例 15 的信道模型是频选特性明显的 TDL-C，载频为 700 MHz。

图 7-19（a）是 4 用户的结果。其中，NCMA 和 UGMA 的码率为 0.57，采用 MMSE Hard-IC 接收机，IDMA 采用 ESE+SISO 接收机，它们的性能相近；在较低的 0.29 码率，SCMA 采用 EPA+SISO 接收机，RSMA 采用 Hybrid IC，LCRS/MUSA 采用 MMSE Hard-IC。这些低码率的曲线比高码率的曲线性能要好 1 dB 左右。低码率的曲线中，接收机和其他差异带来的影响在 0.5 dB 之内。

图 7-19（b）是 6 用户的结果，码率的配置与图 7-19（a）的类似，分为 0.57 和 0.29。可以看出，低码率能够带来大约 1 dB 的编码增益，在低码率的曲线中，接收机和其他差异带来的影响在 0.5 dB 之内。

6. 仿真用例 20

图 7-20 是仿真用例 20 的性能曲线。用例 20 属于 eMBB 场景，接收天线数为 4，TBS = 150 byte，传输带宽为 12 RB。每个用户的频谱效率是 0.7 bit/(s·Hz)，

叠加用户的数目为 4 和 8。信道模型是频率响应平坦的 TDL-A，载频为 4 GHz。

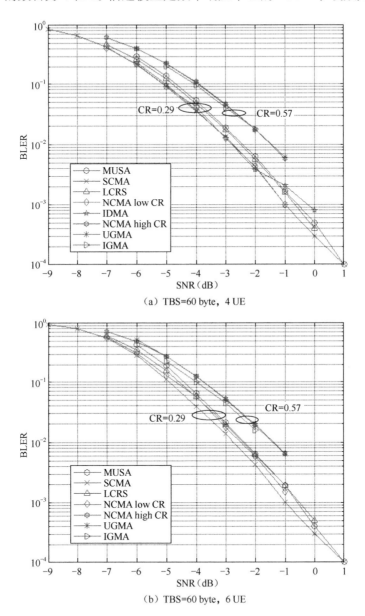

（a）TBS=60 byte，4 UE

（b）TBS=60 byte，6 UE

图 7-19 仿真用例 17 的性能曲线

图 7-20（a）是 4 用户的结果，其中，NCMA 和 UGMA 的码率为 0.7，采用 MMSE Hard-IC 接收机，IDMA 采用 ESE+SISO 接收机，它们的性能相近；在较低的 0.35 码率，SCMA 采用 EPA+SISO 接收机，RSMA 采用 Hybrid IC，

LCRS/MUSA 采用 MMSE Hard-IC。这些低码率的曲线比高码率的曲线性能要好 1 dB 左右。低码率的曲线中，接收机和其他差异带来的影响在 0.4 dB 之内。

图 7-20（b）是 8 用户的结果，码率的配置与图 7-20（a）的类似，分为 0.7 和 0.35。可以看出，低码率能够带来 1～1.5 dB 的编码增益，在低码率的曲线中，接收机和其他差异带来的影响在 0.8 dB 之内。

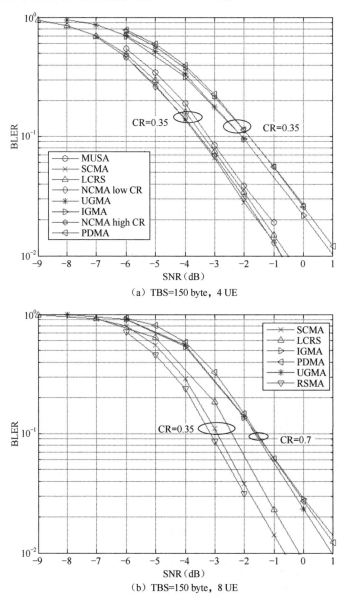

（a）TBS=150 byte，4 UE

（b）TBS=150 byte，8 UE

图 7-20 仿真用例 20 的性能曲线

综合以上所列较高频谱效率情形的仿真结果可得：理想信道估计条件下，对于 mMTC/eMBB/URLLC 场景，相等 SNR 分布，TO/FO 为 0，且 MA 签名采用固定配置的链路级仿真，如果仿真参数配置合理，那么：

① 各 NOMA 方案/MA 签名只要采用相同类型的接收机、相同的码率，他们之间的性能差距很小；

② 相同码率下，采用高复杂度的 Hybrid IC 接收机的性能普遍要好于采用低复杂度的 Hard IC 的性能；

③ 相同复杂度接收机下，采用较低码率的方案性能普遍好于采用较高码率的方案性能；

④ 随着 TBS 和用户数的增大，LCRS 的性能会逐渐变差。

最后，我们再着重对比一下 LCRS 和符号级线性扩展的性能。如第 6 章所述，LCRS 不需要改动 Rel-15 NR 的物理层标准协议，而符号级扩展的方案在物理层都有标准化的影响。如果扩展方案相对 LCRS 的性能不明显，则标准化的意义也不大。虽然链路级的仿真一般不能用来评价一个方案的整体性能，但假若能与接下来的系统性能结合，一起分析，会对方案有较全面的认识。

LCRS 本质上是一个通过降低码率，借助信道编码的纠错能力，来克服叠加传输时的用户间干扰。LCRS 的系统比特和冗余比特如图 7-21 所示。为了体现多用户，图中显示了两个用户的情形，它们具有相同的码率。

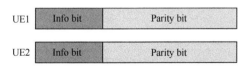

图 7-21　LCRS 的系统比特和冗余比特示意

LCRS 的接收机通常采用 MMSE Hard-IC，如果希望进一步利用信道编码的纠错能力来提高多用户检测的性能，可以采用较为复杂的 ESE+SISO 接收机。

符号级线性扩展是通过采用低相关度的序列，在解调检测这个环节降低用户间干扰，本身对信道编码的依赖性没有像 LCRS 那样高。由于需要进行扩展，会增高码率，如图 7-22 所示。明显看出，码率比图 7-21 中的高。图中的斜阴影线表示扩展，阴影线的不同方向代表不同的序列，从广义上来讲，每条扩展序列是扩展长度下的高维空间的一个向量，相关度愈低，则这些向量的方向差别愈大。

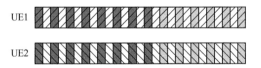

图 7-22　符号级线性扩展下的系统比特和冗余比特示意

符号级线性扩展的接收机通常也是 MMSE Hard-IC，与 LCRS 的 MMSE Hard-IC 稍有不同，前者的 MMSE 是扩展码域和空间域（如果有多根接收天线）的联合 MMSE，而后者只是空域的 MMSE。当然，符号级扩展的方案也可以采用 EPA +SISO 来进一步提高在高频谱效率时的性能，以弥补由于高码率带来的负面影响。

在表 7-4 中，我们把相对于 LCRS 有明显增益的链路仿真用例挑出来[5]。对于符号级线性扩展，因为包含了许多方案，这里列的链路级的性能增益是平均的。因为 mMTC 的场景有较多的公司进行了仿真，而且在该场景下的接收天线为 2，比其他场景的要少，空域隔离度的因素较小，更容易分析，故表 7-4 仅统计 mMTC 场景的用例。需要强调一点。链路级仿真，即使是 NOMA 的多用户链路仿真，其他小区的干扰一般假定是 AWGN，无论是空域、还是扩展码域（如果发射侧作符号级扩展）都是白色噪声。在这种假设下，MMSE 对小区间干扰是没有任何抑制效果的。

表 7-4　符号级扩展或多维调制相对于 LCRS 有增益的链路仿真用例

发射侧的方案/类型	接收机类型	相对采用 MMSE Hard-IC 接收机的 LCRS 的增益 TBS（byte），用户数：增益（dB）
符号级线性扩展，如 MUSA、RSMA、NOCA、NCMA、UGMA、PDMA、WSMA	MMSE Hard-IC	60, 6: 1 75, 6: 2
SCMA	EPA+SISO	40, 10: 0.5 60, 6: 0.5 60, 8: 3 75, 6: 2
MUSA	EPA+SISO	40, 10: 0.5 60, 6: 0.5 60, 8: 3 75, 6: 2

从表 7-4 可以看出，如果都是采用 MMSE Hard-IC 的接收机，只有当 TBS 在 60 byte 和 75 byte，符号级扩展相对 LCRS 才有明显增益。这说明在中低频谱效率时，如 TBS = 10、20 或者 40 byte，LCRS 的低码率的优势与符号级线性扩展的低相关序列的优势在链路级（假定小区间干扰为 AWGN）基本相当，难分胜负。而在高频谱效率并都采用 MMSE Hard-IC 接收机的条件下，低相关序列的特性才显示出更强的优势，压过低码率的增益。

多维调制（如 SCMA）和符号级线性扩展（如 MUSA）如果采用更加复杂的接收机，如 EPA+SISO，它们相对于 LCRS 采用 MMSE Hard-IC 接收的性能优势在 TBS = 40 byte 就已呈现，频谱效率愈高，优势愈明显。

|7.3　系统性能分析|

本节将在 mMTC、eMBB 小包、URLLC 场景下对上行 NOMA 的性能进行系统级仿真评估，以上行 MUSA 方案为例，采用预配置（非竞争式）免调度传输方式，每个 UE 使用的时频资源和 DMRS 是预配置的，没有 DMRS 碰撞。

7.3.1　海量物联网场景

对于 mMTC 场景，针对以下 3 个情形进行性能评估。

1. **情形 1：基线的每个 UE 使用 1 PRB + 1 ms 的时频资源，上行 MUSA 的每个 UE 使用 1 PRB + 4 ms 的时频资源**

该情形下，将基线（Baseline）方案的可用资源进行了时频划分，然后预配置每个 UE 使用的传输资源和 DMRS；上行 MUSA 的可用资源是频分的，同样通过预配置确定每个 UE 使用的传输资源和 DMRS，每个 UE 使用的扩展序列和 DMRS 之间有一一对应关系，也就是说，配置了每个 UE 使用的 DMRS 后，其扩展序列也就确定了。为了公平对比，将上行 MUSA 方案中每个 UE 使用的扩展序列的总能量归一化为 1。

图 7-23 给出了情形 1 场景下的仿真结果。其中，图 7-23（a）给出了基线方案采用 MMSE-IRC 接收机、MMSE-PIC 接收机和上行 MUSA 方案采用 MMSE-PIC 接收机的丢包率 PDR 性能，可以看到，对于目标 PDR = 1%，上行 MUSA 方案支持的业务负载大约是基线方案采用 MMSE-IRC 接收机时的 2 倍，是基线方案采用 MMSE-PIC 接收机时的 1.5 倍。

图 7-23（b）和图 7-23（c）分别给出了基线方案、上行 MUSA 方案中每个传输资源上的最大用户数和资源利用率（Resource Utilization，RU），可以看到，每个传输资源上的最大用户数量、资源利用率（RU）随着业务负载的增加而增加，并且，上行 MUSA 方案与基线方案相比，这些指标均明显要高很多，这是因为 MUSA 采用了长度为 4 的扩展，会占用更多的资源，相应地会导致更多的用户复用相同的资源，以及更高的资源利用率。这里需要说明的一点是，上行 MUSA 方案的资源利用率等指标与基线方案的相应指标之间的差别，会受到时频资源划分、扩展序列长度等因素的影响。另外，这些指标还会受到重传

的影响。还可以看到，受预配置的影响，基线方案每个传输资源上的最大用户数达到一定值以后不再增加。

2. **情形 2：基线和上行 MUSA 的每个 UE 均使用 6 PRBs + 1 ms 的时频资源**

该情形下，由于基线方案和上行 MUSA 方案均占用了整个仿真带宽，基线方案的码率会相对较低。其实这里的基线方案就是 LCRS，不对 Rel-15 NR 的物理层标准做改动，只是接收机采用 MMSE-IRC 或者 MMSE-PIC。

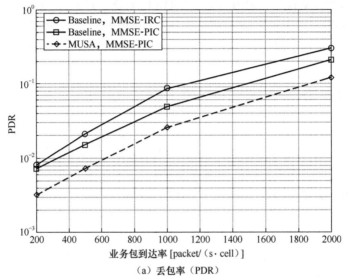

（a）丢包率（PDR）

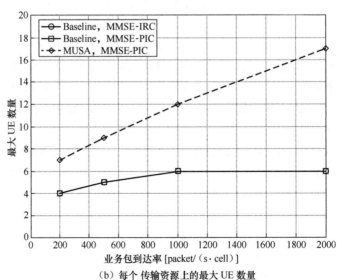

（b）每个传输资源上的最大 UE 数量

图 7-23　情形 1 场景下的仿真结果

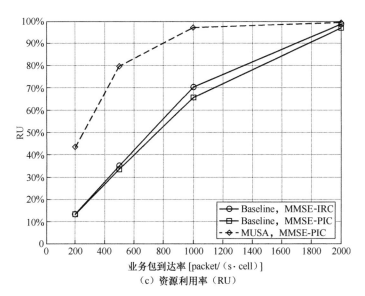

图 7-23　情形 1 场景下的仿真结果（续）

图 7-24 给出了情形 2 场景下的仿真结果。其中，图 7-24（a）给出了基线方案采用 MMSE-IRC 接收机、MMSE-PIC 接收机和上行 MUSA 方案采用 MMSE-PIC 接收机的丢包率 PDR 性能，可以看到，对于目标 PDR = 1%，上行 MUSA 方案支持的业务负载是基线方案采用 MMSE-IRC 接收机、MMSE-PIC 接收机时的 2 倍以上。

图 7-24（b）给出了基线方案和上行 MUSA 方案中每个传输资源上的最大用户数，可以看到，由于基线方案和上行 MUSA 方案均使用了 6 PRBs + 1ms 的时频资源，两种方案下的最大用户数是类似的。图 7-24（c）还给出了上行 MUSA 方案中每个传输资源上的用户数量的 CDF 分布，可以看到，大多数情况下，每个传输资源上的用户数量并不是很多，不过，这会随着业务负载的增加而增加。

图 7-24（d）给出了基线方案和上行 MUSA 方案的资源利用率（RU），可以看到，两种方案下的 RU 整体上是相当的，由于上行 MUSA 方案的传输性能更好，因此其 RU 会略低一点。

图 7-24（e）给出了基线方案和上行 MUSA 方案的 MMSE post-SINR，可以看到，二者之间有 10 dB 的差别。在该仿真中，基线方案的等效码率是 1/8，上行 MUSA 方案的码率为 1/2，二者之间解调门限差别大约是 7 dB，即使考虑这一点差别后，上行 MUSA 方案仍然会取得更好的性能，主要是因为上行 MUSA 方案联合空域和码域进行 MMSE 检测可以更好地抑制小区间干扰。

　　我们再考察一下是否还有其他的因素。从链路级的结果如表 7-4 所示，符号级线性扩展（包括 MUSA）只有在 TBS 大于 40 byte 才相对于 LCRS 有增益，而在 mMTC 的系统级仿真，经过物理层的分包之后，每个 TBS 只有 25 byte，显然如果其他设定与链路级都一样的话，MUSA 在系统级相对基线方案不会有明显的性能增益。因此我们可以判断，图 7-24 中 MUSA 的增益主要来 MMSE post-SINR 的增益，而这个 SINR 的增益主要源于小区间干扰的假设。在系统级，相邻小区的用户在同样的时频资源发送数据。尽管邻区用户很多，但真正起主要作用的并不多，只有那些离目标小区边缘不远的用户才对目标基站造成明显的干扰。由于起主导作用的邻区干扰用户数有限，小区间干扰具有结构性，这不仅体现在空域上（如果是上行多天线接收），而且在扩展码域上（对于符号扩展的方案）。而 MMSE 对于有结构性的干扰是具有抑制的效果的。LCRS 没有符号级扩展，所以缺乏扩展码域 MMSE 的益处。

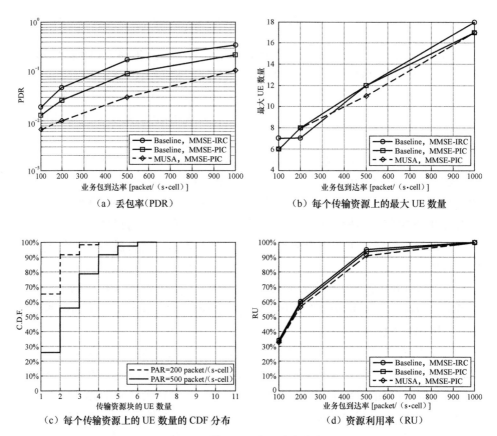

（a）丢包率（PDR）

（b）每个传输资源上的最大 UE 数量

（c）每个传输资源上的 UE 数量的 CDF 分布

（d）资源利用率（RU）

图 7-24　情形 2 场景下的仿真结果

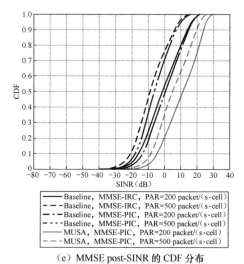

（e）MMSE post-SINR 的 CDF 分布

图 7-24　情形 2 场景下的仿真结果（续）

3. 情形 3：基线和上行 MUSA 的每个 UE 均使用 1 PRB + 6 ms 的时频资源

该情形下，基线方案和上行 MUSA 方案均占用了 1PRB + 6ms 的时频资源，基线方案的码率会相对较低。此时的基线方案就是 LCRS。按照 mMTC 场景的仿真假设，UE 和基站间的最大耦合损耗达到了 144 dB，将 UE 的发射功率集中在 1 个 PRB 上进行传输，有利于改善覆盖性能。

图 7-25 给出了情形 3 场景下的仿真结果。其中，图 7-25（a）给出了基线方案采用 MMSE-PIC 接收机和上行 MUSA 方案采用不同的扩展序列长度以及 MMSE-PIC 接收机的丢包率 PDR 性能，可以看到，对于目标 PDR=1%，上行 MUSA 方案采用 2 长扩展序列时支持的业务负载大约是基线方案的 1.5 倍，上行 MUSA 方案采用 4 长、6 长扩展序列时支持的业务负载是基线方案的 2 倍以上，原因是采用长扩展序列可以更好地抑制小区间干扰。

图 7-25（b）给出了基线方案和上行 MUSA 方案中每个传输资源上的最大用户数，可以看到，由于基线方案和上行 MUSA 方案均使用了 1PRB+6ms 的时频资源，两种方案下的最大用户数是类似的，由于上行 MUSA 方案的传输性能更好，因此其复用用户数会略低一点。图 7-25（c）还给出了上行 MUSA 方案中每个传输资源上的用户数量的 CDF 分布，可以看到，大多数情况下，每个传输资源上的用户数量并不是很多，不过，这会随着业务负载的增加而增加。

图 7-25（d）给出了基线方案和上行 MUSA 方案的资源利用率（RU），可

以看到，两种方案下的 RU 整体上是相当的，由于上行 MUSA 方案的传输性能更好，因此其 RU 会略低一点。

图 7-25（e）给出了基线方案和上行 MUSA 方案的 MMSE post-SINR，可以看到，与情形 2 类似，二者之间有明显的差别。在该仿真中，基线方案的等效码率是 1/8，上行 MUSA 方案采用 2 长、4 长、6 长扩展序列时的码率分别为 1/4、1/2 和 3/4，二者之间存在一定的解调门限差别，不过，即使考虑这一点差别，上行 MUSA 方案仍然会取得更好的性能，主要是因为上行 MUSA 方案联合空域和码域进行 MMSE 检测可以更好地抑制小区间干扰。

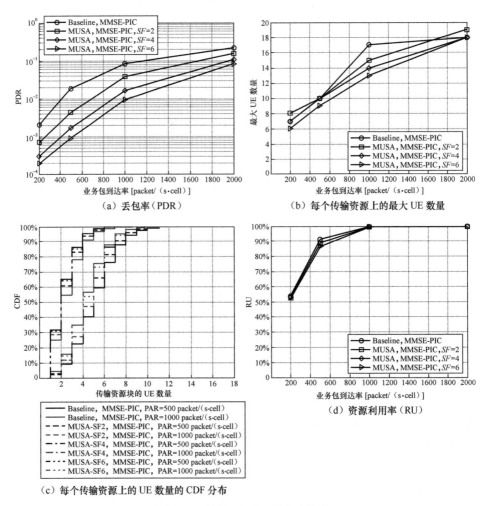

（a）丢包率（PDR）

（b）每个传输资源上的最大 UE 数量

（c）每个传输资源上的 UE 数量的 CDF 分布

（d）资源利用率（RU）

图 7-25　情形 3 场景下的仿真结果

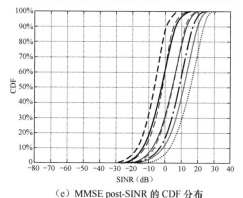

（e）MMSE post-SINR 的 CDF 分布

图 7-25　情形 3 场景下的仿真结果（续）

上述仿真中，邻小区干扰信道协方差矩阵假设是理想已知的，因此，采用 MMSE 检测对邻小区干扰的抑制效果会充分显现。下面在情形 3 场景下对比评估了接收机采用理想的小区间干扰协方差矩阵和采用非理想的小区间干扰协方差矩阵来计算 MMSE 权重时的性能，其中，非理想假设包括两种情况。

（1）采用 R_{yy} 来计算 MMSE 权重，即假设系统中所有的用户没有进行符号级加扰，或者采用相同的扰码。接收侧对小区间干扰协方差做实际估计，存在估计误差。

（2）采用白化的小区间干扰协方差矩阵来计算 MMSE 权重。

对于后一种情况的 MUSA 仿真，假设 UE 在 MUSA 扩展基础上进一步进行了符号级加扰，这有利于降低峰值平均功率比（Peak to Average Power Ratio，PAPR），不过会影响小区间干扰协方差估计，因此假设小区间干扰协方差矩阵是白化的。仿真中采用的扩展序列的长度为 4，接收机的具体建模方法详见前文所述的链路到系统映射方法。丢包率仿真结果如图 7-26（a）所示，从该仿真结果可以看到，基线方案和上行 MUSA 方案均采用 R_{yy} 计算 MMSE 权重时，上行 MUSA 方案支持业务负载大约是基线方案的 1.5 倍，而当基线方案和上行 MUSA 方案均采用白化的小区间干扰协方差矩阵计算 MMSE 权重时，上行 MUSA 方案支持业务负载相对于基线方案大约有 15% 的提升。图 7-26（b）还提供了业务包到达率为 500 packet/(s·cell) 时的 MMSE post-SINR 的分布作为参考。

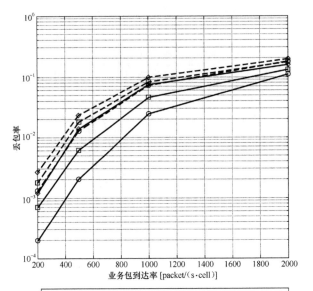

- ⊖ 基线，使用理想小区间干扰协方差矩阵计算 MMSE 权重
- ⊟ 基线，使用 R_{yy} 计算 MMSE 权重
- ◈ 基线，使用白化的小区间干扰协方差矩阵计算 MMSE 权重
- ○ MUSA，使用理想小区间干扰协方差矩阵计算 MMSE 权重
- □ MUSA，使用 R_{yy} 计算 MMSE 权重
- ◇ MUSA，使用白化的小区间干扰协方差矩阵计算 MMSE 权重

（a）丢包率（PDR）

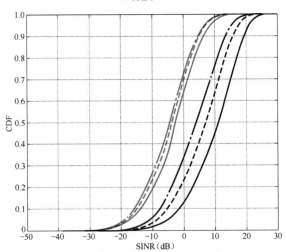

- 基线，使用理想小区间干扰协方差矩阵计算 MMSE 权重
- 基线，使用 R_{yy} 计算 MMSE 权重
- 基线，使用白化的小区间干扰协方差矩阵计算 MMSE 权重
- MUSA，使用理想小区间干扰协方差矩阵计算 MMSE 权重
- MUSA，使用 R_{yy} 计算 MMSE 权重
- MUSA，使用白化的小区间干扰协方差矩阵计算 MMSE 权重

（b）MMSE post-SINR 的 CDF 分布 [业务包到达率 =500 packet/（s·cell）]

图 7-26　情形 3 场景下采用非理想小区间干扰协方差矩阵进行 MMSE 检测的仿真结果

7.3.2　eMBB 小包业务场景

对于 eMBB 小包场景，针对以下两个情形进行性能评估。

1. 情形 1：基线的每个 UE 使用 3 PRBs + 1 ms 的时频资源，上行 MUSA 的每个 UE 使用 12 PRBs + 1 ms 的时频资源

该情形下，将基线方案的可用资源进行了频域划分，然后预配置每个 UE 使用的传输资源和 DMRS；上行 MUSA 方案中，每个 UE 使用整个仿真带宽，每个 UE 使用的 DMRS 是预配置的，每个 UE 使用的扩展序列和 DMRS 之间有一一对应关系，也就是说，配置了每个 UE 使用的 DMRS 后，其扩展序列也就确定了。为了公平对比，需要保证基线方案和上行 MUSA 方案中每个 UE 的功耗是相同的。

图 7-27 给出了情形 1 场景下的仿真结果。其中，图 7-27（a）给出了基线方案采用 MMSE-IRC 接收机、MMSE-PIC 接收机和上行 MUSA 方案采用 MMSE-PIC 接收机的丢包率（PDR）性能，可以看到，对于目标 PDR=1%，上行 MUSA 方案支持的业务负载是基线方案采用 MMSE-IRC 接收机时的 2 倍以上，大约是基线方案采用 MMSE-PIC 接收机时的 1.5 倍。

图 7-27（b）给出了基线方案、上行 MUSA 方案中每个传输资源上的最大用户数，可以看到，每个传输资源上的最大用户数量随着业务负载的增加而增加，并且，上行 MUSA 方案与基线方案相比，该指标要明显高很多，这是因为 MUSA 采用了长度为 4 的扩展，会占用更多的资源，相应地会导致更多的用户复用相同的资源。上行 MUSA 方案在 PDR = 1%时可以支持 2000 packet/(s·cell) 的业务负载，可以看到此时每个资源上的最大用户数达到了 16。

图 7-27（c）还给出了上行 MUSA 方案中每个传输资源上的用户数量的 CDF 分布，可以看到，大多数情况下，每个传输资源上的用户数量并不是很多。

图 7-27（d）给出了基线方案和上行 MUSA 方案的资源利用率（RU），可以看到，资源利用率随着业务负载的增加而增加，并且，上行 MUSA 方案的资源利用率明显比基线方案高，原因同上，即 MUSA 采用扩展会占用更多的资源，导致资源利用率偏高。不过，需要说明的是，二者之间的差别会受到时频资源划分、扩展序列长度等因素的影响。

2. 情形 2：基线和上行 MUSA 的每个 UE 均使用 12 PRBs + 1 ms 的时频资源

该情形下，由于基线方案和上行 MUSA 方案均占用了整个仿真带宽，基线方案的码率会相对较低。此时的基线方案就是 LCRS。

图 7-28 给出了情形 2 场景下的仿真结果。其中，图 7-28（a）给出了基线方案采用 MMSE-IRC 接收机、MMSE-PIC 接收机和上行 MUSA 方案采用

MMSE-PIC 接收机的丢包率 PDR 性能，可以看到，对于目标 PDR = 1%，上行 MUSA 方案支持的业务负载大约是基线方案采用 MMSE-IRC 接收机时的 3 倍，是基线方案采用 MMSE-PIC 接收机时的 2 倍。

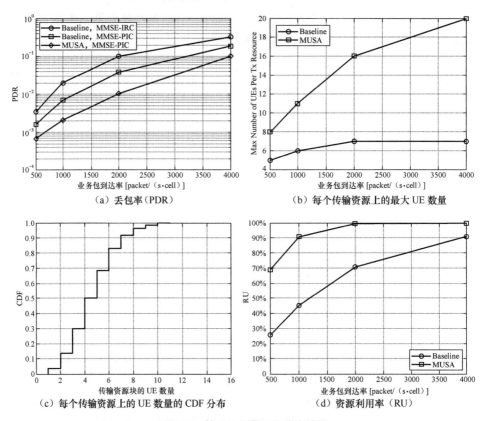

（a）丢包率（PDR）　　　　　　　（b）每个传输资源上的最大 UE 数量

（c）每个传输资源上的 UE 数量的 CDF 分布　　　（d）资源利用率（RU）

图 7-27　情形 1 场景下的仿真结果

图 7-28（b）给出了基线方案和上行 MUSA 方案中每个传输资源上的最大用户数，可以看到，由于基线方案和上行 MUSA 方案均使用了 12PRBs + 1ms 的时频资源，两种方案下的最大用户数基本上是类似的。图 7-28（c）还给出了上行 MUSA 方案中每个传输资源上的用户数量的 CDF 分布，可以看到，大多数情况下，每个传输资源上的用户数量并不是很多。

图 7-28（d）给出了基线方案和上行 MUSA 方案的资源利用率（RU），可以看到，两种方案下的 RU 整体上是相当的。

图 7-28（e）给出了基线方案和上行 MUSA 方案的 MMSE post-SINR，可以看到，二者之间有明显的差别。在该仿真中，基线方案的等效码率是 1/6，上行 MUSA 方案的码率为 2/3，二者之存在一定的解调门限差别，不过，即使

考虑这一点差别，上行 MUSA 方案仍然会取得更好的性能，主要是因为上行 MUSA 方案联合空域和码域进行 MMSE 检测可以更好地抑制小区间干扰。这里假设小区间干扰方差矩阵是有结构性（有色的），且可以理想估计的。

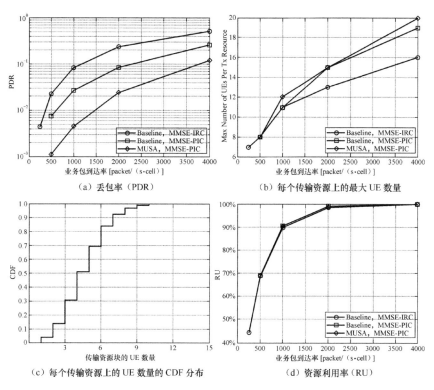

（a）丢包率（PDR）　　　　　　　　（b）每个传输资源上的最大 UE 数量

（c）每个传输资源上的 UE 数量的 CDF 分布　　　（d）资源利用率（RU）

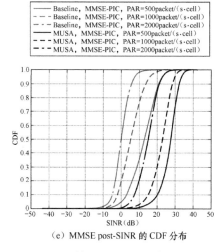

（e）MMSE post-SINR 的 CDF 分布

图 7-28　情形 2 场景下的仿真结果

7.3.3　低时延高可靠场景

对于 URLLC 场景，针对以下两个情形进行性能评估。

1. 情形 1：基线的每个 UE 使用 3 PRBs + 0.25 ms 的时频资源，上行 MUSA 的每个 UE 使用 12 PRBs + 0.25 ms 的时频资源

该情形下，将基线方案的可用资源进行了频域划分，然后预配置每个 UE 使用的传输资源和 DMRS；上行 MUSA 方案中，每个 UE 使用整个仿真带宽，每个 UE 使用的 DMRS 是预配置的，每个 UE 使用的扩展序列和 DMRS 之间有一一对应关系，也就是说，配置了每个 UE 使用的 DMRS 后，其扩展序列也就确定了。为了公平对比，需要保证基线方案和上行 MUSA 方案中每个 UE 的功耗是相同的。

图 7-29 给出了情形 1 场景下满足可靠性和时延需求的 UE 比例的仿真结果（TBS = 60 byte）。从仿真结果可以看到，对于目标 UE 比例为 95%，即使采用 MMSE-IRC 接收机，上行 MUSA 方案支持的业务负载大约是基线方案的 3 倍。采用 MMSE-PIC 接收机时，误包率会进一步降低，基线方案满足可靠性和时延需求的 UE 比例会有所提高，不过由于上行 MUSA 方案采用 MMSE-IRC 接收机时的误包率已经较低，采用 MMSE-PIC 接收机时的性能改善比较小。

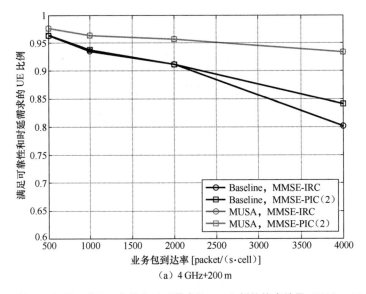

图 7-29　情形 1 场景下满足可靠性和时延需求的 UE 比例的仿真结果（TBS = 60 byte）

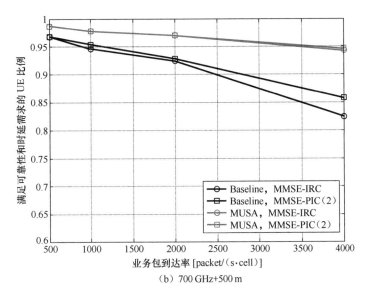

（b）700 GHz+500 m

图 7-29　情形 1 场景下满足可靠性和时延需求的 UE 比例的仿真结果（TBS = 60 byte）（续）

　　图 7-30 给出了情形 1 场景下满足可靠性和时延需求的 UE 比例的仿真结果（TBS = 200 byte）。仿真结论与 TBS = 60 byte 时类似，而且 TBS = 200 byte 时的性能会比 TBS = 60 byte 时的性能要差一些。

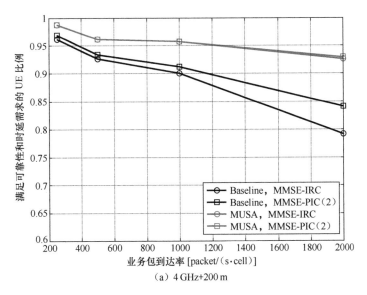

（a）4 GHz+200 m

图 7-30　情形 1 场景下满足可靠性和时延需求的 UE 比例的仿真结果（TBS = 200 byte）

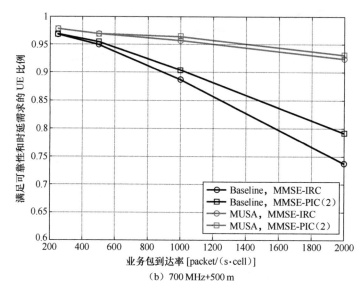

图 7-30　情形 1 场景下满足可靠性和时延需求的 UE 比例的仿真结果（TBS = 200 byte）（续）

2. 情形 2：基线和上行 MUSA 的每个 UE 均使用 12 PRBs + 0.25ms 的时频资源

该情形下，由于基线方案和上行 MUSA 方案均占用了整个仿真带宽，基线方案的码率会相对较低。此时的基线方案就是 LCRS。

图 7-31（a）给出了情形 2 场景下采用 4 GHz 的载频和 200m 的站间距、TBS = 60 byte 时满足可靠性和时延需求的 UE 比例的仿真结果。从仿真结果可以看到，对于目标 UE 比例为 95%，上行 MUSA 方案支持的业务负载大约是 2000 packet/(s·cell)，而基线方案仅能支持 700～800 packet/(s·cell)的业务负载。

图 7-31（b）给出了基线方案和上行 MUSA 方案的 MMSE post-SINR，可以看到，二者之间大约有 10 dB 的差别。在该仿真中，基线方案的等效码率是 0.1435，上行 MUSA 方案的码率为 0.5741，二者之存在约 7 dB 的解调门限差别，不过，即使考虑这一点差别，上行 MUSA 方案仍然会取得更好的性能，主要是因为上行 MUSA 方案联合空域和码域进行 MMSE 检测可以更好地抑制小区间干扰。这里假设小区间干扰方差矩阵是有结构性（有色的），且可以理想估计的。

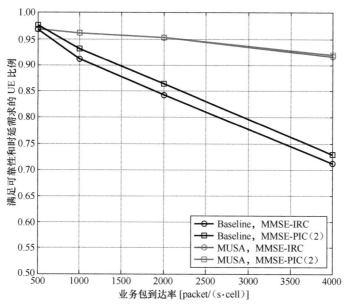

（a）满足可靠性和时延需求的 UE 比例

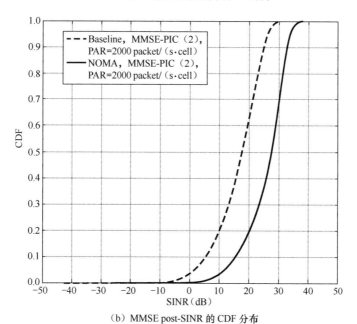

（b）MMSE post-SINR 的 CDF 分布

图 7-31　情形 2 场景下的仿真结果（4 GHz 载频，200 m 站间距，TBS = 60 byte）

| 7.4 波形峰均比 |

7.4.1 CP-OFDM 波形

对于 NOMA 来说,由于在发送端增加了区分多用户的操作,因此,其 PAPR 的性能有可能会受到影响,其 PAPR 受影响大小与 NOMA 方案相关。

① IDMA、LCRS 等只在比特域进行操作的方案,相当于采用了更低码率的发送方式,其 PAPR 的性能和 OMA 性能一致。

② 对于 MUSA、NOCA 等扩展方案来说,如图 7-32 所示,要看扩展是在时域方向还是频域方向,不同的扩展方向对发送信号的 PAPR 的影响不一样。

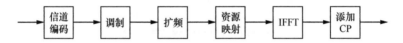

图 7-32 CP-OFDM 波形下的 NOMA 扩展方案的发送流程示意

若是扩展是在时域方向,如图 7-33 所示,那么相当于 OFDM 符号的加权重复,并不会增加信号的 PAPR。

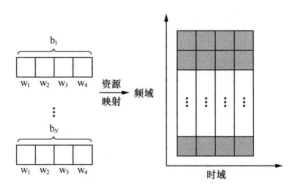

图 7-33 CP-OFDM 波形下的时域方向扩展

若是扩展是在频域方向,如图 7-34 所示,那么由于扩展带来了信号的相关性,会增大发送信号的 PAPR。此时,可采用符号级加扰,使得频域邻近子载波信号随机化,降低发送信号的 PAPR。文献[6]中提出采用 CAZAC 序列进行符号级加扰,可使得发送信号的 PAPR 比传统 OMA 的 PAPR 更低。

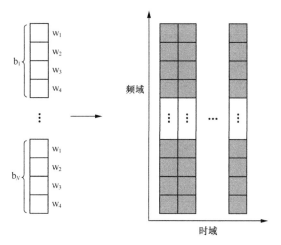

图 7-34　CP-OFDM 波形下的频域方向扩展

频域方向扩展的方案，其 PAPR 与扩展码字也有关系：若扩展码字使得不同子载波的时域信号容易产生同向叠加，则 PAPR 会增大较多；若扩展码字经过设计优化，尽量避免不同子载波的时域信号同向叠加，如 RSMA 采用的多相码字［见式（7.9）］，则 PAPR 相比一般非多相扩展码字的方案相对小些。

$$s_k(l) = \frac{1}{\sqrt{L}} \exp\left(\mathrm{j}\pi\left(\frac{(k+l)^2}{K} \right) \right) w(l) \tag{7.9}$$

其中，$w(l)$ 是全 1 的序列或者是满足 $\sum_{l=1}^{L} w(l)w^*(l+m) = L\delta(m)$ 的周期序列。

③ 对于 SCMA、IGMA 等来说，其 PAPR 比传统的没有扩展的 OFDM 波形的 PAPR 略高些。

图 7-35 给出有代表性的 NOMA 方案的 PAPR 比较。注意，对于 SCMA 因为没有采用传统的调制方式，所以仿真中将它与承载信息量相近的传统调制阶数做比较。对于扩展方案，选取 MUSA 和 RSMA 来代表，其他的扩展性方案与 MUSA 的 PAPR 类似。LCRS 由于发送端没有增加新的处理，其 PAPR 性能与传统的没有扩展的 OFDM 波形一致，此处不再赘述。

可以看到，IDMA、时域扩展方案与 OMA（这节是指传统的没有扩展的 OFDM 波形）一致；SCMA 的 PAPR 比 OMA 略高一点；MUSA 的频域扩展方案的 PAPR 最大，RSMA（频域扩展）由于其扩展码字的特别设计，不同子载波的时域信号同向叠加较少，其 PAPR 比 MUSA 频域扩展方案低一些；采用符号级 ZC 序列加扰后，频域扩展方案的 PAPR 明显降低，甚至比 OMA（这节是指传统的没有扩展的 OFDM 波形）略低一点，这是因为 ZC 序列对频域信号进行加扰，进一步降低了不同子载波的时域信号同向叠加的可能性。

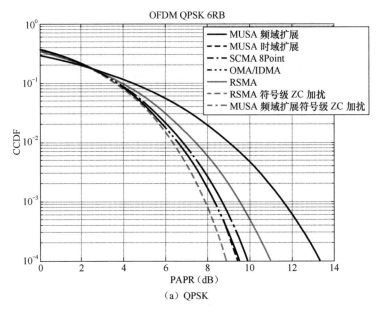

（a）QPSK

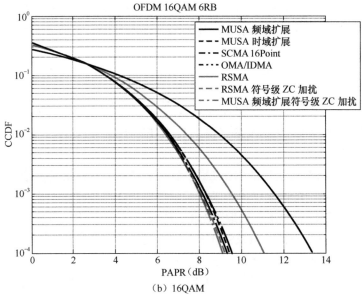

（b）16QAM

图 7-35　NOMA 方案的 CP-OFDM 的峰均比分布

7.4.2　DFT-s-OFDM 波形

　　上行传输由于用户端功率较小，更关注发送信号的 **PAPR** 性能。上行对

PAPR 性能敏感的场景，多采用 DFT-s-OFDM 波形，因此，DFT-s-OFDM 波形结合 NOMA 的 PAPR 性能更值得关注。

与 CP-OFDM 类似，DFT-s-OFDM 波形结合 NOMA 有以下特点。

（1）IDMA、LCRS 等只在比特域进行操作的方案，相当于采用了更低码率的发送方式，其 PAPR 的性能和 OMA 性能一致。

（2）DFT-s-OFDM 波形下，对于 MUSA、NOCA 等扩展方案来说，其扩展方向不但有时域方向和频域方向，还有变换域方向，不同的扩展方向对发送信号的 PAPR 的影响不一样。对于变换域方向扩展和时域方向扩展，其发送端流程示意如图 7-36 所示，DFT 操作的大小与所占子载波数目相同；而频域方向扩展的发送端流程示意如图 7-37 所示，其 DFT 操作的大小为所占子载波数目除以扩展因子的值，如图 7-38 所示。

图 7-36　DFT-s-OFDM 波形下的变换域方向扩展和时域方向扩展的 NOMA 方案流程示意

图 7-37　DFT-s-OFDM 波形下的频域方向扩展的 NOMA 方案流程示意

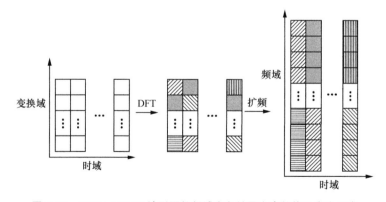

图 7-38　DFT-s-OFDM 波形下的频域方向扩展方案的信号产生示意

① 若是扩展在时域方向，那么相当于 OFDM 符号的加权重复，并不会增加信号的 PAPR。

② 若是扩展在频域方向，那么由于扩展带来了信号的相关性，会增大发送信号的 PAPR。此时，可采用符号级加扰，使得频域邻近子载波信号随机化，

降低发送信号的 PAPR。文献[6]提出采用 CAZAC-Chu 序列进行符号级加扰，可使得发送信号的 PAPR 比 OMA（这节是指传统 DFT-s-OFDM 波形）的 PAPR 更低。

③ 若是扩展在变换域方向，如图 7-39 所示，其 PAPR 比 OMA 略高些，可以通过在变换域进行符号级加扰，来降低 PAPR。但是在接收端，无法做扩展域与多天线空域的联合 MMSE，对性能有一定影响。

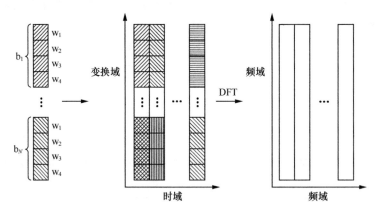

图 7-39　DFT-s-OFDM 波形下的变换域方向扩展方案的信号产生示意

（3）对于 SCMA、IGMA 等来说，其 PAPR 比 OMA 略高些。文献[7]中提出了 SCMA 的 4 点星座图方案，其设计原理是类似 $\pi/2$-BPSK，信号相位变换最多只有 $\pi/2$，使得时域信号保持相对平稳的幅值，从而降低 PAPR。注意，对于 SCMA，因为没有采用传统的调制方式，所以仿真中将它与承载信息量相近的传统调制阶数做比较。

图 7-40 给出有代表性的 NOMA 方案结合 DFT-s-OFDM 的 PAPR 比较。对于扩展方案，选取 MUSA 来代表，其他的扩展性方案与 MUSA 的 PAPR 类似。LCRS 由于发送端没有增加新的处理，其 PAPR 性能与 OMA 一致，此处不再赘述。

可以看到，IDMA、扩展时域方向方案与 OMA（这节是指非扩展 DFT-s-OFDM 波形）一致；SCMA 的 PAPR 比 OMA 略高一点；扩展频域方向方案的 PAPR 最大，采用符号级 ZC 序列加扰后，频域扩展方案的 PAPR 明显降低，但仍比 OMA 高；扩展变换域方向方案的 PAPR 略比 OMA 高，这是因为变换域扩展体现在时域信号上是一定程度的同向叠加。扩展变换域方向方案再进行变换域符号级 CAZAC 序列加扰后，使得时域信号相位变化更为平缓、穿越零值的概率降低，因而其 PAPR 也降低了。

仿真中，SCMA 4 点方案采用了表 7-5 中的星座图。

表 7-5　SCMA 4 点方案的星座图

比特值	00	01	10	11
对应符号序列	$\begin{bmatrix} 1 \\ j \\ -1 \\ -j \end{bmatrix}$	$\begin{bmatrix} 1 \\ -j \\ -1 \\ j \end{bmatrix}$	$\begin{bmatrix} -1 \\ j \\ 1 \\ -j \end{bmatrix}$	$\begin{bmatrix} -1 \\ -j \\ 1 \\ j \end{bmatrix}$

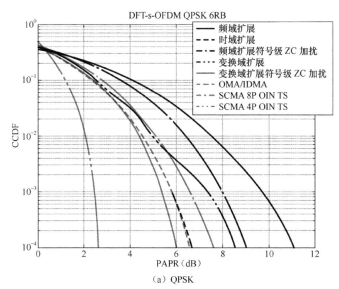

（a）QPSK

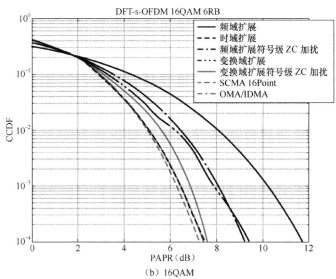

（b）16QAM

图 7-40　NOMA 方案的 DFT-s-OFDM 的峰均比分布

| 参考文献 |

[1]   3GPP, TR 38.802. Study on new radio access technology, Physical layer aspects.

[2]   戴博，袁弋非，余媛芳. 窄带物联网（NB-IoT）标准与关键技术. 北京：人民邮电出版社，2016.

[3]   3GPP, TR 38.812. Study on non-orthogonal multiple access (NOMA) for NR.

[4]   3GPP, TR 38.901. Channel model for 5G NR.

[5]   3GPP, RP-182630. NOMA link and system level performance, ZTE, RAN#82, December 2018, Sorrento, Italy.

[6]   3GPP, R1-1811243. Transmitter side signal processing schemes for NOMA, Qualcomm, RAN1#95, November 2018, Spokane, USA.

[7]   3GPP, R1-1812187. Discussion on the design of NOMA transmitter, Huawei, RAN#95, November 2018, Spokane, USA.

第8章

支持上行竞争式免调度接入的设计和性能评估

持上行竞争式免调度的信道结构设计大体有两类：① 基于前导（Preamble）或用户参考信号（DMRS）；② 基于数据本身（没有 Premble 或 DMRS）。它们的接收机算法也有很大的不同。系统仿真中采用了比较精确的链路到系统的映射（物理层抽象模型），结果表明非正交传输方案可以显著提高竞争式免调度下的系统吞吐量。

|8.1 竞争式免调度接入过程|

为了支持基于竞争式的免调度接入，基站跟用户之间的主要信息交互流程如图 8-1 所示，具体包含如下内容。

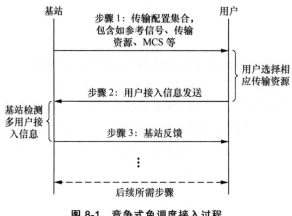

图 8-1 竞争式免调度接入过程

步骤 1：传输配置集合信息的发送。该信息用于指示后续用户接入过程中所使用的潜在的传输时频资源、非正交签名（Signature）以及参考信号配置等。对于基于竞争式免调度的过程，该信息并不能按照现有基于调度式的方案，即通过单播信号配送给每个用户。因此，该内容一般会通过广播（如系统消息）的方式向覆盖范围内的用户进行通知。当用户在接收到相应内容时，会自主地进行选择。

步骤 2：特定用户基于接收的上述传输配置集合，自主选择用于上行传输的资源，如具体的用于接入信息方法送的方式，可以采用 8.3 节中所述的 Preamble+Data 的传输方式，也可以采用 8.4 节中所述的 Data-only 纯数据的传输方式。如果采用 Preamble+Data 的传输方式，其数据部分可以使用第 6 章中所述的上行非正交发送技术，用以提升整体系统容量。如果采用 Data-only 纯数据的传输方式，则通常只使用第 6 章中所述的基于短码扩展的非正交发送技术，因为基于短码扩展的非正交相对于其他非正交会更利于盲检接收。数据部分除了可以包含接入所需的控制信息，如用户 ID，在资源允许的情况下，也可以传输一些业务内容。

步骤 3：基站在接收上行多用户接入信息后，可以通过相应的参考信号/数据自身特性等完成用户检测和用户识别的过程，并依照是否检测成功和后续是否有由调度需求等发送相应的反馈信息到用户端，该反馈信息为：

• 当多用户共享资源，且用户检测失败时，基站可以发送公有反馈信息给用户，该反馈信息可以为类似于用 RA-RNTI 加扰的公共 DCI；

• 当特定用户接入检测成功，且后续有相应的调度需求，则基站可以在该步骤中发送单播反馈信息给用户，类似于用 C-RNTI 加扰的 DCI。

后续步骤：当用户在步骤 3 收到相应的基站反馈后，通过解调其中所包含的内容，按照不同需求与基站发生信息交互，例如，进行用户接入信息的重新发送，或者调度内容的传输等。

与此同时，为了防止多个用户在选择资源时集中于配置的某一个部分资源，基站也可以通过知会一些额外的辅助信息，如参考信号使用统计情况，以便用户能够更加高效地选择空闲传输资源，提升接入的性能。

| 8.2　Preamble + Data 信道结构 |

8.2.1　备选的信道结构

为了支持竞争式免调度接入，用户的行为会类似于传统的随机接入过程。

基站通过系统信息广播告知用户免调度接入的时频资源，用户自主地选择一个非正交签名，构建其发送信号。直观地，竞争式免调度接入所采用的信道结构可能由一个类似于随机接入前导加上一块数据部分构成。其中，前导部分提供多个基于竞争选择的前导（可以看成是一种签名），用户从这些签名中随机选择一个，生成前导信号部分。然后用户生成其数据部分，数据部分所使用的非正交签名与所选择的前导签名一般而言应有相互映射关系。

在图 8-2 中列举了 5 种可能的信道结构，不同的色块表示了信道结构中的不同构成成分。前导+数据的信道结构是基于当前已有的信道成分进行不同组合来获取的，在非正交多址接入的实际应用中，更多的信道结构的变种也是可能的。

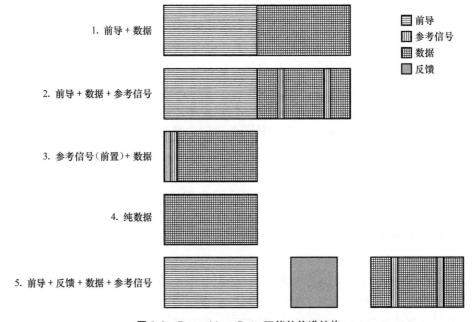

图 8-2　Preamble + Data 可能的信道结构

（1）"前导+数据"结构是最为直接的。前导和数据使用独立的时频资源。前导的位置在整个信道结构的头部，使得接收机可以按时序处理两个部分。接收机先通过检测前导来发现用户，在此基础之上对数据部分进行相应的检测。

（2）"前导+数据+参考信号"结构中在数据部分加入了参考信号，通常是为了提供信道估计以便进行数据部分的均衡。当然，参考信号也可以承载非正交多址接入用户签名，或者此签名的一部分。

（3）"参考信号（前置）+数据"结构，从广义角度来讲，可以认为是"前导+数据"结构的一个特例。将类似于正常 LTE PUSCH 数据子帧中的解调参考信号（DMRS）进行前置，使得接收机能按时序先检测用户，然后进行数据接收。进一步地，如果基于现有 LTE PUSCH DMRS 位置的变化，则图 8-3 给出了可能的选项。图 8-3（a）所示是正常 LTE PUSCH 数据子帧中 DMRS，（b）和（c）则是将 DMRS 在子帧中提前或在时隙中提前的示意。

（4）"纯数据"结构中没有前导和参考信号，仅仅依靠非正交多址接入用户签名来构建信号。在基站侧，需要使用盲检接收机来实现数据部分的解调译码。对于成功接收的数据，所使用的非正交多址接入用户签名，以及该数据块中可能包含的用户标识，均可作为用户检测结果。

（5）"前导+反馈+数据+参考信号"则接近于常规的随机接入过程中使用的交互信息。用户随机选择一个前导签名进行接入，基站在进行前导检测之后，针对收到的前导签名反馈确认。用户监听到相应反馈后，即以非正交多址接入签名产生数据部分，嵌入参考信号发射给基站。这个过程与常规随机接入相比，竞争解决有可能被提前到两步完成。另一种可能性是，依靠后续数据部分的非正交多址接入技术，在数据接收过程中完成竞争解决。

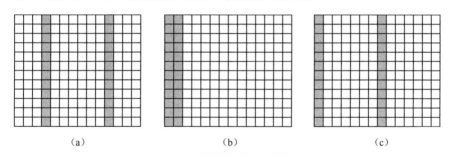

图 8-3　3 种可能的 DMRS 时域位置

8.2.2　信道各部分的功能描述

一个用户通过竞争式免调度接入发出一个消息，在基站侧对于此消息进行接收，其最终目的有两个。一是，告知基站该消息来自于哪个用户；二是，基站正确得知该用户想要发送的信息。因此整体而言，对于一次竞争式免调度接入过程，其必要的功能为用户检测和数据检测。

1.　用户检测

在竞争式免调度接入中，用户有两种可能的情况：基于预配置和纯随机接入。

一种是用户已经在基站进行过注册，基站针对用户的业务特征进行了免调

度接入资源的预配置。这种情况多见于用户需要周期性地发送消息给基站，且其消息包的大小较为一致，类似于 VoIP 业务特性。为了有效地利用资源，基站可以将多个用户配置于同一块时频资源上。在任意一块被配置的时频资源上，这些预置用户依据其缓存情况发送或者静默。在这种情况下，基站执行的用户检测实际上是用户激活检测，即基站对于所有可能激活的用户列表是已知的，检测只是确认哪些用户有发送信号。在这种情况下，前导签名和参考信号均可作为用户激活检测的依据。例如，前导资源与所有可能激活的用户列表一一映射，使得接收机能直接从前导检测中得知被激活用户列表。可见，这种预配置情况对于应用场景的假设比较强，需要维护所有可能激活用户的信息，且对于用户业务特征有较为明晰的判定。对于海量物联网连接应用而言，这一类强假设在很多时候是不满足的。

另一种是纯随机接入，此时基站对于用户没有提前注册过程，但基站需要针对可能的用户业务特征来配置免调度接入资源块大小等。这种情况更具普适性，对于用户检测的要求也相应较高。首先，用户标识需要被承载在信道结构中，其承载位置可以是前导签名、参考信号或者数据部分。如果前导资源池足够大，则其签名可以被直接与用户标识进行一一映射，并在基站侧被直接识别。但是这种假设过于理想，因为前导所占用的时频资源是有限的，而常规用户标识长度均为几十比特，很难被前导签名直接承载。类似地，参考信号由于其资源受限，更难以直接与用户标识进行映射。因此较为合理的假设是，前导和参考信号可以考虑用于承载部分的用户标识，而完整的用户标识仍需要数据部分联合承载。此时，用户检测的功能就需要所有信道部分都被成功接收才能得以完成。

2. 数据检测

数据检测直接联系到对数据部分的解调解码，考虑到上述前导和参考信号也可能承载类似用户标识等信息，因此前导和参考信号的检测也可能构成数据检测的一部分。数据检测中涉及的功能包括但不限于信道估计、时/频偏估计等。

一般而言，前导和参考信号均可用于信道估计。视数据部分和前导以及参考信号的时频域位置关系，接收机可以选择性地使用和组合这两个信道部分所提供的信息。如果用户采用纯数据信道结构发射，则基站可以采用基于数据本身的盲检接收机，则信道估计的功能需要依靠数据来完成。

时/频偏估计也是前导和参考信号能够提供的功能，其中，时偏估计在异步的免调度接入中可以被基站用于后续基于调度的用户接入，因此也是较为重要的功能。同样地，如果用户采用纯数据信道结构发射，则基站可以利用成功接收的所有数据符号作为导频，进行相应的时频偏测量以备后续使用。

8.2.3 基本设计问题

不失一般性，本节中以前导为例来阐述竞争式免调度接入中的信道基本设计问题，相应的设计考虑也适用于参考信号部分。

1. 时频域资源分配

时频域资源关系是一个信道设计的起始点。前导、参考信号和数据部分所使用的时频域资源相对位置直接决定了各个部分可能承载的功能。在很多设计中，参考信号和数据部分是用时分复用的方式放置于同一段频域资源上，这样参考信号可以用于数据部分的信道估计等测量计算，直接为数据检测功能的实现提供信息。前导可用于主要承担用户检测功能的实现，因此其时频域资源与数据部分的关系就可以较为多样化。图 8-4 中给出了前导和数据之间的时频域资源放置关系。

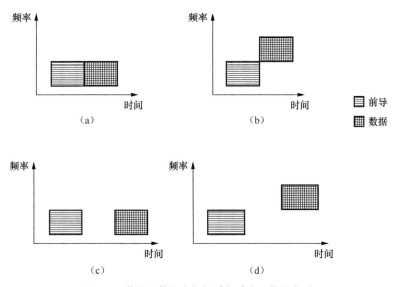

图 8-4 前导和数据之间的时频域资源放置关系

（1）前导和数据使用时分复用连续放置，与频域部分资源分配一致。此时如果满足时间相干条件，前导部分可以用于提供数据解调的信道估计。这种放置关系下，假设数据频域资源被前导频域资源包含，也可以同样使用前导进行信道估计。

（2）前导和数据使用的时域和频域资源均不重叠，时间上连续放置。此时如果满足时频域相干条件，前导部分还是可以用于提供数据解调的信道估计。

这种放置关系可以将多个数据时频域资源对应到一块前导时频域资源上，使得数据部分实现正交资源和非正交资源的联合使用。

（3）前导和数据使用时分复用不连续放置，频域部分资源分配一致。此时如果满足时间相干条件，前导部分可以用于提供数据解调的信道估计。这种放置关系下，假设数据频域资源被前导频域资源包含，也可以同样使用前导进行信道估计。前导和数据之间的间隔可用于基站处理，进行初步的后续数据部分负载分析，可以实现灵活的资源调度。

（4）前导和数据使用的时域和频域资源均不重叠，时间上不连续放置。此时如果满足时频域相干条件，前导部分还是可以用于提供数据解调的信道估计。这种放置关系可以将多个数据时频域资源对应到一块前导时频域资源上，使得数据部分实现正交资源和非正交资源的联合使用。前导和数据之间的间隔也可用于基站处理以实现灵活的后续资源调度。

2. 序列

如前所述，参考信号由于通常与数据部分紧密耦合，其序列长度受限于数据部分的频域资源分配，以及非正交复用的用户数目，因此参考信号的序列设计限制较大。而前导由于可以作为一个较为独立的设计部分，其子载波间隔和数据部分子载波间隔可能是不同的。通常，前导的子载波间隔会更小，使得前导符号本身长于数据符号。这样设定的好处包括：

（1）前导符号更长，同时配置更长的循环前缀，使得前导对于异步传输下的时偏抵抗力更强；

（2）前导符号使用较长的序列，使得其接入机会的资源池容量可以更大，能有效地减少随机选择中的碰撞；

（3）前导符号子载波间隔较小以及占用子载波个数较多的事实，使得时偏估计范围和精度均能得到较好的保证。如果前导能承担数据部分信道估计功能，则精确的测量对于后续数据部分的接收有利。

考虑到 LTE 中常用的 ZC 序列及其变体（如 PRACH、SRS 和 MU-MIMO 中的 DMRS 等）具有优良的可检测性，亦可用于提供其占据带宽上的信道估计，因此 ZC 序列是一个合理的前导序列的候选。则前导资源池的构成将类似于 LTE PRACH，具体由 ZC 序列的根和循环偏移构成。前导设计中的一个重要考虑是资源池的大小。ZC 序列长度和循环移位间隔决定了同根 ZC 序列能够提供的接入机会数目。如果同根 ZC 序列能够提供的接入机会数目不够，则多个 ZC 根可能被使用来增加整体接入机会的资源池容量。考虑到 ZC 序列的数学性质，即完美自相关特性和恒模互相关特性，尽可能在单根上提供更多的接入机会数目是有利于接收机检测的。

基站通过广播告知用户当前小区的前导资源池信息，用户自主选择其中的一个前导资源来构建信号。如果考虑使用前导承载部分的用户标识，则用户自主选择的过程中将依据自己的用户标识来执行。如果考虑前导和后续参考信号以及数据时频资源的映射关系，则在用户自主选择完前导之后，后续信号的部分相关信息也随之固定下来。

前导设计中的另一个重要因素是其时频域资源开销大小。选择较长的 ZC 序列有助于增加接入机会的资源池容量。在给定前导频域占用资源的前提下，较长的 ZC 序列意味着更小的子载波间隔和更长的前导符号，使得前导在时域上的资源开销成为必须关注的设计点。与此对应，如果是在给定前导子载波间隔的前提下，较长的 ZC 序列意味着更多的子载波被占用，使得前导在频域上的资源开销成为必须关注的设计点。另外，选择较长的 ZC 序列虽然有助于增加接入机会的资源池容量，但越长的 ZC 序列，越多的 ZC 序列数量，还意味着前导的相关检测会越复杂，这也是实际系统中 Preamble + Data 信道结构用于竞争式免调度接入过程所需要考虑的因素。

8.3　Data-only 方案

竞争式免调度接入方式下，上述参考信号加上 Data 的方案，如以 Preamble+Data 为其代表，可以利用 Preamble 来简化多用户盲检，但是，Preamble + Data 信道结构用于竞争式免调度接入过程会面临一个严峻的问题。

由于竞争式免调度接入方式下，每个用户"所有"传输资源，包括 Preamble，都是由每个用户自主决定的，是"竞争式"获取的，所以不可避免会存在不同用户选择相同 Preamble 的情况，也即 Preamble 的"碰撞"。在同时接入用户比较多的场景，Preamble 的碰撞率会上升很快。Preamble 的碰撞率高到一定程度时，基本上决定了多用户检测的性能。因为一旦 Preamble 碰撞了，不仅会导致"漏检"，还会导致信道估计的严重失真。这两点都会对多用户解调带来致命的影响。

一定并发用户数下，减少碰撞率的唯一办法是增加 Preamble 数量。这会导致两个问题。

（1）增加 Preamble 数量通常需要增加 Preamble 的长度，也即需要分配更多的时频资源去传输 Preamble。这就导致有用数据可用的时频资源被挤占，性

能因此受损。如果是面向小包传输场景，则较长的 Preamble 所需时频资源可能比数据分组本身还要大。

（2）随着 Preamble 数量及长度的增加，Preamble 相关检测的复杂度也会快速增加。

所以，实际系统中，Preamble 的数量通常不会太多，在此约束下，碰撞率会维持一定的水平，而且会随着并发用户数的增加而迅速增加。所以说，Preamble+Data 方案应用于竞争式免调度接入，接入用户数或多用户检测性能受限于 Preamble 的碰撞概率。

为了避开 Preamble 碰撞导致的困境，可以考虑所谓的纯数据（Data-only）的方案，即发射符号全部都是数据符号（可以是扩展后的符号，也可以不用扩展），而不用包含参考信号；而接收机则基于接收数据自身的结构，以及低阶调制符号（如 BPSK）星座图的几何特点来做"全盲的"多用户检测。

为了提高竞争式免调度接入的多用户检测性能，Data-only 方案的调制符号通常还会应用 6.1 节介绍的短码扩展技术进行扩展，这样接收机就可以在利用低阶调制符号星座图的几何特点外，还能利用扩展符号所包含的结构来做简单高效的多用户检测。某些频谱效率要求较高的特殊场景，Data-only 方案也可以不使用符号扩展技术，这时接收机只能依赖低阶调制符号的星座图几何特点来做盲检测。

8.3.1 信道结构

Data-only 方案的信道结构如图 8-2 的第 4 种情况所示。而且，Data-only 方案通常会使用图 6-1 中短码扩展的方法来增强竞争式免调度接入的性能。码本设计在 6.1 节中有所介绍。在本小节中，我们着重介绍基于 MUSA 序列的 Data-only 方案，尤其是这种 Data-only 方案的先进接收机的设计。

首先，Data-only 短码扩展的主要特点是：经 L 长扩展序列扩展后的 L 个符号会放置在连续的资源单元（RE）上。例如，假设用户 u 使用的扩展序列是 $c_u = \left[c_{u,1}, c_{u,2}, ..., c_{u,L} \right]^{\mathrm{T}}$，则用户 u 的每个调制符号，设第 j 个调制符号 $s_{u,j}$，被扩展后生成的 L 个符号 $c_u \cdot s_{u,j} = \left[c_{u,1} s_{u,j}, c_{u,2} s_{u,j}, ..., c_{u,L} s_{u,j} \right]^{\mathrm{T}}$ 会放置在连续的 RE 上，如一个子载波时域上连续的 RE 上，这种放置方法可以充分利用信道的相关性来简化盲检。

其次，Data-only 短码扩展方案，对发射端还有一点要求，即发射数据中除了包含用户身份信息外，还需要包含扩展序列的信息。这是因为 Data-only 盲检接收机会发生一种情况：有可能使用扩展序列 a 对接收符号进行解扩后，解码成功某个用户的信息，但实际上这个用户在进行符号扩展时，使用的是扩展序列 b。所以，为了确保这个用户的重构数据（需要重新利用序列 b 来扩展）的准确性，需要在传输信息里包含扩展序列的信息，这样一旦用户的信息译码成功，就可以准确知道这个用户的扩展码，因而就能准确地重构，并彻底消除。当然，扩展码的信息可以通过原本就需要传输的信息比特去指示，这样可以避免额外增加开销，一种常用的做法是通过 UE_ID 的比特去指示扩展码。

8.3.2 接收机算法

Data-only 方案对发射端的要求非常低，且能避免导频的碰撞、开销和检测复杂度。但代价是需要进行全盲的多用户检测，在算法设计上具有很大的挑战。

先进的 Data-only 接收机需要在没有信道估计的情况下，充分利用空域、码域、功率域和星座域的多用户分辨力来提高性能；还要充分利用数据自身的特性来简化盲检，如利用扩展数据的结构实现盲序列检测，以及利用低阶调制符号几何特性实现盲信道估计等。另外，竞争式免调度接入下，存在不可控的用户间干扰和碰撞，还存在明显的远近效应，所以基于"串行干扰消除"（SIC）机制的多用户检测方法比较合适。所以，本章的 Data-only 接收机就是结合了先进盲检盲估技术和 SIC 机制的盲多用户检测接收机。

描述接收算法前，我们先进一步理清收发关系。

假设每个用户都是一根发射天线，而基站有 R 根接收天线。假设免调度接入下每个用户采用的编码调制方式相同，调制后都是生成 J 个调制符号，用户 u 的调制符号 $\{s_{u,j}\}, j=1\cdots J$。用户 u 第 j 个调制符号 $s_{u,j}$ 被 c_u 扩展后形成 L 个符号是 $c_u \cdot s_{u,j} = [c_{u,1}s_{u,j}, c_{u,2}s_{u,j}, ..., c_{u,L}s_{u,j}]^T$，这 L 个符号是连续放置的，到基站第 r 根接收天线经历的信道加权因子矢量是 $[g_{r,u,j,1}, g_{r,u,j,2}, ..., g_{r,u,j,L}]^T$，则第 r 根接收天线收到的用户 u 的第 j 个调制符号对应的 L 个扩展符号是：

$$y_{r,u,j} = [g_{r,u,j,1}, g_{r,u,j,2}, ..., g_{r,u,j,L}]^T \odot [c_{u,1}s_{u,j}, c_{u,2}s_{u,j}, ..., c_{u,L}s_{u,j}]^T \qquad (8.1)$$

这里 $\odot$ 是两个矢量/矩阵逐符号相乘的运算。

由于 L 个符号是连续放置的，如是在一个子载波上连续放置的，而短码意味着 L 比较小，则它们经历的信道是强相关的，可以认为是近似相同的，即 $g_{r,u,j,1} \approx g_{r,u,j,2} \approx g_{r,u,j,L}$，记 $g_{r,u,j} = \frac{1}{L}\sum_{l=1}^{L} g_{r,u,j,l}$ 也即 $[g_{r,u,j,1}, g_{r,u,j,2}, ..., g_{r,u,j,L}]^T$ 的均值。

则式（8.1）可以简化为

$$y_{r,u,j} = g_{r,u,j}\left[c_{u,1}s_{u,j}, c_{u,2}s_{u,j}, ..., c_{u,L}s_{u,j}\right]^{\mathrm{T}} = \left[c_{u,1}, c_{u,2}, ..., c_{u,L}\right]^{\mathrm{T}} g_{r,u,j}s_{u,j} \qquad （8.2）$$

进一步地，这个等式又可以写成下面两种形式：

$$y_{r,u,j} = h_{r,u,j}s_{u,j} \qquad （8.3）$$

或者

$$y_{r,u,j} = c_u s'_{r,u,j} \qquad （8.4）$$

其中，式（8.3）中的 $h_{r,u,j} = \left[c_{u,1}, c_{u,2}, ..., c_{u,L}\right]^{\mathrm{T}} g_{r,u,j} = c_u g_{r,u,j}$ 是 $s_{u,j}$ 到基站第 r 根接收天线经历的"等效信道"。

而式（8.4）中，$s'_{r,u,j} = g_{r,u,j}s_{u,j}$ 是加权了信道增益调制符号，而 $c_u s'_{r,u,j}$ 就可以看成是对调制符号 $s'_{r,u,j}$ 的扩展操作。

假设有 U 个用户接入，则对应每个用户第 j 个调制符号扩展而成的 L 个符号，基站第 r 根接收天线接收到的符号就是 $y_{r,j} = \sum\limits_{u=1}^{U} y_{r,u,j} + n_r$ ，也可以相应地有下面两种形式：

$$y_{r,j} = \sum_{u=1}^{U} h_{r,u,j}s_{u,j} + n_r \qquad （8.5）$$

或者

$$y_{r,j} = \sum_{u=1}^{U} c_u s'_{r,u,j} + n_r \qquad （8.6）$$

这里，接收信号用两种形式来表达，原因如下。

实际上，式（8.5）可以说是从传统多用户检测的视角，揭示了只要知道每个用户的"等效信道" $h_{r,u,j}$ ，就可以通过多用户检测算法去检测各个用户的调制符号 $s_{u,j}$ ，进而对 $s_{u,j}$ 解调译码。也可以说，传统多用户检测的"对象"是各个用户的调制符号 $s_{u,j}$ 本身。但是，竞争式免调度接入下，准确的 $h_{r,u,j}$ 是难以保证的。传统接收机希望借助各个用户的参考信号来做激活检测，进而估计出各个用户的信道加权值 $g_{r,u,j}$ ，并且，通过参考信号与扩展序列的映射关系，知道各个用户的扩展序列 c_u ，由此才可以得到每个用户的"等效信道" $h_{r,u,j} = c_u g_{r,u,j}$ 。但是竞争式免调度接入下，用户参考信号的碰撞会导致"等效信道"的估计严重失真，因而导致后面数据部分的检测同样严重失真。

另一个角度，式（8.6）可以说是 Data-only 盲多用户检测的视角。从这个等式看，Data-only 盲检可以先将加权了信道的调制符号 $s'_{r,u,j}$ 作为多用户检测的对象。这样看待后，$\boldsymbol{y}_{r,j}$ 中只有调制符号 $s'_{r,u,j}$ 和扩展序列，"好像"没有信道加权。因此接收机就可以先进行序列解扩等多用户干扰抑制处理。然后，利用多用户干扰抑制处理后 SINR 较高的调制符号 $s'_{r,u,j}$ 来进行盲信道估计，进而均衡，解调译码。这就是 Data-only 盲检的主要思想。这个主要思想再结合 SIC 机制，就能实现盲多用户检测。

更具体的实现，我们先看基站单接收天线下的 Data-only 盲检，然后再看多接收天线下的。为了简化描述，我们先关注平坦衰落(Flat Fading)信道，且没有时频偏，这种最简单信道下的情况。

更复杂的信道下，同样可以利用多用户干扰抑制处理后 SINR 较高的调制符号 $s_{r,u,j}'$ 来进行盲信道估计，只不过盲信道估计的复杂度会增加，因为需要估计一定频选信道，以及一定的时频偏。不过，对于海量偶发小包场景，每次传输占用的时频资源应该不会很大，这个特点可以在一定程度上缓解盲信道估计的难度。

8.3.2.1　单接收天线下的 Data-only 盲检接收机

基站只有一根接收天线，即 $R=1$，则接收信号式（8.5）、式（8.6）可简化为

$$y_j = \sum_{u=1}^{U} \boldsymbol{h}_{u,j} s_{u,j} + \boldsymbol{n} \tag{8.7}$$

$$y_j = \sum_{u=1}^{U} \boldsymbol{c}_u s'_{u,j} + \boldsymbol{n} \tag{8.8}$$

其中，$\boldsymbol{h}_{u,j} = \boldsymbol{c}_u g_{u,j}$，$s'_{u,j} = g_{u,j} s_{u,j}$，实质就是式（8.5）和式（8.6）去掉天线下标 r 后形成的等式。

如果是平坦衰落信道，则 $g_{u,j} \equiv g_u$，这时 $\boldsymbol{h}_{u,j} \equiv \boldsymbol{h}_u$，而 $\boldsymbol{h}_u = \boldsymbol{c}_u g_u$，$s'_{u,j} = g_u s_{u,j}$。

下面先举一个原理上最简单的单接收天线 Data-only 盲检接收机例子。

假设系统定义的扩展序列集合 $\boldsymbol{S}_N$ 包含了 N 条扩展序列 $\{\boldsymbol{c}_k\}$，$k=1 \cdots N$。每个用户使用 BPSK 调制。

利用式（8.8），Data-only 盲检接收机可以在没有参考信号提供信道估计的情况下，进行下面操作：

（1）先盲解扩，即遍历 N 条扩展序列对接收符号进行解扩，得到 N 个解扩后的符号流：

$$\hat{s}_{k,j} = \boldsymbol{c}_k^{\mathrm{H}} \boldsymbol{y}_j, k = 1 \cdots N, j = 1 \cdots J$$

（2）将 N 个解扩后的符号流都看成是潜在的 BPSK 符号流，然后利用 BPSK 的几何特点进行盲信道估计，进而均衡。

（3）最后计算这 N 个均衡后的 BPSK 符号流的 SINR，挑出 SINR 最大的 F 个 BPSK 符号流去解调译码。通常 F 比较小，这样可以避免过多的译码，如 F = 4。

（4）然后将译码正确的比特进行重构（包括重新编码、调制、扩展），并将重构符号作为"导频"来使用，这样可以估计出这些符号经历的信道。

（5）接收信号中消去加权了信道的重构符号，得到新一轮检测的接收信号，然后回到第 1 步。

说明一下，为了提高竞争式免调度接入的性能，需要设计包含尽量多的低互相关扩展序列的 S_N，以第 6 章的表 6-5 MUSA 扩展序列为例，S_N 包含 N = 64 条低互相关的扩展序列，很适合用于免调度高过载接入。这就意味着上述 Data-only 盲检接收机中，盲序列解扩就需要遍历 64 条扩展序列，然后对 64 个解扩后的符号流，都进行盲信道估计/均衡，运算量还是很大的。而且最后这 64 个均衡后的数据流经过 SINR 排序，只有 SINR 最高的 F 个（如 F=4 个）才会被送去解调译码，另外，绝大部分（N–F 个）均衡后的数据流是没用的，没有必要对它们进行解扩、盲信道估计、均衡等操作，如图 8-5 所示。

另一点，这个简单例子中，序列解扩是最简单的匹配滤波（MF）解扩，对短码扩展而言，匹配滤波解扩性能不是最优的。

所以，这个原理上最简单的单接收天线 Data-only 盲检接收机，并没有充分利用数据的特性去做最优的多用户检测，实际上实现起来并不简单，而且性能比较差。

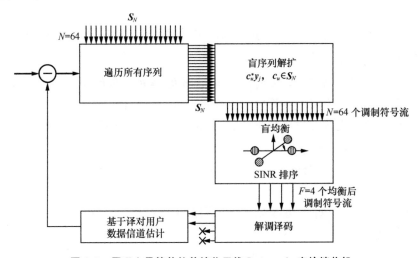

图 8-5 原理上最简单的单接收天线 Data-only 盲检接收机

图 8-5 盲检接收机存在以下不足：

（1）解扩操作和盲信道估计/均衡操作的数据流都是 N 个，由于 N 比较大，所以这 3 个操作复杂度比较高；

（2）序列解扩是最简单的匹配滤波（MF）解扩，对短码扩展而言，匹配滤波解扩性能不是最优的。

1. 盲序列检测

为了减少扩展序列的碰撞，扩展序列集合 S_N 通常是比较大的，但是其实 S_N 中有很大一部分扩展序列对应的解扩后符号流是不可能被译码成功的，因而这些序列对应的解扩操作，以及其后的盲信道估计/均衡操作都是没有意义的。

为了降低盲检复杂度，应该尽早抛弃 S_N 中不可能带来成功译码的扩展序列，也就是说，应该尽早挑出有较大可能译码成功的扩展序列，这就是"激活序列检测"。假设通过激活序列检测从 S_N 中挑出 M 条扩展序列，其组成的集合记为 S_M。通常每一轮 M 是远小于 N 的。

但由于 Data-only 接收机无法通过参考信号相关检测来确定用户的扩展序列，所以需要利用接收的扩展符号自身的特点来做激活序列检测，我们称这种没有参考信号下的激活序列检测为"盲序列检测"。

其实，单接收天线的接收扩展符号 $y_j = \sum_{u=1}^{U} h_{u,j} s_{u,j} + n$ 有一个很重要的统计

量，即其相关矩阵 $R_y = \frac{1}{J}\sum_{j=1}^{J} y_j y_j^*$。如果是平坦衰落信道下，$h_{u,j} \equiv h_u$，式（8.7）

可以简化为

$$y_j = \sum_{u=1}^{U} h_u s_{u,j} + n \tag{8.9}$$

则当 J 比较大时，相关矩阵可以近似为：

$$R_y = \frac{1}{J}\sum_{j=1}^{J} y_j y_j^* \approx \sigma^2 I + \sum_{u=1}^{U} h_u h_u^* \tag{8.10}$$

利用这个相关矩阵，Data-only 接收机可以在没有信道增益的情况下，通过以下度量来评估某条扩展序列 c_k 所对应的符号流的 SINR_k

$$A_k = c_k^* R_y^{-1} c_k \tag{8.11}$$

因为当 SINR_k 比较大的情况下，A_k 度量通常会比较小。所以，SIC 每一轮的激活序列检测可以根据这个度量，从 S_N 中挑出最小的 M 个 A_k 对应的 M 条扩展序列构成 S_M。这个操作可以表示为式（8.12）：

$$S_M = \arg\min_{(M)} c_k^* R_y^{-1} c_k, c_k \in S_N \tag{8.12}$$

其中，$\arg\min_{(M)}(\cdot)$ 表示从总集中挑选出最小 M 个值对应的元素。

值得注意的是，上面提到的"当 $SINR_k$ 比较大的情况下，A_k 度量通常会比较小"这个论断目前还没有严格的证明，参考文献[1]提供了一个近似的证明，而参考文献[2]进一步提供了一些数据和仿真结果，说明基于式（8.12）的盲序列检测可以在平衰信道下取得相当高的准确度，进而可确保简化盲检下的高性能。

其实，就算存在时频偏，只要时频偏不是很大，则相关矩阵 $\boldsymbol{R}_y = \dfrac{1}{J}\sum_{j=1}^{J}\boldsymbol{y}_j\boldsymbol{y}_j^*$ 变化也不会太大，所以基于式（8.12）的盲序列检测精度并不会有大的影响。

2. 盲 MMSE 解扩

通过盲序列检测挑出 $\boldsymbol{S}_M$ 后，后面的解扩就可以使用这 M 个序列来进行。但是如前面例子所提的基于匹配滤波的解扩由于没有考虑用户间干扰的特点，解扩后符号流的 SINR 达不到最优。相反，理论上 MMSE 解扩是性能最优的。下面介绍没有参考信号下的盲 MMSE 解扩。

基于接收信号 $\boldsymbol{y}_j = \sum_{u=1}^{U}\boldsymbol{h}_{u,j}s_{u,j}+\boldsymbol{n}$，理想信道估计下已知所有用户的等效信道 $\boldsymbol{h}_{u,j}$，所以可以很容易对 $s_{u,j}$ 进行 MMSE 估计，即 $\tilde{s}_{u,j}=\boldsymbol{w}_{u,j}\boldsymbol{y}_j$ 就是 $s_{u,j}$ 的 MMSE 估计，其中 $\boldsymbol{w}_{u,j}=\boldsymbol{h}_{u,j}^*\left(\sigma^2\boldsymbol{I}+\sum_{u=1}^{U}\boldsymbol{h}_{u,j}\boldsymbol{h}_{u,j}^*\right)^{-1}$ 就是 MMSE 估计权值，在基于扩展的场景下，也可以称为 MMSE 解扩矢量。但是 Data-only 接收机事先并不知道所有用户的等效信道 $\boldsymbol{h}_{u,j}$，因此无法获得解析的 $\boldsymbol{w}_{u,j}$。

如果是平坦衰落信道，则上面的 MMSE 估计可以简化为 $\tilde{s}_{u,j}=\boldsymbol{w}_u\boldsymbol{y}_j$，也即所有符号的 MMSE 解扩矢量都是 $\boldsymbol{w}_u=\boldsymbol{h}_u^*\left(\sigma^2\boldsymbol{I}+\sum_{u=1}^{U}\boldsymbol{h}_u\boldsymbol{h}_u^*\right)^{-1}$。

进一步地，由 $\boldsymbol{h}_u=c_u g_u$ 及 $\boldsymbol{R}_y = \dfrac{1}{J}\sum_{j=1}^{J}\boldsymbol{y}_j\boldsymbol{y}_j^* \approx \sigma^2\boldsymbol{I}+\sum_{u=1}^{U}\boldsymbol{h}_u\boldsymbol{h}_u^*$，

可以推得 $\boldsymbol{w}_u \approx g_u^* c_u^* \boldsymbol{R}_y^{-1}$。所以，我们可以将 $\tilde{s}_{u,j}=\boldsymbol{w}_u\boldsymbol{y}_j$ 转换为

$$\frac{\tilde{s}_{u,j}}{g_u^*} \approx c_u^* \boldsymbol{R}_y^{-1}\boldsymbol{y}_j \tag{8.13}$$

式（8.13）就是这里说的对调制符号 $s_{u,j}$ 的"盲 MMSE 估计"，因为这个估计无须参考信号来直接对信道进行估计，又能获得对 $s_{u,j}$ 的一个变种 $\dfrac{s_{u,j}}{g_u^*}$ 的最小均方误差的估计 $\dfrac{\tilde{s}_{u,j}}{g_u^*}$。然后再利用 $\dfrac{\tilde{s}_{u,j}}{g_u^*}$ 这个带有信道加权的符号流来做盲信

道估计，估计出信道加权 $\dfrac{1}{g_u^*}$，然后均衡掉这个信道加权，便可得到真正调制符号 $s_{u,j}$ 的 MMSE 估计 $\tilde{s}_{u,j}$。

从另一个角度来看式（8.13），回归线性 MMSE 的定义，类比下面两种 MMSE 相关的优化问题。

（1）传统线性 MMSE 权值的确定，其实就是最优化问题 $\underset{x}{\arg\min}\, E\left\| xy_j - s_{u,j} \right\|^2$ 的解，显然，x 的最优解是上面的解析 MMSE 权值 w_u，即 $x = w_u = h_u^*\left(\sigma^2 I + \sum\limits_{u=1}^{U} h_u h_u^* \right)^{-1}$。

（2）而盲 MMSE 权值的确定，其实就是最优化问题 $\underset{x}{\arg\min}\, E\left\| xy_j - \dfrac{s_{u,j}}{g_u^*} \right\|^2$ 的解，显然，这个最优化问题的解 $x = c_u^*\left(\sigma^2 I + \sum\limits_{u=1}^{U} h_u h_u^* \right)^{-1}$，由式（8.10）可得 $x \approx c_u^* R_y^{-1}$，因此就得到式（8.13）这个盲 MMSE 估计。所以盲 MMSE 其实就是直接将带有信道加权的调制符号 $\dfrac{s_{u,j}}{g_u^*}$，也写作 $\left(\dfrac{1}{\left| g_u^* \right|^2} g_u s_{u,j} \right)$，作为估计对象，希望估计出来的符号距离 $\dfrac{s_{u,j}}{g_u^*}$ 是最小的均方误差。前面解释式(8.6)时也有过类似的描述。这就是 Data-only 盲检独特的视角：先将信道加权融合进调制符号中，变成一个整体 $g_u s_{u,j}$，作为 Data-only 盲检测的对象，这样就可以在信道增益未知的情况下，先进行多用户干扰抑制，然后再利用多用户干扰抑制后的、带信道加权的符号来做盲信道估计。

3. 盲信道估计/均衡

盲 MMSE 解扩 $c_u^* R_y^{-1} y_j$ 只能得到 $\dfrac{1}{\left| g_u^* \right|^2} g_u s_{u,j}$，这是一个加权了信道 $\dfrac{1}{\left| g_u^* \right|^2} g_u$ 的调制符号流。这个信道加权 $\dfrac{1}{\left| g_u^* \right|^2} g_u$ 会造成调制星座图的旋转。对于低阶调制信号，其旋转的星座图仍然具有很强的几何特征，而盲信道估计及均衡正是要利用这种星座图的几何特征来估计出旋转量 $\dfrac{1}{\left| g_u^* \right|^2} g_u$，进而可以将星座图逆旋转回去，以完成均衡。下面以 $s_{u,j}$ 是 BPSK 为例说明盲信道估计的方法。图 8-6 是盲 MMSE 后的带旋转的 BPSK 星座图。

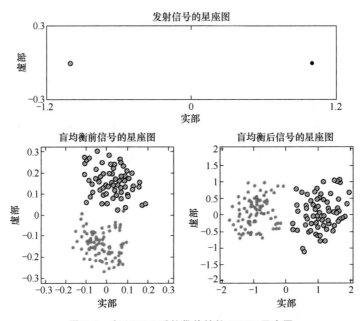

图 8-6　盲 MMSE 后的带旋转的 BPSK 星座图

可以通过聚类算法来分辨星座点，再根据星座点的信息来恢复星座形状。但是聚类算法所需的复杂度太高，以 K-Means 为例，它需要多次迭代使结果收敛，其中还涉及很多欧氏距离的运算。实际上，低阶调制星号的星座图，每一簇散点的"重心"基本是很有规律的，而散点簇之间的最佳分界是一条直线。利用这些特点，可以用一种非常简单的（Partition Matching，PM）算法[2]，如下，来计算旋转 BPSK 星座图的旋转量，从而实现盲信道估计。其中，$\{s_j\}, j = 1\cdots J$，是旋转的 J 个 BPSK 符号，最后输出 ρ_s 就是这 J 个 BPSK 符号的旋转量的估计。

算法 1　PM 法

$$\rho_x = \sum_{j \in \{\Re(s_j)>0\}} s_j - \sum_{j \in \{\Re(s_j)<0\}} s_j$$

$$\rho_y = \sum_{j \in \{\Im(s_j)>0\}} s_j - \sum_{j \in \{\Im(s_j)<0\}} s_j$$

$$\rho_{y=x} = \sum_{j \in \{\Re(s_j)>\Im(s_j)\}} s_j - \sum_{j \in \{\Re(s_j)<\Im(s_j)\}} s_j$$

$$\rho_{y=-x} = \sum_{j \in \{\Re(s_j)>-\Im(s_j)\}} s_j - \sum_{j \in \{\Re(s_j)<-\Im(s_j)\}} s_j$$

$$\rho_s = \arg\max_{\rho \in \{\rho_x, \rho_y, \rho_{y=x}, \rho_{y=-x}\}} |\rho|$$

PM 法的具体描述如下：

步骤一：初始分类。假设 4 条初始的簇分界线：$x=0$，$y=0$，$y=x$，$y=-x$。这 4 条分界线分出的点可以通过简单判断实部的正负，虚部的正负和实部虚部间的相对大小来实现初始分类。

步骤二：挑选最佳初始分类。4 种初始分类至少存在一种最接近正确的分类方法，可以通过分类重心间的矢量的模值大小来挑选出最佳初始分类。

步骤三：利用重心进行均衡。通过最佳分类得到的分类重心来均衡信号。

可见这种 PM 法是非常简单的，仅需加法就可以完成对旋转星座图的旋转量的估计，比聚类算法简单许多。PM 法可以简单推广到 QPSK 场景。

不过，PM 法用于对带有信道加权的 BPSK 符号的信道估计的话，如对盲 MMSE 解扩所得的带信道 g_u 的 BPSK 符号 $g_u s_{u,j}$（这里为了简化，去掉了前面的幅度值 $\dfrac{1}{|g_u^*|^2}$，因为幅度值可以通过能量归一化来解决）做信道估计的话，他们估计出来的其实有一半可能是 g_u，也有一半可能是 $-g_u$（g_u 转了 180°）。如果应用于 QPSK 的话，则估计的信道会有 4 种可能，即 g_u 分别转 0°、90°、180°、270° 的 4 个值。

也就是说，PM 法会产生信道估计的相位模糊问题。当然聚类算法也不可避免这个问题。靠调制符号本身不能去掉这个相位模糊。对于 BPSK 而言，由于信道估计只有 g_u 和 $-g_u$ 两种可能，则可以用这两个信道估计值都均衡一遍，然后都解调译码，均衡对的那个流才可能译码正确，均衡不对的译码可能不对。类推到 QPSK，则需要 4 路均衡，4 路解调译码。由此可见，为盲信道估计的相位模糊需要付出双倍的译码，这是 Data-only 盲检接收机的一个较大的代价。

4. 基于重构数据的信道估计

盲均衡之后的信号经过解调和解码之后，如果能通过 CRC 校验，接收机则可以根据正确译码的比特进行重构，然后利用重构的数据符号来进行信道估计。此时的信道估计的作用是恢复出正确译码用户的到达信号，然后从接收信号对其进行消除，这样可以极大地提高后面较弱用户的解调性能。尽管不同用户间的符号数据相关性很低，但为了提高信道估计的准确性，接收机可以考虑使用多个用户的重构数据符号来进行联合的基于 Least Square（LS）估计准则的信道估计。k 个用户的 LS 联合信道估计如式（8.14）所示。

$$\boldsymbol{G}=[g_1,...,g_k]^{\mathrm{T}}=(\boldsymbol{S}^*\boldsymbol{S})^{-1}\boldsymbol{S}^*\boldsymbol{y} \tag{8.14}$$

其中，$\boldsymbol{S}$ 是 k 个已经译码正确的用户的重构符号构成的符号矩阵，

$S = [s_1, ..., s_k]$, $s_k = [s_{k,1}, ..., s_{k,J}]^T$。

由于使用联合信道估计，随着 SIC 过程越来越多的用户被成功解出，则每个用户的信道估计精度也会越来越高，如图 8-7 所示，随着越来越多的用户被成功译码，其中每一个用户的信道估计结果会越来越趋近于其真实信道。这样可以使得 SIC 残余误差越来越小，对提高后面的弱用户解调是非常有利的，可以说是免调度高过载接入的关键点之一。

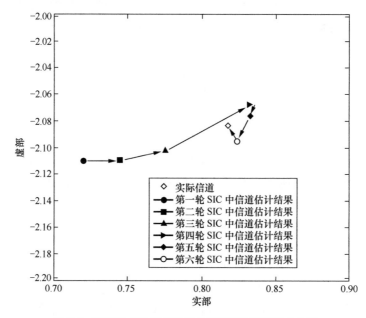

图 8-7 不同轮 SIC 中信道估计结果和真实信道的比较

最终，应用了上述盲序列检测、盲 MMSE 解扩、盲均衡，以及联合信道估计等技术的 SIC 架构，单接收天线下的 Data-only 先进盲检接收机如图 8-8 所示。也以 S_N 为第 6 章的表 6-5 MUSA 扩展序列为例，S_N 包含 $N = 64$ 条低互相关的扩展序列。每轮经过盲序列检测后，挑出 $M = 8$ 条序列（构成 S_M），然后针对这 8 条序列做盲 MMSE 解扩，然后对 8 个解扩后的数据流进行盲信道估计和均衡，然后计算这 8 个均衡后的调制符号流的 SINR，挑出其中 SINR 高的 4 个符号流去解调译码，由于基于 BPSK 符号的盲信道估计存在 180° 相位模糊问题，SINR 高的 4 个符号流都会"正向"去解调译码一次，"反向"去解调译码一次。然后利用译对的用户的重构数据进行联合信道估计，最后进行干扰消除。

与图 8-5 原理上最简单的单接收天线 Data-only 盲检接收机类比一下，应用盲序列检测后，后面的解扩，盲信道估计和均衡等操作的复杂度大大降低了。而且与图 8-5 的 MF 解扩不同，这里的解扩是 MMSE 解扩。所以图 8-8 所示的先进盲检接收机相对图 8-5 的更简单，性能也更好。

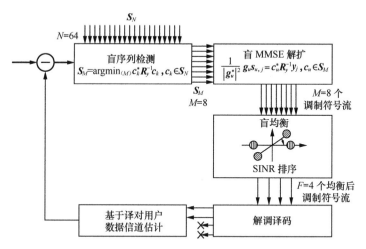

图 8-8　单接收天线下的 Data-only 先进盲检接收机

单接收天线下，应用了图 8-8 的 Data-only 先进盲检接收机的性能如图 8-9 所示。具体的仿真设置如下：

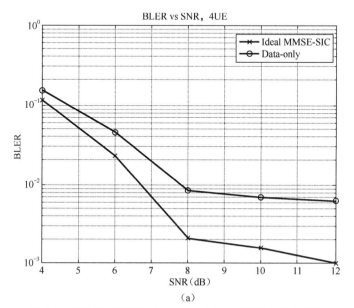

（a）

图 8-9　单接收天线下的 Data-only 先进盲检接收机仿真性能

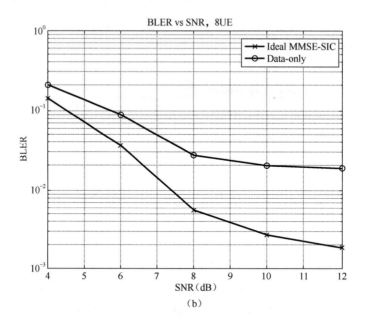

（b）

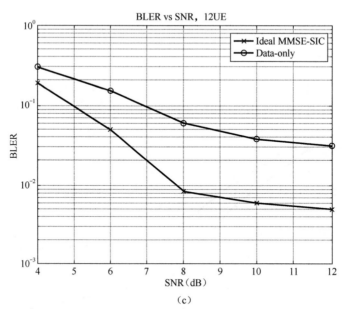

（c）

图 8-9　单接收天线下的 Data-only 先进盲检接收机仿真性能（续）

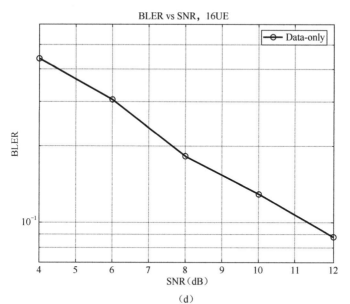

图 8-9 单接收天线下的 Data-only 先进盲检接收机仿真性能（续）

每个 UE 一根发射天线。信息比特经过码率为 1/2 的 LTE Turbo 码编码，BPSK 调制，4 长扩展，形成扩展后的符号，然后通过 LTE 的 CP-OFDM（15 kHz 子载波间隔）发送。这里扩展后符号具体是映射到一个 PRB（180 kHz），4 ms 时频资源上发送。每个用户使用的扩展码是从第 6 章表 6-5 所示的 4 长、64 条 MUSA 序列集合中随机选取的。每个 BPSK 扩展而成的 4 个符号放置在一个子载波的 4 个连续的 RE 上。为了模拟竞争式免调度场景开环功控下不可避免的远近效应，仿真中每个 UE 的发射功率不是相等的，而是以中心 SNR（性能曲线的横坐标）为基准，[−8dB，+8dB] 范围内均匀分布产生的随机数。这里仿真的是窄带系统，为了简化，假设信道是 Flat Rayleigh Fading 的信道。

而具体到盲检接收机的设置，这里的仿真选择是：

（1）每轮 SIC 迭代中，都是通过式（8.12）的盲序列检测方法，从 64 条扩展序列的集合 S_N 中，确定 8 条（$M=8$）最有可能导致正确译码的序列，它们组成 S_M，然后再用 S_M 中的 8 条扩展序列，进行 MMSE 盲解扩，然后对盲解扩后的 8 个 BPSK 符号流进行盲信道均衡；

（2）盲均衡后的 8 个 BPSK 符号流，通过其星座图散点的 SINR，挑出 4 个（$F=4$）SINR 最大的符号流送去解调和译码。

从仿真性能图可以看出，即使基站只有一根接收天线，竞争式免调度接入，发射采用 MUSA 序列扩展，不用参考信号，接收侧采用 Data-only 先进盲检接收机，仍然可以取得相当高的过载率，例如，在 SNR=12 dB 这个点，也就是各个 UE 的发射 SNR 服从 4 dB 到 20 dB 均匀分布，可以取得 400% 过载，也即 16 个用户同时接入（@BLER=10% 的工作点）。值得进一步指出的是，即使多达 12 个用户（300% 的过载）以竞争式免调度接入下，Data-only 先进盲检接收机的性能，与理想 MMSE-SIC 接收机的性能（假设信道是理想已知的），差异并不是很大。相对的，基于参考信号的方案，用户稍多时，如 6~8 个用户时，竞争式免调度接入下参考信号的高碰撞问题会导致真实信道估计下的性能与理想信道估计下的性能差异非常大[4]。

8.3.2.2　多接收天线下的 Data-only 盲检接收机

如前所述，基站第 r 根接收天线接收的符号可以相应地有下面两种形式 $y_{r,j}=\sum_{u=1}^{U}h_{r,u,j}s_{u,j}+n_r$［式（8.5）］或者 $y_{r,j}=\sum_{u=1}^{U}c_u s_{r,u,j}'+n_r$［式（8.6）］。如果是平坦衰落信道，则 $g_{r,u,j}\equiv g_{r,u}$，这时 $h_{r,u,j}\equiv h_{r,u}$，而 $h_{r,u}=c_u g_{r,u}$，$s_{r,u,j}'=g_{r,u}s_{u,j}$。

在基于竞争式的免调度接入，不同的用户干扰有可能非常严重，包括参考信号的碰撞，以及数据部分 Signature 的碰撞。如果数据部分使用了非正交序列扩展技术，则由于非正交序列可以提供比正交资源多得多的可选集，碰撞概率可以减轻一些。但高过载下扩展码的碰撞依然不可避免。

不过，不同用户的空域信道 $g_u=[g_{1,u},...,g_{R,u}]^T$ 是独立无关的。不同用户空域信道的独立无关可以在统计上给多用户数据部分提供空域分辨力。例如，两个用户，UE1，UE2 的扩展码碰撞了，码域上这两个用户就没办法分离了。但其空域信道 g_1，g_2 是独立无关的，互相关 $g_1^* g_2$ 是一个随机量，有一定概率是低互相关的，而且随着接收天线越多，低互相关的概率越大。

理想信道估计下，基站可以理想地知道空域信道，然后根据这两个用户的空域信道，通过一定的准则，就可以计算出针对这 2 个用户的合适的空域合并权值矢量 v_1，v_2，如通过 MMSE 准则，可以计算出针对这 2 个用户的 MMSE 空域合并权值矢量。

如果用户的空域信道互相关比较低，则通过合适的空域合并，如 MMSE 合并，可以分离出两路信号，分别会包含用户 1 和用户 2 的大部分，且包含较少的干扰。也就是说，理想信道估计下，多根天线提供的分集增益和干扰抑制增益是有可能同时获得的。

空域提供的多用户分辨能力也可以从接收波束赋形（Receive Beamforming）这个角度来更形象地说明。一个空域合并其实就是一个接收波束。上面的例子，如果 2 个用户的空域信道互相关比较低，则说明他们实际上是处于 2 个分离度较好的 2 个波束上的，如图 8-10（a）所示。

理想信道估计下，可以准确知道这两个碰撞用户的空域信道，也就能计算出相应的波束去接收这两个用户的信号，每个波束都能够对准相应的用户，同时避开其他用户的干扰。

但是，在实际信道估计下，如果这两个用户的 Preamble 碰撞了，则接收机根本就不知道有 2 个用户接入，而且根据碰撞的 Preamble 只能估计出一个 g_1+g_2 信道，使用这个 g_1+g_2 信道只能得到一个严重失真的波束，如图 8-10（b）所示。显而易见，通过这样不准确的接收波束收到的可能只是这两个用户信号的一小部分，而且是混叠在一起的，也即所谓"没对准"且"没避开"。由于 Preamble 碰撞，独立接收天线所提供的空域多用户分辨能力基本丢失了。

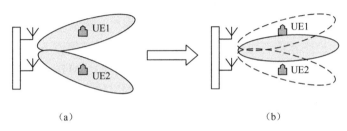

图 8-10　接收波束赋形

业界也已经有不少仿真证明了这一点，基于 Preamble 的传统收发方案来做竞争式的免调度接入的话，（a）实际信道估计的性能比理想信道估计的差很多；（b）实际信道估计的性能随着用户数急剧下降。

为了提高竞争式免调度的接入性能，可以不采用传统的基于参考信号的接收方法：即先使用参考信号去做信道估计，然后再进行"多用户干扰抑制及信道均衡"。传统方法中"多用户干扰抑制及信道均衡"往往是联合实施的，如图 8-11（a）所示。传统流程中信道估计会由于参考信道的碰撞而严重失真，严重影响后面多用户检测的性能。

如果将传统的处理流程反过来，先进行空域和码域的多用户干扰抑制，然后再使用干扰抑制后、SINR 较高的调制符号去进行盲信道估计，及后续的均衡和解调译码。如图 8-11（b）所示。这可以说是上一节单接收天线 Data-only 盲检接收机的推广，单接收天线 Data-only 盲检接收机中先进行码域的多用户干扰抑制。

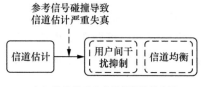

（a）传统基于参考信号的接收方法

（b）Data-only 接收方法

图 8-11　空域和码域的多用户干扰抑制的两种方式

　　在没有参考信号提供信道估计的情况下进行空域的多用户干扰抑制，也就意味着是"盲空域合并"或者"盲接收波束赋形"。如果接收天线具备一定的结构，使得用户空域信道也有一定的规律，则没有空域信道下的也可以进行有一定规律可循的空域合并。但如果是独立的天线，如 mMTC 低频载波的场景，空域信道可以认为是独立的，则真的就是全盲的空域合并了。幸好这种场景，天线不是很多，$\mathbb{C}^R$ 空间不是很大，因而可以预设若干个 $\mathbb{C}^R$ 空间中尽量均匀分布的合并矢量（接收波束）。然后在每个接收波束中应用上一节单天线盲检方法。但是为了复杂度低一些，希望用尽量少的均匀分布矢量去做合并。基于这一准则，可以设计出相应的合并矢量。对于两天线的接收机，可以使用 $\mathbb{C}^2$ 空间相对均匀分布的 6 个合并矢量，即：

$$\{[1, 0], [0, 1], [1, 1], [1, -1], [1, j], [1, -j]\}$$

　　对于四天线的接收机，$\mathbb{C}^4$ 空间比 $\mathbb{C}^2$ 大不少，这里提供两组不同的合并矢量，如表 8-1 和表 8-2 所示，码本一共有 24 条序列，码本二共有 16 条序列。借助这些合并矢量，我们就能实现空域上的盲合并，从而可以在没有信道估计的情况下，实现空域的多用户干扰抑制。

表 8-1　四天线合并比码本一

序号	合并比	序号	合并比
1	[1, 1, 0, 0]	4	[1, -j, 0, 0]
2	[1, -1, 0, 0]	5	[1, 0, 1, 0]
3	[1, j, 0, 0]	6	[1, 0, -1, 0]

续表

序号	合并比	序号	合并比
7	$[1, 0, j, 0]$	16	$[0, 1, -j, 0]$
8	$[1, 0, -j, 0]$	17	$[0, 1, 0, 1]$
9	$[1, 0, 0, 1]$	18	$[0, 1, 0, -1]$
10	$[1, 0, 0, -1]$	19	$[0, 1, 0, j]$
11	$[1, 0, 0, j]$	20	$[0, 1, 0, -j]$
12	$[1, 0, 0, -j]$	21	$[0, 0, 1, 1]$
13	$[0, 1, 1, 0]$	22	$[0, 0, 1, -1]$
14	$[0, 1, -1, 0]$	23	$[0, 0, 1, j]$
15	$[0, 1, j, 0]$	24	$[0, 0, 1, -j]$

表 8-2　四天线合并比码本二

序号	合并比	序号	合并比
1	$[1, 1, 1, 1]$	9	$[1, -1, -j, -j]$
2	$[1, -1, 1, -1]$	10	$[1, 1, -j, j]$
3	$[1, 1, -1, -1]$	11	$[1, -1, j, j]$
4	$[1, -1, -1, 1]$	12	$[1, 1, j, -j]$
5	$[1, -j, -j, 1]$	13	$[1, j, -1, j]$
6	$[1, j, j, -1]$	14	$[1, -j, -1, -j]$
7	$[1, -j, -j, -1]$	15	$[1, j, 1, -j]$
8	$[1, j, -j, 1]$	16	$[1, -j, 1, j]$

　　至此，先进 Data-only 接收算法的主要模块已经介绍完毕。下面来看两根天线 Data-only 盲检接收机的一个具体设计。如图 8-12 所示，先对两条天线上接收的信号进行空域盲合并。两天线的合并矢量共有 6 个，每个合并矢量在接收机上对应一个合并通道，不同合并通道的信号处理是相同的，都是上一节介绍的单天线 Data-only 盲检接收方法。具体地说，以合并通道一为例，SIC 每次迭代，先对合并后的信号进行盲序列检测，挑选出 M 条激活的序列。然后，使用这 M 条序列一一进行盲 MMSE 解扩和盲信道估计/均衡，得到可能的均衡后星座图。此时，再通过计算所有 6 个通道上的所有均衡后星座图的 SINR 值并进行排序，将更有可能为正确的 F 个调制符号流送到解调和解码模块。一旦这个信号流能够通过 CRC 校验，则认为解出的符号正确。这时利用这些符号中包含的扩展序号信息进行重构，然后利用重构的符号做信道估计，进而消除这些已经译对用户的信号。消除完成后即可重复以上步骤，直到无法检测出新的用户。

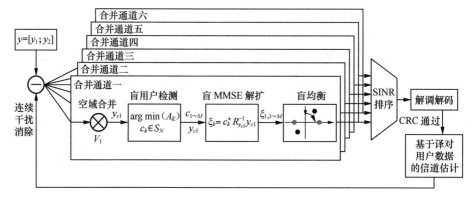

图 8-12　两天线 Data-only 盲检接收机

两根接收天线下，**Data-only** 先进盲检接收机的性能如图 8-13 所示。具体的仿真设置如下。

每个 UE 一根发射天线。信息比特经过码率为 1/2 的 LTE Turbo 码编码，BPSK 调制，4 长扩展，形成扩展后的符号，然后通过 LTE 的 CP-OFDM（15kHz 子载波间隔）发送。这里扩展后符号具体是映射到一个 PRB（180kHz），4 ms 时频资源上发送。每个用户使用的扩展码是从第 6 章表 6-5 所示的 4 长、64 条 MUSA 序列集合中随机选取的。每个 BPSK 扩展而成的 4 个符号放置在一个子载波的 4 个连续的 RE 上。和单接收天线不同，这个仿真中每个 UE 的发射功率是相等的，主要为了考察没有远近效应下的性能。如果存在远近效应的话，则功率域的差异会进一步提高用户接入数。这里仿真的是窄带系统，为了简化，假设信道是 Flat Rayleigh Fading 的信道。

而具体到盲检接收机的设置，这里的仿真选择是：

（1）使用上述的 6 个合并矢量 $\{[1, 0], [0, 1], [1, 1], [1, -1], [1, j], [1, -j]\}$，每轮 SIC 迭代中，产生 6 个空域合并的数据流；

（2）每轮 SIC 迭代，每个空域合并后的数据流中，都是通过式（8.12）的盲序列检测方法，从 64 条扩展序列的集合 S_N 中，确定 8 条最有可能导致正确译码的序列，然后再用这 8 条扩展序列，进行 MMSE 盲解扩，然后对盲解扩后的 8 个 BPSK 符号流进行盲信道均衡；

（3）盲均衡后，一共有 6×8（48 个）BPSK 符号流，通过其星座图散点的 SINR，挑出若干个 SINR 最大的符号流送去解调和译码。这里仿真图中的两条性能曲线分别是挑出 8 个或 16 个 SINR 最大的符号流送去解调译码的。

从仿真性能图可以看出，基站两根接收天线，竞争式免调度接入，发射采用 MUSA 序列扩展，不用参考信号，接收侧采用 Data-only 先进盲检接收机，即使没有功率域提供的能力，仍然可以取得相当高的过载率，例如，500%过载也即 20 个用户同时接入（@BLER=1%的工作点）。值得进一步指出的是，即使多达 20 个用户，以竞争式免调度接入下，**Data-only** 先进盲检接收机的性能，与理想 **MMSE-SIC** 接收机的性能（假设信道是理想已知的），差异并不是很大。相对的，基于参考信号的方案，用户稍多时，如 6～8 个用户时，竞争式免调度接入下参考信号的高碰撞问题会导致真实信道估计下的性能与理想信道估计下的性能差异非常大[4]。

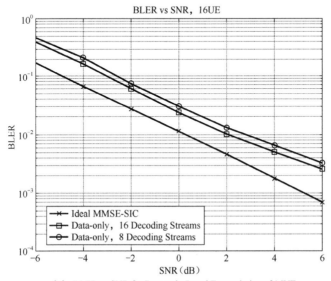

（a）　BLER vs SNR for Data-only Based Transmission of 16UE

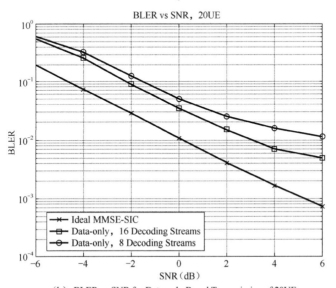

（b）　BLER vs SNR for Data-only Based Transmission of 20UE

图 8-13　两天线 Data-only 盲检接收机仿真性能

| 8.4 DM-RS 增强 |

DM-RS 作为用于数据解调的重要参考信号，对性能有很大的影响。目前 NR[3]所采用的类型 1（基于频域梳状+时频域 2 长码分）和类型 2（频分+时频域 2 长码分），如图 8-14 所示，所能支持的最大正交端口分别为 8 和 12。

类型 1			类型 2	
第 i 个符号	第 $i+1$ 个符号		第 i 个符号	第 $i+1$ 个符号
P:0 1 4 5			P:0 1 6 7	
P:2 3 6 7				
P:0 1 4 5			P:2 3 8 9	
P:2 3 6 7				
P:0 1 4 5			P:4 5 10 11	
P:2 3 6 7				
P:0 1 4 5			P:0 1 6 7	
P:2 3 6 7				
P:0 1 4 5			P:2 3 8 9	
P:2 3 6 7				
P:0 1 4 5			P:4 5 10 11	
P:2 3 6 7				

图 8-14　NR DM-RS 设计

1. 增强方案

为了满足大规模连接下的容量需求和降低基于竞争式免调度接入时的 DM-RS 端口冲突概率，在 NR 现有设计的基础上，针对 DM-RS 的增强，文献 [4]中列出了如下增强方式。

（1）时频域采用更长的正交码：该方法基于 NR 中类型 2 DM-RS 的设计中。

① 频域采用 4 长 OCC 码字，时域采用 2 长码字。如图 8-15 所示，其中每个由时频 OCC 码字构成的正交 CDM 组（相同颜色）能够支持 8 个 DM-RS 端口，且每个资源块能够分为 3 个 CDM 组，即一共支持 24 个端口。

② 频域采用 2 长 OCC 码字，时域采用 4 长码字。如图 8-16 所示，该方案所占时频域资源除了原有的前置 DM-RS 资源外还占用了适用于额外 DM-RS 的资源。其中每个由时频 OCC 码字构成的正交 CDM 组（相同颜色）能够支持 8 个 DM-RS 端口，且每个资源块能够分为 3 个 CDM 组，即一共支持 24 个端口。

相较于图 8-15 所示方案，该方案在频域信道估计密度更高，但仅适用于小多普勒频偏的场景。

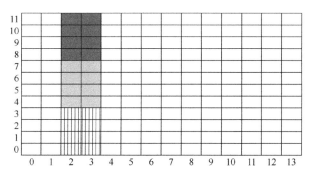

图 8-15　支持 24 端口的 DM-RS 增强（频域-OCC4+时域-OCC2）

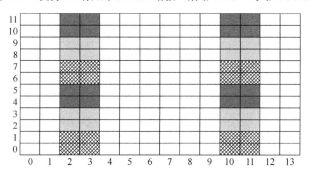

图 8-16　支持 24 端口的 DM-RS 增强（频域-OCC2+时域-OCC4）

③ 时频域均采用 4 长正交码字。如图 8-17 所示，该方案结合了前两个方案的设计，为了支持更多 DM-RS 端口数目，增大了时频域码分的码字长度。其中，每个由时频 OCC 码子构成的正交 CDM 组（相同颜色）能够支持 16 个 DM-RS 端口，且每个资源块能够分为 3 个 CDM 组，即一共支持 48 个端口。但从应用场景来看，也相应地牺牲了高频选信道和高多普勒场景的性能。

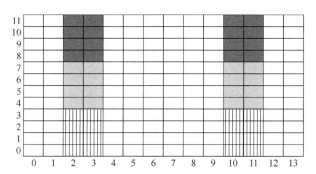

图 8-17　支持 48 端口的 DM-RS 增强（时/频域-OCC4）

（2）频域采用更加稀疏的密度：该方法可以适用于 NR 中两个类型的设计。

① 基于类型 2 的 DM-RS 设计，如图 8-18 所示，每个端口频域只占用 2 个 RE（密度减半）。时频域 CDM 组依然由长度为 2 的正交码字构成，每个支持 4 个端口，共 24 个。

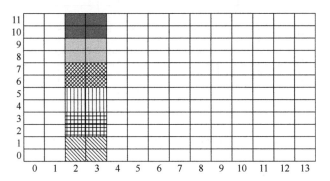

图 8-18　支持 24 端口的 DM-RS 增强（每个端口频域只占 2 个 RE）

② 基于类型 1 DM-RS 设计，如图 8-19 所示，频域采用了梳状因子为 4 的结构，并复用了现有类型 1 DM-RS 设计相同的频域 Cyclic Shift（CS = 2）与时域 2 长 OCC 码字。其中，每个梳状分支能够支持 4 个 DM-RS 端口，共 16 个。

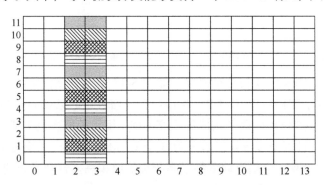

图 8-19　支持 16 端口的 DM-RS 增强（采用梳状因子为 4 的设计）

③ 基于类型 1 DM-RS 设计，如图 8-20 所示，频域采用了梳状因子为 6 的结构，并复用了现有类型 1 DM-RS 设计相同的频域 Cyclic Shift（CS = 2）与时域 2 长 OCC 码字。其中，每个梳状分支能够支持 4 个 DM-RS 端口，共 24 个。

④ 复用现有类型 1 的 DM-RS 模式设计，但采用更高的 Cyclic Shift（CS = 6）与时域 2 长 OCC 码字。其中，每个梳状分支能够支持 12 个 DM-RS 端口，共 24 个，如图 8-21 所示。进一步地，该方案中，系统配置的 CS 数目，可以按照当前场景下所要支持的目标用户数目进行相应调整。

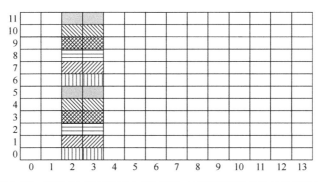

图 8-20　支持 24 端口的 DM-RS 增强（采用梳状因子为 6 的设计）

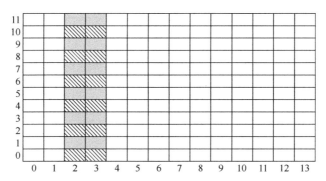

图 8-21　支持 24 端口的 DM-RS 增强（频域梳状因子为 2，CS 数目为 6）

（3）采用可配置的子载波间隔与 ZC 序列，通过调整所能支持的根序列数目以及相应的 CS 数目，实现按照当前场景下需要支持的目标用户数目对采用的 DM-RS 端口数目进行调整。

（4）使用更多的 DM-RS 资源：如图 8-22 所示，该方案在现有前置 DM-RS 资源的基础上，同样也是用于额外 DM-RS 的资源，但时域依然采用 2 长的 OCC。每个 CDM 组可以支持 4 个端口，共 24 端口的 DM-RS 增强。

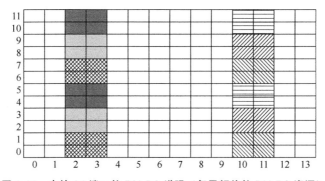

图 8-22　支持 24 端口的 DM-RS 增强（复用额外的 DM-RS 资源）

2. 配置信令

如 8.1 节中所示，为了支持基于竞争式的免调度接入，用于传输的时频资源以及相应的参考信号配置，如 DM-RS，一般会通过广播（系统消息）的方式向覆盖范围内的用户进行通知。当用户在接收到相应内容时，会随机地进行选择。其中，DM-RS 相应的参数可以按照上述不同的增强方式，一般包括：DM-RS 的类型，用于传输的端口数目。

进一步地，为了减少基站盲检复杂度，用户支持传输的各个配置参数之间的映射关系，如参考信号与时频资源之间对应，也需要通过显示信令或者固有约定的方式通知给用户。

| 8.5 性能评估参数和方法 |

8.5.1 链路仿真参数

表 8-3 是 3GPP NOMA 研究中的竞争式免调度链路仿真的用例。基于竞争式免调度的应用场景，从表 8-3 中可以看出主要应用于 mMTC 和 eMBB 场景。对于 mMTC 场景，主要用在 700 MHz 的载波频率上，接收天线数为 2 根，波形可以是 CP-OFDM 也可以是 DFT-s-OFDM，而且由于是竞争接入，传输的码块所承载的比特数不能太多，并发的用户数也不能太多，所以 TBS 的大小只有 10 byte 和 20 byte 两种，传输的用户数必选的是 4 个，可选的是 6 个。而对于 eMBB 场景，主要用在 4 GHz 的载波频率上，接收天线是 4 根，波形只有 CP-OFDM，考虑竞争接入，TBS 较小，为 40 byte 和 80 byte 两种，用户数与 mMTC 场景相同（eMBB 场景 TBS 的大小要比 mMTC 场景大，是因为 eMBB 场景使用的带宽是 mMTC 场景的 2 倍，接收天线也是 mMTC 场景的 2 倍。而用户数目两个场景相同，是因为用户数决定了碰撞概率，对于竞争式免调度场景来说，碰撞概率是限制性能的最重要因素）。

表 8-3 竞争式免调度链路仿真的用例（必选）

用例序号	场景	载波频率	天线数	SNR 分布方式	波形	MA 签名分配	信道模型	TBS (byte)	用户数目	TO/FO
10	mMTC	700 MHz	2	不等	CP-OFDM	随机分配	TDL-C	10	4	非 0
11	mMTC	700 MHz	2	不等	CP-OFDM	随机分配	TDL-A	20	4	非 0

用例序号	场景	载波频率	天线数	SNR 分布方式	波形	MA 签名分配	信道模型	TBS（byte）	用户数目	TO/FO
12	mMTC	700 MHz	2	不等	DFT-s	随机分配	TDL-A	10	4	非 0
13	mMTC	700 MHz	2	不等	DFT-s	随机分配	TDL-A	20	4	非 0
24	eMBB	4 GHz	4	不等	CP-OFDM	随机分配	TDL-A	40	4	非 0
25	eMBB	4 GHz	4	不等	CP-OFDM	随机分配	TDL-A	80	4	非 0

8.5.2　链路到系统映射模型

1. 基于前导/导频

对于存在前导/导频碰撞的情况的链路到系统映射建模，除需要考虑碰撞情况下用户识别、信道估计等方面造成的影响外，其他情况建模与不碰撞情况下链路到系统映射建模类似。下面基于 DMRS 碰撞情况下用户识别和信道估计进行描述。

由于两个甚至多个 UE 可能使用相同的 DMRS，基站通过该 DMRS 仅能识别到一个 UE，而且信道估计结果是这些碰撞 UE 的信道之和。例如，假设 UE1 和 UE2 使用了相同的 DMRS，则信道估计结果可以建模为：

$$H_R = H_{I1} + H_{I2} + H_e \tag{8.15}$$

其中，H_{I1} 和 H_{I2} 分别表示 UE1 和 UE2 的理想信道，信道估计误差 H_e 可以按照与 7.1.2 节中描述类似的方法建模。

由于碰撞的影响，原来基于 DMRS 的信道估计结果可能并不准确，因此，可以考虑利用已经被正确译码的各个 UE 的重构的发送符号进行 LS 联合信道估计得到各个 UE 的更新的信道估计结果，并用于干扰消除。随着被正确译码的 UE 数量越来越多，LS 联合信道估计结果会越来越准确。这里假设 UE1 被正确译码，经过分析，其 LS 信道估计的归一化误差可以近似建模如下，其他情况可以以此类推。

$$\frac{|h_e|^2}{|h_1|^2} \approx \frac{\sum SNR_{int} + 1}{(x_1^H x_1) SNR_1} \tag{8.16}$$

其中，h_1 为 UE1 在一个天线上频域信道系数，h_e 为 UE1 的 LS 信道估计误差，x_1 为 UE1 发送的数据符号，SNR_1 为 UE1 的理想 SNR，SNR_{int} 包括其他尚未被正确译码的干扰 UE 的理想 SNR。

对于存在 DMRS 碰撞的情况，由于 DMRS 碰撞，UE 识别会出现漏检，因此，当一个 UE 被正确译码并且针对该 UE 进行干扰消除后，可以重新执行第 7 章中图 7-2 所示的整个过程，即重新进行用户识别等步骤，这样有利于发现之前被漏检的用户，从而改善性能。

2. LS 信道估计验证

下面对 LS 信道估计进行验证，这里采用 TDL-A 30ns 信道模型，以两个 UE 为例，假设其中一个 UE 译码正确，基于其重构数据进行 LS 信道估计，并统计信道估计误差，然后，将建模误差与统计得到的误差进行对比。图 8-23 给出了基于用户数据的 LS 信道估计的归一化误差对比结果，可以看到，建模误差与实际误差很吻合。

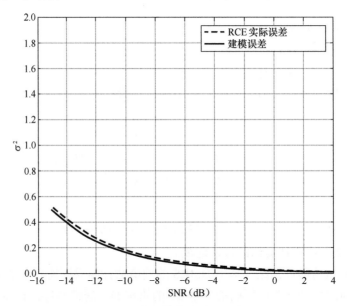

图 8-23　基于用户数据的 LS 信道估计误差

3. 链路到系统映射方法的校准验证

基于 mMTC 场景，CP-OFDM 波形，TDL-A 30n 信道模型，在等 SNR 分布、不等 SNR 分布的情况下，在不同的 UE 负载情况下，对上述链路到系统的映射方法进行校准验证，验证结果如图 8-24（a）~（d）所示。

4. 基于纯数据

基于纯数据传输可克服由于前导或导频数量不够导致前导或导频碰撞的问题。基于纯数据的接收机需要进行盲检，其物理层抽象建模要能反映盲检接收机处理过程，物理层抽象过程如图 8-25 所示，包括以下几个步骤。

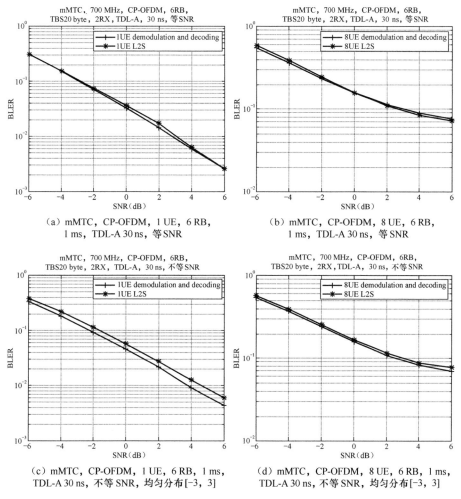

（a）mMTC, CP-OFDM, 1 UE, 6 RB,
1 ms, TDL-A 30 ns, 等 SNR

（b）mMTC, CP-OFDM, 8 UE, 6 RB,
1 ms, TDL-A 30 ns, 等 SNR

（c）mMTC, CP-OFDM, 1 UE, 6 RB, 1 ms,
TDL-A 30 ns, 不等 SNR, 均匀分布 [-3, 3]

（d）mMTC, CP-OFDM, 8 UE, 6 RB, 1 ms,
TDL-A 30 ns, 不等 SNR, 均匀分布 [-3, 3]

图 8-24　链路到系统映射方法的校验验证

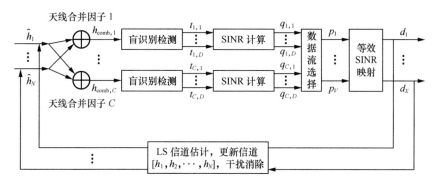

图 8-25　基于纯数据的 MMSE-SIC 接收机处理过程

（1）基于理想信道估计获取等效信道

假设 K 个用户，M 条扩展序列，每个用户有 N 根接收天线，首先基于理想信道估计得到用户 k 在第 i 根接收天线上的等效信道：

$$\hat{h}_{i,k} = h_{i,k} c_k = \frac{y_{i,k} x_k^*}{x_k x_k^*} \tag{8.17}$$

其中，$h_{i,k}$ 为用户 k 第 i 根接收天线上的信道系数，$y_{i,k}$ 为用户 k 在第 i 根接收天线上接收的信号，c_k 为用户 k 选择的扩展序列，x_k 为用户 k 发送的数据。

（2）天线合并和盲用户识别

利用预定义的天线合并因子对得到的等效信道进行天线合并，得到用户 k 基于第 j 个天线合并因子进行天线合并后的信号：

$$h_{\text{comb},j,k} = c_{\text{comb},j} \hat{h}_k \tag{8.18}$$

其中，$c_{\text{comb},j}$ 是第 j 个天线合并因子，$\hat{h}_k = (\hat{h}_{1,k}^{\mathrm{T}}, \hat{h}_{2,k}^{\mathrm{T}}, \cdots, \hat{h}_{N,k}^{\mathrm{T}})^{\mathrm{T}}$。

对于两天线，定义了 6 个天线合并因子，为 $\{(1, 0), (0, 1), (1/\sqrt{2}, 1/\sqrt{2}), (1/\sqrt{2}, -1/\sqrt{2}), (1/\sqrt{2}, j/\sqrt{2}), (1/\sqrt{2}, -j/\sqrt{2})\}$。

再利用多个用户的天线合并信号 h_{comb} 计算协方差矩阵 R

$$R = E[YY^*] = \frac{1}{S} \sum_{k=1}^{K} h_{\text{comb},k} h_{\text{comb},k}^* + R_{nn} \tag{8.19}$$

其中，S 为每个用户传输的调制符号数，R_{nn} 为加性高斯白噪声。

进一步，利用协方差矩阵 R 以及扩展序列集合信息，根据下面的 metric 准则从 M 个扩展序列中盲识别出 D 个最小的 metric 对应的扩展序列。

$$\arg\min_{(D)} c_m^{\mathrm{H}} R^{-1} c_m, m = 1, \cdots, M \tag{8.20}$$

（3）SINR 计算与数据流选择

如果 D 个识别出的扩展序列中与第 m 个用户匹配，利用 $h_{\text{comb},m}$ 去计算该用户的 SINR，如式（8.21）所示

$$\text{SINR}_m = h_{\text{comb},m} (h_{\text{comb},m} h_{\text{comb},m}^* + \sigma^2 I)^{-1} h_{\text{comb},m} \tag{8.21}$$

其中，σ^2 为加性高斯白噪声的方差，I 为单位矩阵。

基于计算得到的用户 SINR，对其进行排序，选择 SINR 较高的 V 个数据流，其中，$V \leqslant D$。

（4）等效 SINR 映射

基于 RBIR-SINR 的映射公式，得到 V 个数据流的等效 SINR，再根据每个数据流的等效 SINR 查找 AWGN 信道场景下的 BLER - SNR 链路曲线得到该数

据流的 BLER，将该 BLER 与[0, 1]范围内的一个随机数进行比较，如果小于则认为该数据流译码正确，否则认为该数据流译码失败。

（5）LS 信道估计、干扰消除和更新信道

从译码正确的数据流中获取用户标识信息以及选择的扩展序列信息。对译码正确的用户进行重构，利用译码正确的用户数据信息采用 LS 算法进行信道估计，更新信道，再进行干扰消除，再重复上面（2）~（5）过程，直到没有解对的用户数据流为止。

基于 mMTC 场景，CP-OFDM 波形，TDL-C 300ns 信道模型，在频域扩展和时域扩展，等 SNR 分布和不等 SNR 分布情况下，在不同的 UE 负载情况下，对上述链路到系统的映射方法进行校准验证，验证结果如图 8-26（a）~（h）所示。

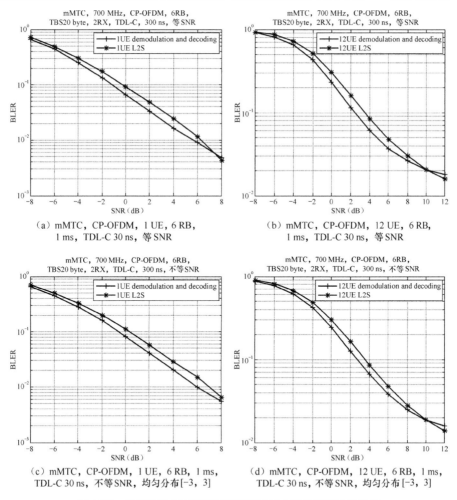

（a）mMTC, CP-OFDM, 1 UE, 6 RB, 1 ms, TDL-C 30 ns, 等 SNR

（b）mMTC, CP-OFDM, 12 UE, 6 RB, 1 ms, TDL-C 30 ns, 等 SNR

（c）mMTC, CP-OFDM, 1 UE, 6 RB, 1 ms, TDL-C 30 ns, 不等 SNR, 均匀分布[-3, 3]

（d）mMTC, CP-OFDM, 12 UE, 6 RB, 1 ms, TDL-C 30 ns, 不等 SNR, 均匀分布[-3, 3]

图 8-26　基于纯数据的链路到系统的映射方法的校准验证结果

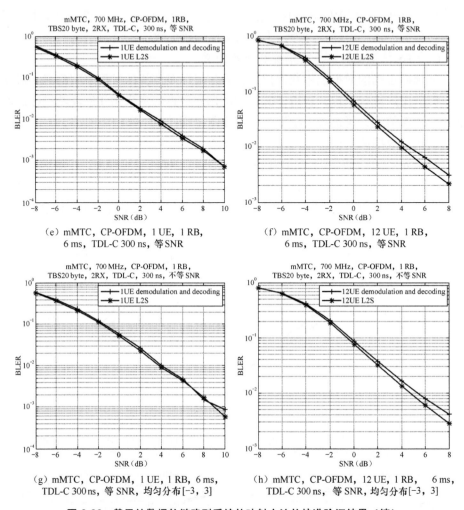

（e）mMTC, CP-OFDM, 1 UE, 1 RB,
6 ms, TDL-C 300 ns, 等 SNR

（f）mMTC, CP-OFDM, 12 UE, 1 RB,
6 ms, TDL-C 300 ns, 等 SNR

（g）mMTC, CP-OFDM, 1 UE, 1 RB, 6 ms,
TDL-C 300 ns, 等 SNR, 均匀分布[-3, 3]

（h）mMTC, CP-OFDM, 12 UE, 1 RB, 6 ms,
TDL-C 300 ns, 等 SNR, 均匀分布[-3, 3]

图 8-26　基于纯数据的链路到系统的映射方法的校准验证结果（续）

|8.6　性能评估结果|

8.6.1　链路仿真结果

　　基于竞争式的免调度场景，在模板 1 中参与仿真的公司不多，而且不同公司对免调度的理解不同，所以采用的仿真假设也有区别，曲线之间的对比意义不大，这里我们先以仿真用例 11 的 4 用户和 6 用户仿真结果为例介绍一下。

免调度场景根据不同公司的理解可以分为随机选择和随机激活两种。随机选择是一种竞争式的免调度场景，不同用户随机地选取前导或 DMRS 序号，这就存在了碰撞的可能性，由于前导或 DMRS 池子的大小一定，随着用户数的增多，碰撞概率会越来越高，这也是竞争式免调度场景性能下降的主要原因。随机激活则本质上是一种非竞争式的免调度场景，潜在用户数会小于前导或 DMRS 池子的大小，每个潜在用户会被分配一个唯一的序号，当某个用户被激活，则直接使用预分配的前导或 DMRS 序号，这样就不存在用户之间的碰撞。

显而易见，由于没有碰撞，随机激活的性能会好于随机选择的性能，并且这种优势随着活跃用户数的提高也会越来越大。然而，在实际应用当中，随机选择这种场景也非常常见，这是因为前导或 DMRS 池子的大小有限，而潜在用户数则有可能不断提高，当潜在用户数大于前导或 DMRS 池子大小的时候，随机激活这种场景就无法适用了。

从图 8-27 来看，MUSA 和 SCMA2 属于竞争式的随机选择，IGMA 和 SCMA1 属于非竞争式的随机激活。这里我们主要分析竞争式的随机选择。从两个随机选择方案来看，两者性能上的最主要差别在于前导或 DMRS 池子的大小。

对于 MUSA 来说，TBS 为 20 byte，基于实际的用户检测，进行 2 个时隙的传输时长，有 50% 的前导开销作为参考信号，没有 DMRS，前导和数据有着相同的带宽，没有隔离带宽，池子的大小为 64，4 用户曲线在 −1.7 dB 处达到 10% 的工作点 BLER，6 用户曲线在 1.2 dB 处达到 10% 的工作点 BLER。

对于 SCMA2 来说，TBS 为 20 byte，基于实际的用户检测，1 个时隙传输的随机选择情形，DMRS 开销为 2/7，池子的大小为 24，在 4 用户和 6 用户的仿真中是无法达到 10% 工作点 BLER 的。

除了对免调度有不同的理解，图 8-27 中的 MUSA 仿真假设定时偏差 TO 在 $[0, 1.5 \times NCP]$ 范围内均匀分布，而 SCMA 和 IGMA 假设 TO 在 $[0, 0.5 \times NCP]$ 范围内均匀分布。

接下来，考虑评估不同场景，不同波形以及不同资源池大小对于竞争式免调度接入的性能的影响，这部分主要基于 ZTE 的提案。场景主要考虑 mMTC 和 eMBB 场景，波形在 mMTC 场景中考虑 CP-OFDM 和 DFT-s-OFDM 这两种波形，资源池大小则研究 64 和 96 两种。

在 mMTC 场景下，为了评估来自 UE 的潜在数据传输的能力，例如，UE

在接入系统之前，处于 RRC 非激活/空闲状态下，进行具有随机 MA 签名选择的仿真，其结果如图 8-28 所示，分别采用了 CP-OFDM 和 DFT-s-OFDM 这两种波形。在这几种情况下，假设 TO 在[0，1.5×NCP]范围内均匀分布。

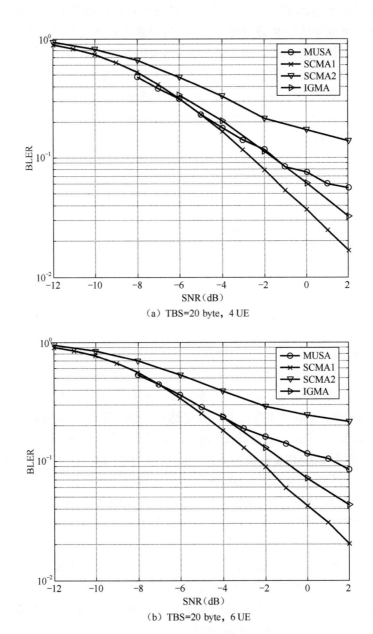

（a）TBS=20 byte，4 UE

（b）TBS=20 byte，6 UE

图 8-27　仿真用例 11 的链路性能曲线

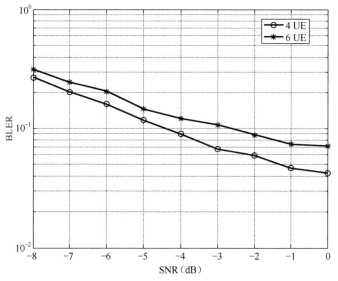

（a）TBS=10 byte TDLC-300 ns，CP-OFDM 波形

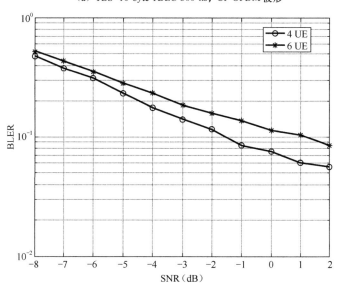

（b）TBS=20 byte TDLC-300 ns，CP-OFDM 波形

图 8-28　mMTC 场景竞争式免调度性能曲线

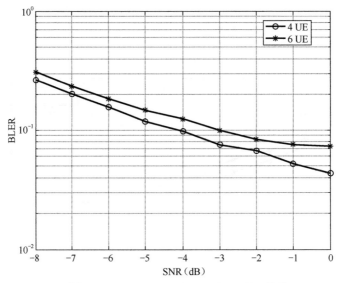

（c）TBS=10 byte TDLC-300 ns，DFT-s-OFDM 波形

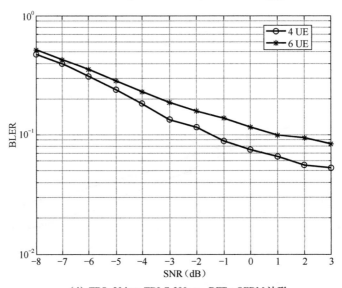

（d）TBS=20 byte TDLC-300 ns，DFT-s-OFDM 波形

图 8-28　mMTC 场景竞争式免调度性能曲线（续）

可以观察到，在 mMTC 场景下，CP-OFDM 和 DFT-s-OFDM 这两种波形的性能基本一致，可以支持多达 6 个 UE 在竞争式免调度的情况下接入，以及 20 byte 的 TBS 传输。

在 eMBB 场景下，为了评估来自 UE 的潜在数据传输的能力，使用随机

MA 签名选择进行仿真，结果如图 8-29 所示，可以发现：eMBB 场景可以支持多达 8 个 UE 在竞争式免调度的情况下接入，以及多达 80 byte 的 TBS。

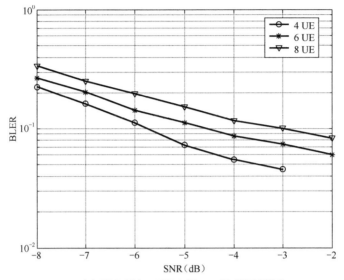

（a）TBS=10 byte TDLA-30 ns，CP-OFDM 波形

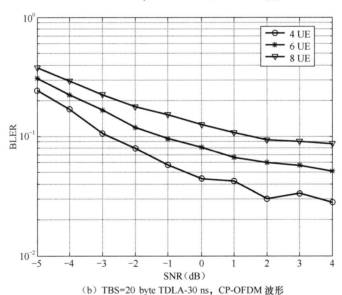

（b）TBS=20 byte TDLA-30 ns，CP-OFDM 波形

图 8-29　eMBB 场景竞争式免调度性能曲线

NR 协议中规定的前导序列池大小为 64，很显然用户的冲突概率会随着池子的扩充而降低，相应的评估结果如图 8-30 所示，其中，扩展序列的池大小为

64 或 96，每个序列与前导序列一对一映射，"Fixed"表示没有冲突预先分配，"Random"表示存在冲突随机分配。

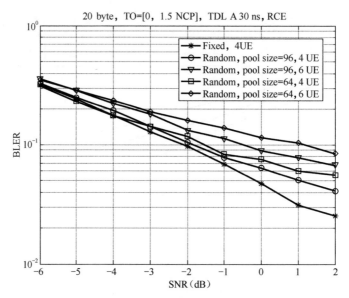

图 8-30 异步传输，TO 在[0，1.5NCP]内均匀分布的仿真结果

假设接收侧的前导码检测有两个窗口（[0，NCP]和[NCP，2NCP]），并且采用 MMSE-SIC 接收机进行每个窗口中 UE 的解码。可以发现：

① 在池子的大小为 96 时，20 byte 的 4 用户的竞争式免调度性能与非竞争式的性能差距很小，在 10%工作点 BLER 处，只有大约 0.2dB 的差距，而 6 用户的时候则有大约 1.5 dB 的差距；

② 在池子的大小为 64 时，20 byte 的 4 用户的竞争式免调度性能与非竞争式的性能差距也不大，在 10%工作点 BLER 处，只有大约 0.5 dB 的差距，而 6 用户的时候则有大约 3 dB 的差距。

可以得出结论，当过载因子不是很高时（如 4UE），由于多址接入签名的随机冲突导致的性能损失是可接受的。 对于更多 UE（如 6UE），可能需要更大的池子来缓解冲突问题。

8.6.2 系统仿真结果

本节将对基于竞争式免调度传输的上行 NOMA 的性能进行系统级评估，以上行 MUSA 方案为例，采用 mMTC 场景，分别对 Data-only 方案和 Preamble+Data 方案进行性能评估。

1. Data-only 方案

该仿真中[5]，基线方案采用 24 个 DMRS，每个 UE 的时频资源、DMRS 是随机选择的，发射机处理过程与现有系统一致。基于 DMRS 的上行 MUSA 方案采用 64 个 DMRS，采用 4 长扩展序列进行传输，4 长扩展序列集合中包含 64 个序列，DMRS 和扩展序列一一对应，每个 UE 随机选择时频资源和 DMRS，根据 DMRS 确定相应的扩展序列。基于 Data-only 的上行 MUSA 方案没有 DMRS 开销，也使用了包含 64 个 4 长扩展序列的集合，每个 UE 随机选择时频资源和扩展序列。

为了保证覆盖性能，将一个小区中的 UE 分为 3 组，同时将整个仿真带宽划分为 3 个资源池，每组 UE 使用一个资源池，当 UE 有业务到达时从资源池中随机选择 1 个 PRB 进行传输。对于基线方案，3 组 UE 将分别进行 1、4 和 16 次重复传输，多次重复传输可以改善覆盖性能。对于 MUSA 方案，在 4 长扩展基础上，3 组 UE 将分别进行 1、1 和 4 次重复传输，并且，第一组 UE 使用的扩展序列的总能量将归一化为 1，以便公平对比。

在该仿真评估中，接收机需要盲检测，因此，基线方案和上行 MUSA 方案均将采用 MMSE-IC 盲检测接收机。接收机的链路到系统映射模型详见 8.5.2 节。

图 8-31 给出了基线方案、基于 DMRS 的上行 MUSA 方案和基于 Data-only 的上行 MUSA 方案的丢包率 PDR 性能。从仿真结果可以看出，基于 DMRS 的 MUSA 采用 64 个 DMRS 以及长度为 4 的复数扩展序列，碰撞概率更低，性能更好，相对于基线方案大约有 100% 的性能增益。而基于 Data-only 的上行 MUSA 方案在低负载时具有更好的性能。

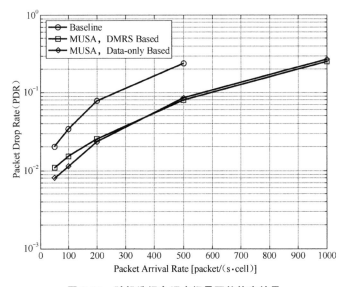

图 8-31　随机选择免调度场景下的仿真结果

2．Preamble + Data 方案

该仿真中[6]，每个 UE 采用 6 个 PRB 进行传输。基线方案采用 64 个 Preamble，每个 UE 使用的 Preamble 是随机选择的，数据部分的发射端处理与现有系统一致。NOMA 方案同样采用 64 个 Preamble，每个 UE 使用的 Preamble 也是随机选择的，数据部分采用长度为 4 的扩展序列进行扩展，4 长扩展序列集合中包含 64 个序列，Preamble 和扩展序列一一对应。为了保证覆盖性能，数据部分将重复传输 4 次。

图 8-32 给出了基于 Preamble+Data 的随机选择免调度基线方案和上行 NOMA 方案的 PDR 性能。从仿真结果可以看出，上行 NOMA 方案相对于基线方案有 100%以上的性能增益。

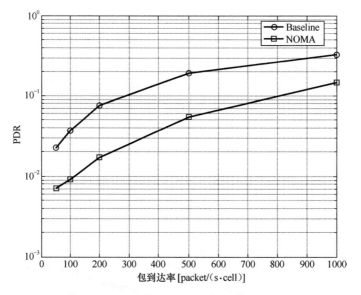

图 8-32 基于 Preamble+Data 的随机选择免调度方案的仿真结果

|参考文献|

[1]   Z. Yuan, Y. Hu, W. Li, and J. Dai. Blind multi-user detection for autonomous grant-free high-overloading MA without reference signal. arXiv:1712.02601 [cs.IT], 2017.

[2] Z. Yuan, Y. Hu, W. Li, and J. Dai. Blind multi-user detection for autonomous grant-free high-overloading multiple-access without reference signal. In IEEE 87th Vehicular Technology Spring Conference RAMAT, 2018.

[3] 3GPP, TS 38.211. NR physical channels and modulation (Release 15).

[4] 3GPP, TR 38.812. Study on non-orthogonal multiple access (NOMA) for NR.

[5] 3GPP, R1-1812175. System level simulation results for NOMA, ZTE, RAN1#95.

[6] 3GPP, R1-1812174. Procedures related to NOMA, ZTE, RAN1#95.

缩略语

缩略语	英文全称	中文全称
$\pi/2$-BPSK	$\pi/2$-Binary Phase Shift Keying	旋转 90°（$\pi/2$）的二进制相移键控
16QAM	16-Quadrature Altitude Modulation	16-正交幅度调制
1G	1st Generation Mobile Communication	第一代移动通信系统
256QAM	256-Quadrature Altitude Modulation	256-正交幅度调制
2G	2nd Generation Mobile Communication	第二代移动通信系统
3G	3rd Generation Mobile Communication	第三代移动通信系统
3GPP	3rd Generation Partnership Project	第三代移动通信合作伙伴项目
4G	4th Generation Mobile Communication	第四代移动通信系统
5G	5th Generation Mobile Communication	第五代移动通信系统
5G-NR	5G New Radio Access Technology	5G 新无线电接入技术
64QAM	64-Quadrature Altitude Modulation	64-正交幅度调制
APP	A Posteriori Probability	后验概率
AWGN	Additional White Gaussian Noise	高斯加性白噪声

缩略语	英文全称	中文全称
BER	Bit Error Rate	误比特率
BICM	Bit Interleaver Coding and Modulation	比特交织编码调制
BLER	BLock Error Rate	误块率
BP	Belief Propagation	置信传播
BPSK	Binary Phase Shift Keying	二进制相移键控
CDMA	Code Division Multiple Access	码分多址
CQI	Channel Quality Indicator	信道质量指示
CRC	Cyclic Redundancy Check	循环冗余校验
CRS	Common Reference Signal	公共参考信号
CSI	Channel State Information	信道状态信息
CWIC	Code-Word level Interference Cancellation	码块级干扰消除
DCI	Downlink Control Information	下行控制信息
DMRS	DeModulation Reference Signal	解调参考信号
DPC	Dirty Paper Coding	污纸编码
DRX	Discontinuous Reception	非连续接收
eMBB	Enhanced Mobile BroadBand	增强的移动宽带
EPA	Extended Pedestrian A Model	扩展步行者信道模型
	Expectation Propagation Algorithm	期望值传播算法
ESE	Elementary Signal Estimator	基础信号估计
ETU	Extended Typical Urban Model	扩展典型城区信道
EVM	Error Vector Magnitude	误差向量强度
EXIT Chart	EXtrinsic Information Transition Chart	外部信息迁移图
FAR	False Alarm Rate	虚警率

续表

缩略语	英文全称	中文全称
FDD	Frequency Division Duplex	频分双工
FDMA	Frequency Division Multiple Access	频分多址
FEC	Forward Error Correction	前向纠错编码
FER	Frame Error Rate	误帧率
FFT	Fast Fourier Transform	快速傅里叶变换
GSM	Global System of Mobile Communications	全球移动通信系统
HARQ	Hybrid Automatic Retransmission reQuest	混合自动重传请求
HSDPA	High Speed Downlink Packet Access	高速下行分组接入
HSPA	High Speed Packet Access	高速分组接入（包括 HSDPA 和 HSUPA）
HSUPA	High Speed Uplink Packet Access	高速上行分组接入
IoT	Internet of Things	物联网
ITU	International Telecommunication Union	国际电信联盟
IR	Incremental Redundancy	增量冗余
IRC	Interference Rejection Combining	干扰抑制合并
KPI	Key Performance Index	关键性能指标
LDPC	Low Density Parity Check	低密度校验码
LLR	Log-Likelihood Ratio	对数似然比
Log-BP	Belief Propagation in Logarithm Domain	对数域的置信传播
Log-MAP	Maximum APP in Logarithm Domain Maximum a Posteriori Probability in Logarithm Domain	对数域的最大后验概率
LTE	Long Term Evolution	长期演进
MAC	Media Access Control	媒体接入控制层
Max-Log-MAP	Maximum-Maximum APP in Logarithm Domain Maximum-Maximum a Posteriori Probability in Logarithm Domain	取最大值的最大对数域的最大后验概率

续表

缩略语	英文全称	中文全称
ML	Maximum-Likelihood	最大似然
mMTC	Massive Machine Type Communication	海量物联网
MAP	Maximum APP Maximum a Posteriori Probability	最大后验概率
MBB	Mobile BroadBand	移动宽带
MCS	Modulation and Coding Scheme	调制编码方案
MIB	Mutual Information per Transmitted Bit	每比特的互信息量
MIMO	Multiple Input Multiple Output	多天线输入输出
min-Sum	Minimum-Sum-Product Algorithm	最小"加和乘"译码算法
MMSE	Minimum Mean Squared Error	最小方根误差
MPA	Message Passing Algorithm	信息传递算法
MU-MIMO	Multi-User Multi-Input Multi-Output	多用户多天线技术
NR	New Radio Access Technology	新无线电接入技术
NCP	Normal Cyclic Prefix	正常循环前缀
OFDM	Orthogonal Frequency Division Multiplexing	正交频分复用
OFDMA	Orthogonal Frequency Division Multiple Access	正交频分复用多址接入
PBCH	Physical Broadcast CHannel	物理广播信道
PDCCH	Physical Downlink Control CHannel	物理下行控制信道
PDF	Probability Density Function	概率密度函数
PDSCH	Physical Downlink Shared CHannel	物理下行共享信道
PER	Package Error Rate	误包率；丢包率
PM	Partition Match	分割匹配
PF	Proportional Fair	比例公平
PRB	Physical Resource Block	物理资源块

缩略语	英文全称	中文全称
PUCCH	Physical Uplink Control CHannel	物理上行控制信道
PUSCH	Physical Uplink Shared CHannel	物理上行共享信道
QAM	Quadrature Altitude Modulation	正交幅度调制
QoS	Quality of Service	服务质量
QPSK	Quadrature Phase Shift Keying	正交相移键控
RAN	Radio Access Network	无线接入网
RSRP	Reference Signal Receiving Power	参考信号接收功率
RE	Resource Element	资源单元
RU	Resource Utilization	资源利用率
RV	Redundancy Version	冗余版本
SIC	Successive Interference Cancellation	串行干扰消除
SINR	Signal-to-Interference-plus-Noise Ratio	信干噪比
SLIC	Symbol-Level Interference Cancellation	符号级干扰消除
SNR	Signal-to-Noise Ratio	信噪比
TB	Transport Block	传输块
TBS	Transport Block Size	传输块大小
TDMA	Time Division Multiple Access	时分多址
TDL	Tapped Delay Line	抽头延迟线（模型）
TD-SCDMA	Time Division-Synchronous Code Division Multiple Access	时分同步码分多址
THP	Tomlinson-Harashima Precoding	TH 预编码
TM	Transmission Mode	传输模式
UCI	Uplink Control Information	上行控制信息
UE	User Equipment	用户设备；终端

续表

缩略语	英文全称	中文全称
UMB	Ultra Mobile Broadband	超宽带移动通信
UMTS	Universal Mobile Telecommunication System	通用移动通信系统（指 WCDMA）
URLLC	Ultra Reliable & Low Latency Communication	高可靠低时延
VN	Variable Node	变量节点
WCDMA	Wideband Code Division Multiple Access	宽带码分多址
WiMAX	Worldwide Interoperability for Microwave Access	全球微波互联接入（基于 IEEE 802.16）
ZF	Zero Forcing	迫零算法

索 引